工 程 地 质

（第2版）

主　编　何宏斌
副主编　张振雷　张　军

西南交通大学出版社
·成 都·

内容提要

本书采用项目教学法编写，内容包括：工程地质概述（项目1），主要介绍了地壳的组成结构及工程地质的研究内容、方法、对象和任务；地质构造（项目2），主要介绍了岩层产状、褶皱与地质年代；地下水（项目3），主要介绍了地下水的一般形成条件、成分及对工程施工的影响；常见地质灾害及其防治（项目4），主要介绍了工程地质中常见的地质灾害及其防治方法；河流与地貌（项目5），主要介绍了河流的形成与发展过程、河流的地质作用及其与地貌的关系；地质实习（项目6），主要介绍了地质构造的野外观察、记录及资料整理与实习报告的撰写。

本教材可作为高职高专土木工程类专业的教学用书，也可作为本科和相关专业技术人员的辅助参考教材。

图书在版编目（CIP）数据

工程地质 / 何宏斌主编. —2版. —成都：西南
交通大学出版社，2018.7（2020.12 重印）
ISBN 978-7-5643-6291-1

Ⅰ. ①工… Ⅱ. ①何… Ⅲ. ①工程地质 – 高等职业教
育 – 教材 Ⅳ. ①P642

中国版本图书馆 CIP 数据核字（2018）第 162992 号

工 程 地 质
（第 2 版）

主　编／何宏斌　　　　　责任编辑／姜锡伟
　　　　　　　　　　　　封面设计／何东琳设计工作室

西南交通大学出版社出版发行
（四川省成都市二环路北一段 111 号西南交通大学创新大厦 21 楼　610031）
发行部电话：028-87600564　028-87600533
网址：http://www.xnjdcbs.com
印刷：成都蓉军广告印务有限责任公司

成品尺寸　185 mm×260 mm
印张　14　　字数　348 千
版次　2018 年 7 月第 2 版　　印次　2020 年 12 月第 4 次

书号　ISBN 978-7-5643-6291-1
定价　36.00 元

第 2 版前言

随着我国经济的快速发展，国家对于基础建设的投资也越来越多，很多大的工程项目如高速铁路网建设、南水北调及水利工程、大型水电站建设、城市改造等一批关系到国家长远发展的基础工程全面开工。而工程的建设与地质密不可分，工程地质对建筑物的质量、耐久性及环境都有较大的影响。因此，培养工程地质技术人员对国家的基础建设而言既是必需的，也是国家基础建设的有力保障。

针对高职高专学生的学习和生源状况，在以促进就业为目的，以为国家基础建设发展做贡献的基础上，我们编写了《工程地质》这本教材。需要说明的是，教材在编写过程中注重工程施工的经验、方法和实践，以培养学生的工作实践能力，去掉了繁复的理论讲解和推理。

为了培养和提高学生的实践能力，使学生能够对建筑物地表下土的分布、承载力的确定、建筑物地质工程的综合评价有一个全面的了解，本教材在第 2 版中增加了任务 2.3 "工程建筑物地质构造及工程地质评价分析实例"，使学生对建筑物在设计与施工前，获取地表下土层的分布、承载力及最后的工程地质综合评价的全过程有一个比较完整的学习过程，为学生走向工作岗位打下良好的基础。

在教材的编写过程中，我们得到了西南交通大学出版社、中铁勘察设计院、西安铁路职业技术学院、辽宁铁道职业技术学院等单位各级领导和铁道工程技术专业广大教师的关心、帮助和大力支持，也采用了部分工程师、大专院校、学者的演讲内容和研究成果，在此，向他们表示深深的感谢和敬意。

本书采用项目教学法，共分 6 个项目。其中：项目 1，项目 2 下的任务 2.1、任务 2.2 由西安铁路职业技术学院张军编写；项目 3，项目 5，项目 6，项目 2 下的任务 2.3 由西安铁路职业技术学院何宏斌编写；项目 4 由辽宁铁道职业技术学院张振雷编写。西安铁路职业技术学院何宏斌教授负责全书的统稿和定稿工作。

本教材的编写目的在于培养从事工程施工的技术人员，面向对象是从事该行业的高职高专学生。本教材也可作为本科和相关专业技术人员的辅助材料。

由于编者水平有限，书中难免存在疏漏之处，敬请各位读者批评和指正，以使教材能够变得更加完善和实用。

编　者

2018 年 2 月

第1版前言

随着我国经济的快速发展，国家对基础建设的投资也越来越多，高速铁路网建设、南水北调及水利工程、大型水电站建设、城市改造等一批关系到国家长远发展的大型基础工程全面开工。而工程的建设与地质密不可分，工程地质对建筑物的质量、耐久性及环境都有较大的影响。因此，培养工程地质技术人员对国家的基础建设而言，既是必需的人才培养，也是国家基础建设的有力保障。

针对高职高专学生的学习和生源状况，在以促进就业和为国家基础建设发展做贡献为目的的基础上，我们编写了《工程地质》这本教材。

本教材的编写目的在于培养从事工程施工的技术人员，面向对象是从事该行业的高职高专学生，也可作为本科和相关专业技术人员的辅助教材。本书采用项目教学法，共分6个项目。其中，项目1、项目2由西安铁路职业技术学院张军编写；项目3、项目5、项目6由西安铁路职业技术学院何宏斌编写；项目4由辽宁铁道职业技术学院张振雷编写。西安铁路职业技术学院何宏斌负责全书的统稿和定稿工作。

本教材在编写过程中，得到了西安铁路职业技术学院、辽宁铁道职业技术学院等单位各级领导和铁道工程技术专业广大专业教师的关心、帮助和大力支持，此外，还参考了部分工程师、大专院校、学者的演讲内容和研究成果。在此，我们编写组向他们表示深深的感谢和敬意。需要说明的是，本教材在编写过程中注重工程施工的经验、方法和实践，去掉了繁复的理论讲解和推理，以培养学生的工作实践能力。但本教材在编写中还有较多的不足和需要改进的地方，望从事该工作的广大技术人员能加以补充和改进，以使教材能够变得更加完善和实用。

由于编者水平有限，书中难免存在疏漏之处，敬请各位读者批评和指正。

编　者
2012 年 7 月

目　录

项目 1　工程地质概述 ………………………………………………………… 1

任务 1.1　工程地质的研究内容与方法 …………………………………………… 1

任务 1.2　地球及物质组成 ………………………………………………………… 7

任务 1.3　造岩矿物 ………………………………………………………………… 9

任务 1.4　岩　石 ………………………………………………………………… 20

复习思考题 ………………………………………………………………………… 36

项目 2　地质构造 ……………………………………………………………… 37

任务 2.1　地质年代 ……………………………………………………………… 37

任务 2.2　地质构造的类型与特点 ……………………………………………… 42

任务 2.3　工程建筑物地质构造及工程地质评价分析实例 …………………… 60

复习思考题 ………………………………………………………………………… 75

项目 3　地 下 水 ……………………………………………………………… 76

任务 3.1　地下水概述 …………………………………………………………… 76

任务 3.2　地下水的物理性质和化学成分 ……………………………………… 80

任务 3.3　地下水的基本类型 …………………………………………………… 82

任务 3.4　地下水运动的基本规律 ……………………………………………… 90

任务 3.5　地下水对工程施工的影响 …………………………………………… 92

复习思考题 ………………………………………………………………………… 95

思考与推测 ………………………………………………………………………… 96

项目 4　常见地质灾害及其防治 ……………………………………………… 97

任务 4.1　滑　坡 ………………………………………………………………… 97

任务 4.2　泥石流 ………………………………………………………………… 106

任务 4.3　火山喷发 ……………………………………………………………… 114

任务 4.4　崩塌与山崩 …………………………………………………………… 121

任务 4.5　海　啸 ………………………………………………………………… 131

任务 4.6　岩溶和岩爆 …………………………………………………………… 135

任务 4.7　雪　崩 ………………………………………………………………… 143

任务 4.8　地　震 ………………………………………………………………… 148

复习思考题 ………………………………………………………………………… 153

项目 5　河流与地貌 ··· 155

　任务 5.1　地表水 ·· 155

　任务 5.2　河　流 ·· 168

　任务 5.3　河流与地貌 ·· 182

　复习思考题 ·· 195

项目 6　地质实习 ··· 197

　任务 6.1　地质实习计划与内容 ·· 198

　任务 6.2　野外山岭地貌的认识 ·· 200

　任务 6.3　地质构造的野外观察 ·· 203

　任务 6.4　常见岩石类型、结构、标本采集及工程力学评价 ······························ 208

　任务 6.5　野外实习记录、资料整理与实习报告的撰写 ···································· 212

　复习思考题 ·· 216

参考文献 ··· 217

项目 1　工程地质概述

 **项目描述**

本项目主要讲述了两部分内容：一部分为工程地质的研究内容、研究方法、研究目的等；另一部分为地球地壳的构成，其主要内容为构成地壳的元素与化合物，以及这些物质的特点，对人类生产、生活及未来的影响等。

 教学目标

1. 知识目标

通过本项目的学习，学生一般应：

（1）了解和认识工程地质的研究内容、方法。

（2）认识地球地壳构成、地壳的元素与常见矿物。

（3）了解地壳组成特点及工程施工对人类环境的影响。

2. 能力与素质目标

通过学习，学生应能够掌握地球地壳的构成及特点，能够识别常见的矿物，能够做到在工程施工中尊重自然、了解自然；提高工程技术人员素质，合理利用地形环境，力争向工程施工和环境保护的双赢方向发展。

任务 1.1　工程地质的研究内容与方法

1.1.1　工程地质学的研究对象和任务

地球是人类赖以生存和活动的场所，地球的表层称为地壳。地壳既是人类的矿产资源埋藏地和工程建设所在地，也是建设材料的主要来源地。所以，地壳是构成人类生存和工程建设的环境和物质基础，是许多学科的主要研究对象。

地壳主要由岩石圈组成，它和大气圈、水圈、生物圈的相互作用共同形成了人类生活和活动的环境空间。通常也将岩石圈和大气圈、水圈、生物圈统称为地质环境。

人类活动与地质环境是相互依存、相互制约的关系。

首先，人类的所有工程都建造于地壳表层一定的地质环境中，地质环境会以一定的作用方式从安全、经济和正常使用三个方面影响和制约人类的工程建设。例如：地球内部构造活动所导致的强烈地震，顷刻间可使较大区域内的各种工程受到破坏甚至毁灭，使人类生命财产遭受重大损失；地壳表面的岩土体的工程特性会让人类工程建设的规模等受到限制；地质时期内形成的岩溶等洞穴的严重渗漏，会造成水库和水电站不能正常发挥作用，甚至完全丧失功能；大规模的崩塌、滑坡，因难于治理而使铁路改线；等等。因此，人类必须要很好地研究工程场地的地质环境，尤其是对工程建设有严重制约作用的地质作用和现象一定要进行详细、深入的研究。

其次，人类的各种工程活动，又会反作用于地质环境，使自然地质条件发生变化，影响工程设施的稳定和正常使用，甚至威胁到人类的生活和生存环境。例如：城市大量抽取地下水所引起的地面沉降，会造成海水入侵；大型水库的兴建，使河流上、下游大范围内水文和工程地质条件发生变化，引起库岸再造、库周浸没、库区淤积、诱发地震等问题；生活和生产活动会使地下水质污染，甚至使生态环境恶化；等等。因此，人类应充分预计到一项工程的兴建，尤其是重大工程兴建对地质环境的影响，以便采取相应的对策保证自身的可持续发展。

1.1.2 工程地质学研究的基本任务

（1）阐明建设地区的工程地质条件，并指出对工程建设有利和不利的因素。

（2）论证工程建设场地所存在的工程地质问题，进行定性和定量的评价，得出确切结论。

（3）选择地质条件优良的建设场地，并根据场地工程地质条件对工程布置提出建议。

（4）根据所选定地点的工程地质条件和存在的工程地质问题，提出有关工程类型、规模、结构和施工方法的合理建议，保证工程的正常施工和使用。

（5）研究工程兴建后对地质环境的影响，预测其发展演化趋势，提出利用和保护地质环境的对策和措施。

（6）为各种防治不良地质作用的措施和方案的制订、设计及实施提供足够的工程地质资料。

工程地质学正是为了满足工程建设的以上需要而形成的一门科学。也就是说，工程地质学是研究在工程设计、施工和运行过程中，合理地利用自然地质资源、正确地改造不良地质条件和最大限度地避免地质灾害等问题的科学。它是工程科学与地质科学相互渗透、交叉而形成的，服务于工程建设的一门边缘科学。

工程地质学的基本任务是查明工程建设环境内的工程地质条件，发现工程建设过程中潜在的工程地质问题。

工程地质条件是指与工程建设有关的地质因素的综合，这些因素包括岩土的工程地质特征、地质构造、地貌、水文地质、不良地质现象和天然建设材料等方面，它是一个综合概念。工程地质条件直接影响到工程的安全、经济和正常使用，所以，查明建设场地的工程地质条件是兴建任何类型的工程所要解决的首要任务。由于不同地区的地质环境不尽相同，因此，影响工程建设的地质因素有主次之分，工程地质工程师应对当地的工程地质条件进行具体分析，明确影响工程建设安全、经济和正常使用的主次因素，并进一步指出对工程建设有利和不利的方面。

工程地质问题是指工程地质条件与工程建设之间所存在的矛盾或问题。工程地质条件是自然界客观存在的，它能否满足工程建设的需要，一定要结合工程的类型、结构形式和规模等进行综合分析。例如，从工程地质的角度上讲，工程包括三种类型：第一类是将工程岩土作为地基利用的工程，如各种工业与民用建筑工程等，保证该类工程的施工和使用过程中的安全所要解决的主要工程地质问题是地基承载力和变形问题；第二类是将边坡岩土作为利用对象的工程，如露天采矿工程、港口工程、坝体工程等，保证该类工程的施工和使用过程中的安全所要解决的主要工程地质问题是边坡岩土的重力稳定性问题；第三类是将地下洞室作为利用对象的工程，如人防工程、交通隧道工程等，保证该类工程的施工和使用过程中的安全所要解决的主要工程地质问题则是整个洞室环境的稳定性问题。所以，工程地质问题是复杂多样的，在工程建设过程中一定要将工程地质条件和具体工程的建设要求两个方面紧密地联系起来，有针对性地开展工程地质工作，切不可在未查清建设场区的工程地质条件或对工程地质问题分析、评价不充分的情况下进行工程建设活动，以免造成不良影响或严重后果。

1.1.3 工程地质学的研究内容及分支学科

工程地质学的研究内容是多方面的，由此也形成了它的许多分支学科。工程地质学的主要研究内容和分支学科有：

1. 岩土的工程地质性质

建造于地壳表层的各类工程，无论是将岩土体作为工程建设的地基，还是将其作为工程建设的环境，总是离不开岩土体的。因此，工程岩土的性质对工程建设的影响很大，它是人类工程活动与地质环境之间相互联系的基本要素。无论是工程地质条件分析，或是工程地质问题的评价，首先要对工程岩土的成因、类别、空间分布规律、各项物理力学参数特征等进行研究和分析。研究该方面的工程地质分支学科有"工程岩土学""土质学"等。

2. 动力地质作用

作为工程地质条件要素之一的动力地质作用，包括地球的内力地质作用和外力地质作用，还有人类工程、经济活动所产生的各种动力作用。这些动力因素往往会对工程的稳定性、造价和正常使用有着重大的影响，有时甚至会起到制约作用。因此，工程建设过程中应对动力地质作用的规模、形成机制、分布和发展演化规律及其可能产生的不良后果进行分析和评价，并提出有效的防治对策和措施。研究该方面的工程地质分支学科有"动力工程地质学"等。

3. 工程稳定性

影响工程的安全、经济和正常使用最核心的问题是工程稳定性问题，而影响工程稳定性的因素除了岩土的工程地质性质和动力因素外，还与岩土的应力-应变模型、变形和破坏机制、破坏模式、适用的物理力学模型等有关。对上述问题进行研究的工程地质分支学科是"土力学""岩体力学"等。

4. 岩土工程设计理论或方法

当自然工程地质条件无法满足工程建设的需要，而工程建设场地又别无选择时，就需要采取各种不同类型的人工结构对原有的工程地质环境进行改造。研究对原有的工程地质环境进行改造的人工结构的设计理论或方法的工程地质分支学科是"岩土工程学"。

5. 区域工程地质

不同地域的自然地质条件不同，因而工程地质条件和工程地质问题也有明显的区域性分布规律和特点。为了资源的开发利用和工程建设布局的优化，就必须对不同地域工程地质条件的形成和分布规律进行区别。我国国土面积广大，自然地质条件复杂，因此开展这方面的研究更显重要。"区域工程地质学"即为这方面研究的工程地质分支学科。

6. 环境工程地质

人类工程经济活动对地质环境的影响作用越来越广泛，使得地质环境日趋恶化，频发的地质灾害已严重地威胁着人类的生存和生活。为了合理开发利用和保护地质环境，科学地预测人类活动对地质环境的负面影响以及它的区域性变化，建立起地质环境与人类活动之间的和谐发展关系，大力开展人类活动与地质环境之间的关系研究已成为现代工程地质学研究的热点，并形成了一门工程地质学的新兴分支学科——"环境工程地质学"。

7. 工程地质勘查理论和技术

工程地质学服务于工程建设的具体工作就是为工程建设的规划、设计、施工和使用提供所需的地质资料和基础数据。获得地质资料和基础数据的过程就是岩土工程勘查。由于不同的工程类型、结构和规模对工程地质条件的要求以及所产生的工程地质问题不同，加上各工程建设场地的地质环境的差异，导致勘查方法的选择和勘查方案的设计也不尽相同。因而要做好勘查工作，就要有先进的工程地质勘查理论做指导和以先进的技术为基础。勘查理论和技术研究工作虽然一直都未停止，所取得的成果也非常显著，但目前仍属于零星的研究，尚未形成独立的分支学科。

1.1.4 工程地质学与其他学科的关系

工程地质学所涉及问题的广泛性决定了它的多学科性。

首先，工程地质问题的认识是以认识地质环境为基础的，而要认识地质环境就必须学会辨别各种矿物、岩石、地质构造、地质作用、地貌和水文地质条件等，因而动力地质学、矿物学、岩石学、构造地质学、沉积学、第四纪地质学、地貌学和水文地质学等许多地质学的分支学科都是工程地质学的地质基础学科。

其次，工程地质问题的研究、分析和解决要以数学、物理学、化学、力学等学科知识为基础，因而工程地质学与这些学科的关系十分密切。

此外，工程地质学的最终目的是保证人类与地质环境之间的和谐发展，而人类工程经济活动又不可避免地会对地质环境产生各种各样的影响，所以，工程地质学还与环境科学及许多工程应用技术科学存在较密切的联系。

1.1.5 工程地质学的发展历史

虽然人类在远古时代就懂得利用优良的地质条件兴建各类工程，但是，工程地质学在国际上成为地质学的一门独立分支学科仅有70多年的历史。

20世纪30年代初，苏联开展大规模的国民经济建设，促使了工程地质学的萌生。1932年，莫斯科地质勘探学院成立了由萨瓦连斯基（1881—1946）领导的工程地质教研室，专门培养工程地质专业人才，并奠定了工程地质学的理论基础。此时，欧美和日本等国家虽然也都在水利工程和土木工程建设中开展了工程地质工作，但他们主要从事工程建设过程中的有关岩土工程地质性质和相关的力学问题的研究，所解决的仅仅是土质学、土力学和岩体力学等工程地质分支学科的局部问题。

工程地质学经过数十年的发展，已形成了由"土质学""工程岩土学""土力学""岩体力学"和"环境工程地质学"等多个分支学科所组成的学科体系。

为了促进工程地质科学的发展和便于各国学者的学术交流，第23届国际地质大会在1968年成立了国际地质学会工程地质分会，后改名为国际工程地质协会（IAEG），该协会下设了多个专业委员会，并定期进行学术交流，办有会刊。

为了促进工程地质学科体系的共同发展，各国的工程地质学家与土力学家、岩体力学家在对各种工程岩土体稳定性分析和评价过程中紧密协作配合，并于1975年成立了国际工程地质协会、国际岩石力学学会和国际土力学及基础工程学会这三个学会的秘书长联席会议，以期成立综合性的国际学术团体。

我国的工程地质学是在新中国成立后才发展起来的。20世纪50年代初由于经济和国防建设的需要，地质部成立了水文地质工程地质局和相应的研究机构，在地质院校中设置水文地质工程地质专业，培养专门人才。当时一些重大工程项目，如三门峡水库、武汉长江大桥、新安江水电站等，都进行了较详细的工程地质勘查。随之，城建、冶金、水电、铁道、机械、化工、国防等部门也相继成立了勘查和研究机构，在相应的部属院校中设立有关专业。60余年来，我国在水利水电、铁路桥梁、城市规划、工业与民用建设、矿山工程和国防工程等方面进行了大量工程地质工作，为工程的规划、设计、施工和正常运行提供了较充分的地质依据。这不仅保证了工程建设的顺利进行，也丰富了工程地质学的理论宝库。

为了更好地促进我国工程地质学科的发展，加强学术交流，1979年11月，我国成立了中国地质学会工程地质专业委员会，并召开了首届工程地质大会，至今已召开了4届大会和多次专题性学术讨论会。为了迎接20世纪90年代国际减灾10年的活动，我国于1989年成立了全国地质灾害研究会，并办有专门的学报。这个全国性学术组织以工程地质学家为主体，专门从事地质灾害的形成机制、时空分布规律、预测预报、防治对策和措施等方面的研究。当前，我国工程地质界在能源和矿产资源开发、沿海经济开发区和城市环境工程地质、地质灾害预测预报、工程地质图集编制、测试技术理论和方法等方面，开展了较广泛而深入的研究，取得了丰硕的成果。

工程地质学作为一门独立的科学体系，还在不断充实、完善之中，当前又开辟了矿山工程地质、地震工程地质和海洋工程地质等新的研究领域。此外，工程地质学还引进了许多新兴学科，如信息论、系统论、耗散结构理论、灰色理论等理论和方法，使之更有效地服务于工程建设。

1.1.6 本课程的主要内容

根据本学科的研究对象与教学要求，本课程的主要内容可以分为以下几个方面。

1. 岩石的工程性质

地壳表层的岩石，是建筑物的地基和重要的建筑材料，岩石的工程地质性质直接影响地基的稳定性和岩石材料质量的好坏。因此，岩石性质是工程地质研究的基本内容。其研究主要包括与建筑物有关的岩石的矿物组成、结构构造以及主要的物理力学特征，并结合地质成因分析，阐明常见矿物岩石的简易识别方法，综合评价岩石的工程地质特性。

2. 地质构造与区域稳定性

地质构造与区域稳定性问题的研究，是工程地质研究的主要内容之一。它包括地质构造的基本形态、主要特征及其在地质图上的表示和分析方法，研究与建筑物密切相关的断层、节理、破碎带及软弱夹层的力学特性和分布规律，研究地震活动性与区域稳定性等问题。这些都是直接影响建筑物地基岩体稳定的主要地质条件，甚至成为工程选址的决定因素。

3. 地表水及地下水的地质作用

地表水和地下水的地质作用是研究水流的地质作用、河谷地貌、沉积层的主要类型及工程地质特征，阐明地下水的埋藏条件、成因类型和运动规律，研究岩溶、滑坡、崩塌、岩石风化等不良地质现象及作用过程的前提条件。水流的地质作用和不良地质现象，往往直接危及建筑物的安全，常使工程建筑遭受破坏或严重影响工程效益。

4. 各种工程地质问题

岩体（地基岩体、斜坡岩体、周围岩体）稳定、渗透稳定、渗漏、岩溶、泥石流及地应力等问题是工程建设中主要的工程地质问题。岩石性质、地质构造、地下水、地表水及岩体结构等，既是工程地质的基础知识，又是决定工程地质问题的主要地质因素。因此，需要分析研究各种地质条件，对岩体稳定和渗漏等工程地质问题作出合理评价。

1.1.7 本课程的教学要求和方法

本课程是一门专业技术基础课。通过本课程的学习，土木工程专业学生应能掌握工程地质学最基本的原理与方法。学生在学习过程中，切忌生吞活剥、死记硬背，主要应掌握分析研究问题的思路和方法，以便在以后的实际工作中用以解决所遇到的问题。

工程地质学的内容是相当广泛的，本书只着重介绍了工程建设方面所涉及的最基本的工程地质理论和知识，对学生在学习本课程时的要求如下：

（1）能阅读一般地质资料，根据地质资料在野外辨认常见的岩石，了解其主要的工程性质；辨认基本的地质构造及明显的不良地质现象，了解其对工程建筑的影响。

（2）能根据工程地质的勘察成果，应用已学过的工程地质理论和知识，进行一般的工程地质问题分析，特别对工程地质环境中的不良地质现象应该能够进行分析和判断，并能够对工程地质环境中的不良地质现象可能引起的地质灾害进行科学预测。

（3）把学到的地质学及工程地质学知识和其他课程知识紧密结合起来，进行实际工程的设计与施工。

　　为了学好这门课程，应结合课堂教学开好有关矿物、岩石的实验课程，使学生掌握常见矿物和岩石的肉眼鉴定方法，了解各类岩石的形成条件；安排短期的野外地质实习，参观勘探现场，以帮助学生了解地貌、地质构造及岩土类别；有条件时最好结合已有的地质图或工程进行具体分析，培养学生阅读地质图和分析地质条件的能力。

　　引导学生寻找地质学与工程地质学中的规律性，避免死记硬背；加强多媒体教学，增加学生的感性认识，帮助学生尽快建立起地质学的有关概念。引起学生对地质学的重视和兴趣是教学的成功所在。

任务 1.2　地球及物质组成

　　地球是太阳系中的八大行星之一，它绕太阳公转，并绕自转轴由西向东旋转。地球是一个不规则的扁球体，赤道半径略长，约为 6 378 km，极地半径略短，约为 6 356.8 km，平均半径约为 6 371 km。地球总表面积约为 5.1×10^8 km²，大陆面积约为 1.48×10^8 km²，约占 29%；海洋面积约为 3.6×10^8 km²，约占 71%。地球质量为 5.976×10^{24} kg，地球体积为 1.083×10^{21} m³，平均密度为 5.518 kg/m³。地球的内部由地壳、地幔和地核三个圈层组成（图 1.1）。

　　地球内部圈层中位于莫霍面以上的部分（最上一圈）称为地壳，由岩石组成，表面凹凸不平。地壳厚薄不等，变化于 5 ~ 70 km。地壳又可分为大陆地壳和海洋地壳两种类型。大陆地壳厚度大，平均厚度约为 33 km，我国青藏高原地区最厚达 70 km。海洋地壳厚度小，平均厚度为 6 km，最厚处也只有 8 km。

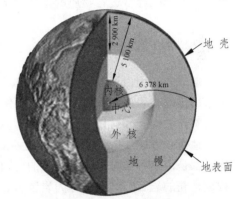

图 1.1　地球的内部构造

1.2.1　地壳结构

　　根据地壳组成物质的差异，又可将地壳分为两层，上层叫硅铝层，下层叫硅镁层（图 1.2）。

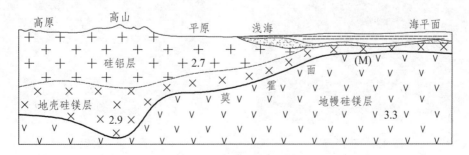

图 1.2　地壳结构示意图

7

硅铝层又称花岗岩质层，包括沉积岩层和花岗岩层。前者指分布于地壳表层的未固结或已固结的各种沉积岩，该层是地球外力作用最显著的地带，物质组成极为多样，构造形态和地貌形态也非常复杂。花岗岩层是指平均化学组分和花岗岩成分相似的一层，地震波在此层中的传播速度也与在花岗岩中的传播速度相近似，所以用分布最广的花岗岩为代表。硅铝层在地壳上部不连续分布，厚 0 ~ 22 km，在陆地上较厚，在海洋底部较薄或缺失。该层的化学成分以 Si、Al 为主，密度较小，平均为 2.7 g/cm³，放射性高。

硅镁层又称为玄武岩层，因为它的平均化学组分和玄武岩相似，所以用分布最广的玄武岩为代表。硅镁层是硅铝层下面、位于地壳下部、成连续分布的一层，以莫霍面为下界，厚度在各地不等，大陆地区可达 30 km 厚，在海洋底部则仅厚 5 ~ 8 km。该层化学成分中 Mg、Fe 相对增多，密度为 2.7 ~ 2.9 g/cm³，压力可达 9 000 MPa，温度在 1 000 ℃ 以上。

大陆型地壳和海洋型地壳有很多不同之处。大陆型地壳的厚度较大，在玄武岩层之上有很厚的沉积岩层（有些地方缺失）和花岗岩层，即双层结构；而海洋型地壳的厚度较小，在玄武岩层上只有很薄的或者根本没有花岗岩层，大部分是单层结构。地壳厚度的差异和花岗岩层的不连续分布形成了地壳结构的主要特点。由于地壳物质在水平和垂直方向的不均匀性，势必导致地壳经常进行物质的重新分配调整（物质移动），这是引起地壳运动的因素之一。

1.2.2　地壳的物质组成

地球的表面由海洋（约占 60%）、山丘（约占 30%）和平原（约占 10%）组成，其下部由未风化的基岩岩石构成，上部由风化的岩石组成。因此，广义上讲，地壳是由岩石组成的，我们看到的尘土和耕地土壤只是岩石风化和形成过程中的一种表现而已。

地壳在 0 ~ 33 km 内，无论是地壳的上层——花岗岩质层，或是地壳的下层——玄武岩质层，都是由多种类型的岩石组成的。前者以花岗岩等花岗岩质岩石为代表，按照成因，可将构成地壳的岩石归纳起来分为岩浆岩、沉积岩和变质岩三大类。当我们对岩石进行仔细观察时，就会发现岩石是由许多细小的颗粒组成的，这些细小的颗粒就是矿物。例如：花岗岩之所以五彩缤纷，就是由于它是由无色石英、灰白色斜长石、肉红色正长石和黑色云母等许多种矿物组成的，如图 1.3 所示。

图 1.3　花岗岩

图 1.4　大理石

另外，有些岩石如大理石（图 1.4）主要是由一种粒状方解石组成的。可见岩石是矿物的集合体，它可由单种矿物组成，也可由多种矿物组成。通过对矿物进行化学分析，便可发现它是由各种自然元素或自然化合物组成的，如金刚石是由一种自然元素（碳）组成的、石英是由硅和氧两种元素形成的化合物组成的等。由此可见，地壳是由岩石组成的，岩石是由矿物组成的，矿物是由自然元素或自然化合物组成的，因此，化学元素是组成地壳的基本物质。这里着重介绍地壳的化学组成问题。

地壳中含有的化学元素达百余种，即元素周期表中所列的所有元素。它们在地壳中的分布情况，可以用它们在地壳中的平均质量分数来表示。地壳中最主要的 10 种元素在地壳中的质量分数如表 1.1 所列。

表 1.1　地壳主要元素质量百分比

元　素	符　号	质量比（%）	元　素	符　号	质量比（%）
氧	O	46.95	钠	Na	2.78
硅	Si	27.88	钾	K	2.58
铝	Al	8.13	镁	Mg	2.06
铁	Fe	5.17	钛	Ti	0.62
钙	Ca	3.65	氢	H	0.14

可见，表 1.1 所列 10 种元素占地壳总质量的 99.96%，其中，氧、铝、硅 3 种元素约占 88.17%，而其他 90 多种元素合起来只占 0.04%。这说明化学元素在地壳中的分布是非常不均匀的。

地壳中的化学元素，除少量以自然元素产出外，大部分以化合物的形式出现，其中以氧化物最为常见。地壳上部（深度约在 16 km 以上的部分）按照氧化物来计算的主要化学成分的质量分数如表 1.2 所列。

表 1.2　地壳上部氧化物的质量百分比

氧化物	质量比（%）	氧化物	质量比（%）
SiO_2	59.87	Na_2O	3.39
Al_2O_3	15.02	K_2O	2.93
Fe_2O_3、FeO	5.98	H_2O	1.86
MgO	4.06	CO_2	0.52
CaO	4.79	P_2O_5	0.26

由表 1.2 可见，在地表分布最广的是硅和铝的氧化物，其次为铁、碱土金属和碱金属（钙、镁、钠、钾）的氧化物。因此，地壳中岩石的主要成分就是由这些氧化物和含氧盐类（如硅酸盐、铝硅酸盐等）构成的。

任务 1.3　造岩矿物

矿物是地壳中各种地质作用的产物，是地壳中由一种或几种化学元素所组成的自然物体。由于自然界中化学元素及它们组合方式的多样性，以及地质作用的复杂性，因而所形成的矿物也是多种多样的。目前，自然界中已知的矿物有2 000多种，但其中最主要和最常见的不过百余种。

常见矿物多数是几种元素的化合物，常见的有含氧矿物，如石英、磁铁矿、褐铁矿等；硅酸盐矿物，如正长石、云母、角闪石等；碳酸盐矿物，如方解石、白云石；硫酸盐矿物，如石膏、重晶石等。此外还有其他类型化学成分的矿物，如铁、铜、锌的硫化物。

矿物通常以固态存在地壳中，只有极少数是液态（如自然汞）和气态（如天然气、H_2S）。

矿物具有一定的化学成分和内部结构，从而导致矿物具有一定的外表形态、物理性质和化学性质，根据每种矿物特有的外表形态和物理、化学性质，就可将矿物区分开来。

任何一种矿物都只有在一定条件下才是稳定的，当外界条件改变至一定程度时，原有矿物就要发生变化，同时生成新矿物。例如：黄铁矿在氧化条件下，就要发生变化生成褐铁矿，在另外的条件下褐铁矿又会脱水变为赤铁矿。因此，矿物的存在是和一定自然条件相联系的，一种矿物只是表示组成这种矿物的元素在一定地质作用过程中一定阶段的产物。

综上所述，矿物是自然元素在地壳中经各种地质作用形成的、在一定的地质条件下相对稳定的单质或化合物，它是组成地壳的肉眼可见的物体单位。

1.3.1 矿物的基本特征

1. 矿物的形态

矿物形态是指矿物的单体及同种矿物集合体的形状。在自然界中，矿物多数呈集合体出现，但是发育较好的具有几何多面体形状的晶体也不少见。晶体是原子、离子或分子按照一定的周期性在空间排列，在结晶过程中形成的具有一定规则几何外形的固体。

晶体形态是其成分、内部结构的外在反映，具有一定成分和内部结构的矿物具有一定的晶体形态特征。矿物形态也受外部生成环境的影响，即形态也可反映矿物形成的自然过程（成因）。在自然界经常出现的晶体形态见图1.5。

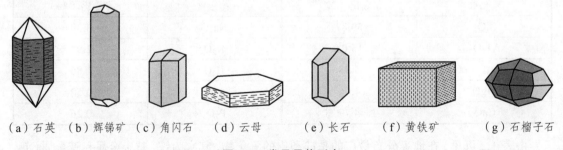

（a）石英　（b）辉锑矿　（c）角闪石　（d）云母　（e）长石　（f）黄铁矿　（g）石榴子石

图1.5　常见晶体形态

对于某一种具体矿物，其本身呈现的形态是由其内部构造决定的，但是自然界的矿物绝大多数呈不规则的外表形态，这是由于矿物结晶时受到许多因素控制，条件不适宜就不能形成完好的晶形，呈现不规则的形状。

影响晶体生长的主要外界因素是有足够的自由空间和充分的结晶时间。如果在一个有限的空间内，有许多个结晶中心同时快速结晶，它们必然互相争夺空间，结果矿物不能长成完好的晶形。在这种情况下，由于矿物内在因素的作用，它们的形态仍然具有一定的趋向性，一般称之为结晶习性。常见的矿物有三种结晶习性，如表1.3所列。

表 1.3　矿物的结晶习性

序号	形　状	结晶习性	代表性矿物
1	柱状、针状或纤维状	一向延长	辉石角闪石、石棉
2	片状或板状	二向延长	石膏、云母
3	粒状	三向等长或近等长	石榴子石、黄铁矿

三向延长最常见的是盐岩（图 1.6）和黄铁矿（图 1.7）。

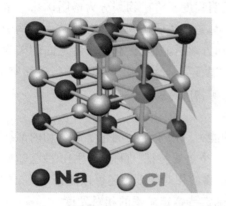

图 1.6　盐岩（NaCl）的晶体结构

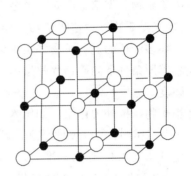

图 1.7　黄铁矿（FeS_2）的晶体结构

2. 矿物的物理性质

每种矿物均具有一定的物理性质，它主要取决于矿物本身的化学成分与内部结构。矿物的物理性质包括光学性质（颜色、条痕、光泽）和解理、断口、密度、硬度等。

（1）颜色。

矿物的颜色是多种多样的，主要取决于矿物的化学成分和内部结构，按矿物成色原因可分为自色、他色和假色。矿物固有的颜色比较稳定的称自色，如黄铁矿是铜黄色，橄榄石是橄榄绿色。矿物中混有杂质时形成的颜色称他色。他色不固定，与矿物本身性质无关，对鉴定矿物意义不大，如纯石英晶体是无色透明的，而当石英含有不同杂质时，就可能出现乳白色、紫红色、绿色、烟黑色等多种颜色。由于矿物内部裂隙或表面氧化膜对光的折射、散射形成的颜色称假色，如方解石解理面上常出现的虹彩。

（2）条痕。

矿物在白色无釉的瓷板上划擦时留下的粉末痕迹色，称为条痕。条痕可消除假色，减弱他色，常用于矿物鉴定。例如：角闪石为黑绿色，条痕是淡绿色；辉石为黑色，条痕是浅绿色；黄铁矿为铜黄色，条痕是黑色；等等。

（3）光泽。

光泽指矿物表面反射光线的能力。根据矿物平滑表面反射光的强弱，光泽可分为：

① 金属光泽，指矿物平滑表面反射光强烈闪耀，如金、银、方铅矿、黄铁矿等。

② 半金属光泽，指矿物表面反射光较强，如磁铁矿等。

③ 非金属光泽。一般造岩矿物多呈非金属光泽，根据反光程度和特征又可划分为：

金刚光泽：矿物平面反光较强，状若钻石，如金刚石。

玻璃光泽：状若玻璃板反光，如石英晶体表面。

油脂光泽：状若染上油脂后的反光，多出现在矿物凹凸不平的断口上，如石英断口。

珍珠光泽：状若珍珠或贝壳内面出现的乳白色彩光，如白云母薄片等。

丝绢光泽：出现在纤维状矿物集合体表面，状若丝绢，如石棉、绢云母等。

土状光泽：矿物表面反光暗淡如土，如高岭石和某些褐铁矿等。

（4）透明度。

透明度指矿物透过可见光的程度。根据矿物透明程度，将矿物划分为透明矿物、半透明矿物和不透明矿物。大部分金属、半金属光泽矿物都是不透明矿物（如方铅矿、黄铜矿、磁铁矿）；玻璃光泽矿物均为透明矿物（如石英晶体和方解石晶体）；介于二者之间的矿物为半透明矿物，很多浅色的造岩矿物都是半透明矿物（如石英、滑石）。用肉眼进行矿物鉴定时，应注意观察等厚条件下的矿物碎片边缘，用来确定矿物的透明度。

（5）硬度。

硬度指矿物抵抗外力作用（如压入、研磨）的能力。由于矿物的化学成分和内部结构不同，其硬度也不相同，所以硬度是进行矿物鉴定的一个重要特征，目前常用 10 种已知矿物组成摩氏硬度计（表 1.4）作为标准。为了方便鉴定矿物的相对硬度，还可以用指甲（2.5）、小钢刀（5～5.5）、玻璃（5.5）作为辅助标准，从而确定待鉴定矿物的相对硬度。

表 1.4　摩氏硬度计

硬度	矿物	硬度	矿物
1	滑石	6	长石
2	石膏	7	石英
3	方解石	8	黄玉
4	萤石	9	刚玉
5	磷灰石	10	金刚石

（6）解理。

在外力敲打下沿一定结晶平面破裂的固有特性称为解理，开裂的平面称为解理面。由于矿物晶体内部质点间的结合力在不同方向上不均一，所以矿物的解理面方向和完全程度都有差异。如果某个矿物晶体内部几个方向上结合力都比较弱，那么这种矿物就具有多组解理（如方解石）。

根据矿物产生解理面的完全程度，可将解理分为 4 级：

① 极完全解理：矿物极易裂开成薄片，解理面大而完整，平滑光亮，如云母。

② 完全解理：矿物易沿三组劈开面裂开成块状、板状，解理面平坦光亮，如方解石。

③ 中等解理：矿物常在两个方向上出现两组不连续、不平坦的解理面，第三个方向上为不规则断裂面，如长石和角闪石。

④ 不完全解理：矿物很难出现完整的解理面，如橄榄石、磷灰石等。

（7）断口。

不具有解理的矿物，在锤击后沿任意方向产生不规则断裂，其断裂面称为断口。常见的断口形状有贝壳状断口（如石英）、平坦状断口（如蛇纹石）、参差粗糙状断口（如黄铁矿、磷灰石等）、锯齿状断口（如自然铜等）。

（8）弹性、挠性、延展性。

矿物受外力作用后发生弯曲变形，外力解除后仍能恢复原状的性质称为弹性，如云母的薄片具有弹性。矿物受外力作用发生弯曲变形，当外力解除后不能恢复原状的性质称为挠性。矿物能锤击成薄片或拉长成细丝的特性称为延展性，如自然金、自然银、自然铜。用小刀刻画时，这些矿物表面留下光亮的刻痕而不产生粉末。

1.3.2　主要造岩矿物及其特征

常见的主要造岩矿物有 20 多种。它们的共生组合规律及其含量不但是鉴定岩石名称的依据，而且显著地影响岩石的物理力学性质。准确地鉴定矿物需要借助偏光显微镜、电子显微镜等仪器，也可以用化学分析等方法。对于常见的造岩矿物可以用简易鉴定法（肉眼鉴定法）进行初步确定。简易鉴定法通常借助小刀、放大镜、条痕板等简易工具，对矿物进行直接观察测试。为了便于鉴定，现把常见的 18 种主要造岩矿物的鉴定特征说明如下。

1. 石英 SiO_2

石英是岩石中最常见的矿物之一。石英结晶常形成单晶或丛生为晶簇。纯净的石英晶体为无色透明的六方双锥，称为水晶。一般岩石中的石英多呈致密的块状或粒状集合体，通常为白色、乳白色，含杂质时呈紫红色、烟色、黑色、绿色等颜色，无条痕，晶面为玻璃光泽，块状和粒状石英为油脂光泽，无解理，断口呈贝壳状（图 1.8），硬度为 7，相对密度为 2.65。

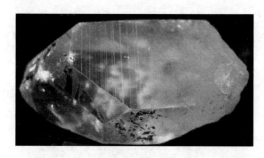 

（a）石英　　　　　　　　　　　（b）石英的贝壳状断口

图 1.8　石英及其贝壳状断口

2. 正长石 $KAlSi_3O_8$

正长石单晶为柱状或板状（图 1.9），在岩石中多为肉红色或淡玫瑰红色，条痕为白色，两组正交完全解理或一组完全解理和一组中等解理，粗糙断口，解理面为玻璃光泽，硬度为 6，相对密度为 2.54~2.57，常和石英伴生于酸性花岗岩中。

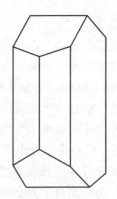

（a）正长石   （b）正长石单晶

图 1.9　正长石及其单晶

3. 斜长石 $Na(AlSi_3O_8)$-$Ca(Al_2Si_2O_8)$

斜长石晶体多为板状或柱状，晶面上有平行条纹，多为灰白、灰黄色，条痕为白色，玻璃光泽，有两组近正交 86°完全解理或一组中等解理和一组完全解理，粗糙断口，硬度为 6～6.5，相对密度为 2.61～2.75，常与角闪石和辉石共生于较深色的岩浆岩（如闪长岩、辉长岩）中，见图 1.10。

图 1.10　斜长石

4. 白云母 $KAl_2(AlSi_2O_{10})(OH)_2$

白云母单晶体为板状、片状，横截面为六边形，有一组极完全解理，易剥成薄片，薄片无色透明，具玻璃光泽；集合体常呈浅黄、淡绿色，具珍珠光泽，条痕为白色，薄片有弹性，硬度为 2～3，相对密度为 3.02～3.12，见图 1.11。

5. 黑云母 $K(Mg,Fe)_3(AlSi_3O_{10})(OH,F)_2$

黑云母单晶体为板状、片状，横截面为六边形，有一组完全解理，易剥成薄片，薄片有弹性，颜色为棕褐至棕黑色，条痕为白色、淡绿色，珍珠光泽，半透明，硬度为 2～3，相对密度为 3.02～3.12，见图 1.12。

图 1.11　白云母

图 1.12　黑云母

6. 普通角闪石 $Ca_2Na(Mg,Fe)_4(Al,Fe)[(Si,Al)_4O_{11}]_2(OH)_2$

普通角闪石多以单晶体出现，一般呈长柱状或近三向等长状，横截面为六边形，见图 1.5

（c）；集合体为针状、粒状，多为深绿色至黑色，条痕为淡绿色，玻璃光泽，两组完全解理，交角为 56°（124°），平行柱面，硬度为 5.5～6，相对密度为 3.1～3.6，见图 1.13。

7. 普通辉石 $(Ca,Mg,Fe,Al)(Si,Al)_2O_6$

普通辉石晶体常呈短柱状，横截面为近八角形；集合体为块状、粒状，暗绿、黑色，有时带褐色，条痕为浅棕色，玻璃光泽，两组完全解理，交角为 87°（93°），硬度为 5.5～6.0，相对密度为 3.2～3.6，普通辉石是颜色较深的基性和超基性岩浆岩中很常见的矿物，多有斜长石伴生，见图 1.14。

图 1.13　角闪石

图 1.14　辉石

8. 橄榄石 $(Mg,Fe)_2SiO_4$

橄榄石晶体为短柱状，多不完整，常呈粒状集合体，颜色为橄榄绿、黄绿、绿黑色，含铁越多颜色越深，晶面具玻璃光泽，不完全解理，断口油脂光泽，硬度为 6.5～7，相对密度为 3.3～3.5，常见于基性和超基性岩浆岩中，见图 1.15。

9. 方解石 $CaCO_3$

方解石晶体为菱形六面体，在岩石中常呈粒状，纯净方解石晶体无色透明，因含杂质多呈灰白色，有时为浅黄、黄褐、浅红等色，条痕为白色，三组完全解理，玻璃光泽，硬度为 3，相对密度为 2.6～2.8，遇冷稀盐酸剧烈起泡，是石灰岩和大理岩的主要矿物成分，见图 1.16。

图 1.15　橄榄石

图 1.16　方解石的三组菱面体解理

10. 白云石 $CaMg(CO_3)_2$

白云石晶体为菱形六面体，岩石中多为粒状，白色，含杂质时为浅黄、灰褐、灰黑等色，完全解理，玻璃光泽，硬度为 3.5～4，相对密度为 2.8～2.9，遇热稀盐酸有起泡反应，是白云岩的主要矿物成分，见图 1.17。

11. 滑石 $Mg(SiO_4)(OH)_2$

滑石完整的六方菱形晶体很少见，多为板状或片状集合体，常呈浅黄色、浅褐或白色，条痕为白色，半透明，有一组完全解理，断口油脂光泽，解理面上为珍珠光泽，薄片有挠性，手摸有滑感，硬度为1，相对密度为 2.7～2.8，见图 1.18。

图 1.17　白云石

图 1.18　滑石

12. 绿泥石 $(Mg,Fe,Al)_6[(Si,Al)_4O_{10}](OH)_8$

绿泥石是一族种类繁多的矿物，多呈鳞片状或片状集合体状态，颜色暗绿，条痕为绿色，珍珠光泽，有一组完全解理，薄片有挠性，硬度为 2～3，相对密度为 2.6～2.85，常见于温度不高的热液变质岩中，见图 1.19。由绿泥石组成的岩石强度低，易风化。

13. 硬石膏 $CaSO_4$

硬石膏晶体为近正方形的厚板状或柱状，一般呈粒状；纯净晶体无色透明，一般为白色，玻璃光泽，有三组完全解理，硬度为 3～3.5，相对密度为 2.8～3.0。硬石膏在常温常压下遇水能生成石膏，体积膨胀近 30%，同时产生膨胀压力，可能引起建筑物基础及隧道衬砌等变形。

14. 石膏 $CaSO_4 \cdot 2H_2O$

石膏晶体多为板状，一般为纤维状和块状集合体，颜色灰白，含杂质时有灰、黄、褐色；纯晶体无色透明，玻璃光泽，有一组极完全解理，能劈裂成薄片，薄片无弹性，硬度为 2，相对密度为 2.3，见图 1.20。石膏在适当条件下脱水可变成硬石膏。

图 1.19　绿泥石

图 1.20　石膏

15. 黄铁矿 FeS_2

黄铁矿单晶体为立方体或五角十二面体，晶面上有条纹，在岩石中黄铁矿多为粒状或块状集合体，颜色为铜黄色，金属光泽，参差状断口，条痕为绿黑色，硬度为 6～6.5，相对密度为 4.9～5.2，见图 1.21。黄铁矿经风化易产生腐蚀性硫酸。

16. 赤铁矿 Fe_2O_3

赤铁矿的显晶质矿物为板状、鳞片状、粒状，隐晶质为块状、鲕状、豆状、肾状等集合体，多为赤红色、铁黑色和钢灰色，条痕为砖红色，半金属光泽，无解理，硬度 5～6，相对密度为 5.0～5.3。土状赤铁矿硬度很低，可染手。

17. 高岭石 $Al_2Si_2O_5(OH)_4$

高岭石通常为疏松土状或鳞片状、细粒土状矿物集合体，纯者白色，含杂质时为浅黄、浅灰等色，条痕为白色，土状或蜡状光泽，硬度为 1～2，相对密度为 2.60～2.63，见图 1.22。高岭石吸水性强，潮湿时可塑，有滑感。

图 1.21　黄铁矿

图 1.22　高岭石

18. 蒙脱石 $(Na,Ca)_{0.33}(Al,Mg)_2[Si_4O_{10}(OH)_2 \cdot nH_2O]$

蒙脱石通常为隐晶质土状，有时为鳞片状集合体，浅灰白、浅粉红色，有时带微绿色，条痕为白色，土状光泽或蜡状光泽；鳞片状集合体有一组完全解理，硬度为 2～2.5，相对密度为 2～2.7，吸水性强，吸水后体积可膨胀几倍，具有很强的吸附能力和阳离子交换能力，具有高度的胶体性、可塑性和很高的黏结力，是膨胀土的主要成分。

地壳中的矿物大约有 3 000 多种，它们对于人类的生活和发展具有重要的作用和影响，其中，铁矿石的开采和冶炼更是人类文明标志。我国目前正处在大力发展和建设的时期，其中房地产、高速铁路、国防军工、飞机场、水电站等基础设施对于钢铁的需求量非常大。下面案例介绍了我国铁矿石的储量、分布，以及国家在铁矿石进口中的艰难地位。

 案例阅读 1.1：中国铁矿石的分布、需求与国际定价权

中国铁矿石资源：

中国 1982 年末已探明的铁矿石保有储量为 443 亿吨，其中工业储量占总储量的 54%。其特点是：贫矿多、难选矿多、复合矿多。在总储量中，富矿只占 5.7%，贫矿占 94.3%。在贫矿储量中，容易分选的磁铁矿占 68%，难选的赤铁矿占 32%。复合铁矿约有 100 亿吨。根据地质成因及工业类型的不同，中国铁矿可分为 10 个类型。

（1）鞍山式铁矿。中国主要铁矿资源之一，占中国已探明铁矿石储量的 1/3 左右。其主要分布在鞍山、本溪地区、冀东地区、山西，还有山东、江西等地。鞍山地区已探明铁矿石储量80亿吨以上，冀东地区有52亿吨。矿石的矿物组成简单，含铁矿物为磁铁矿、假象赤铁矿、赤铁矿，有时含有少量褐铁矿；脉石主要为石英，其次是角闪石、黑云母或辉石等硅酸盐。这类矿石绝大多数为高硅贫矿，一般含铁 20%～40%，局部地区形成含铁高于45%的矿石。矿石的特点是含硫、磷低。

（2）宣龙-宁乡式铁矿。分宣龙式及宁乡式两类，矿石结构差别不大，唯前者鲕粒较大，含磷较低，后者含磷及碳酸盐矿物较高。其主要分布在河北、湖北等地，矿石含铁品位25%～50%，储量占中国铁矿总储量的9%。重要铁矿区有湖北长阳铁矿，主要含铁矿物为赤铁矿及菱铁矿，脉石矿物为方解石、白云石、绿泥石、胶磷石，含铁较高，含磷也高；河北龙烟及湖南湘东铁矿为赤铁矿，主要脉石矿物为石英、绿泥石、玉髓、绢云母等，含铁品位较高，一般大于45%。其他如重庆綦江、广西屯秋、贵州赫章、云南鱼子甸及鄂西官店、黑石板等地，均属含磷高、难选的鲕状赤铁矿贫铁矿。

（3）白云鄂博铁矿。中国独特的复合铁矿，矿石中含有丰富的稀土、铌，此外还有方铅矿、闪锌矿、黄铜矿、黄铁矿、铁钍石、锆石英、重晶石及磷灰石等。其矿石种类繁多，浸染粒度极细，属于难选矿石。它们分布在内蒙古自治区白云鄂博地区，工业储量8亿吨，稀土金属储量居世界首位。矿床下部为原生带，含铁矿物为磁铁矿；上部为氧化带及过渡带，含铁矿物为假象（半假象）赤铁矿、褐铁矿及菱铁矿，含铁 20%～50%。该矿根据脉石所含矿物的不同，有自熔性的白云石型矿石，含 CaF_2 高的萤石型矿石和含碱金属高的钠辉石、钠闪石、角闪石、云母型矿石。

（4）宁芜铁矿。主要分布在安徽省马鞍山、芜湖并延伸到南京的南山、东山、姑山及梅山等地区，马鞍山附近工业储量10亿吨。铁矿物为含钒、钛的赤铁矿、磁铁矿，脉石矿物有方解石、白云石、绿泥石、高岭土及云母。原矿含铁品位由贫到富极不一致。该矿铁品位较高；含磷也较高，一般平均在 0.5%，最高达 1.6%；脉石以石英为主；部分地区有自熔性矿石。

（5）大冶式铁矿。主要分布在大冶、邯郸等地。大冶铁矿铁品位较高，一般在 45%～60%，含硫波动大。该矿分原生矿和氧化矿两大类。原生矿主要为磁铁矿，含少量赤铁矿、黄铁矿、磁黄铁矿、黄铜矿、辉铜矿和铜蓝等。氧化矿主要为假象赤铁矿、磁铁矿、褐铁矿、孔雀石、黄铜矿、黄铁矿及辉钴矿等，其脉石为石英、绿泥石、绢云母、方解石及白云石等。邯郸铁矿主要为磁铁矿，含少量黄铁矿、黄铜矿及磁黄铁矿，脉石矿物为透辉石、绿泥石、蛇纹石及少量石英。

（6）大宝山铁矿。位于广东境内，储量2亿吨。矿床特点是：上部为铁帽，下部含有色金属如 Cu、Zn、Bi 及稀有金属。铁帽主要为褐铁矿、水赤铁矿、水针铁矿；脉石以石英为主，其次为黏土、云母、石榴石等。矿石呈疏松土状及蜂窝状构造，也有致密状和脉状结构。矿物组成较复杂，属难选矿石，目前开采的褐铁矿品位平均为48.21%，成品矿含铁54%以上。

（7）海南岛铁矿。分布在海南省石莱及田独一带，为中国最大的富铁矿基地，地质储量3.1亿吨。矿石以赤铁矿为主，品位在50%以上，伴生有少量硫化物及其他脉石矿物，提供炼钢、炼铁、烧结使用的富矿块及粉矿。

（8）镜铁山铁矿。位于甘肃酒泉一带，储量近5亿吨。其主要含铁矿物为镜铁矿、菱铁矿及少量赤铁矿与褐铁矿，深部偶尔有少量磁铁矿，其他共生有价矿物为重晶石。脉石矿物主要为碧玉、铁白云石，少量石英、方解石、白云石及绢云母等。矿石含铁30%～40%、二氧化硅20%、硫0.1%～2.8%。矿石呈条带状结构，结晶颗粒粒径一般为0.02～0.5 mm，需磨至小于0.076 mm的颗粒占85%以上才达到单体分离。

（9）攀枝花铁矿。主要分布在西昌—滇中地区，此外还有河北承德地区，前者矿床储量已探明近百亿吨。矿石以磁铁矿、钛铁晶石、钛铁矿为主，其次为磁黄铁矿、黄铜矿、铬铁矿、镍黄铁矿、假象赤铁矿和褐铁矿，除铁以外尚含有钛、钒、铬、镓、铜、钴、镍、铂族元素等十几种有益成分。脉石矿物为拉长石异剥辉石、角闪石等。矿石中钛铁矿、磁铁矿、钛铁晶石紧密共生，有的呈固溶体状态存在，这增加了铁与钛分离的困难。原矿含铁品位20%～53%，矿石有致密块状、致密—稀疏浸染状以及条带状构造。钛铁矿多在磁铁矿中呈格状浸染，粒度为0.05～0.1 mm。

（10）大西沟铁矿。陕西大西沟铁矿储量3亿吨。矿石成分较简单，以菱铁矿为主，其次为磁铁矿；脉石为绢云母、石英及少量绿泥石、重晶石及铁白云石。矿石构造以块状和条带状为主。原矿含铁18%～35%，平均为27%～31.33%，矿体上层还有铜及重晶石矿体。

2011年11月，中国钢铁工业协会与三巨头谈判商讨铁矿石定价新模式：

布隆伯格报道说，中国钢铁工业协会（China Iron and Steel Association，中钢协）副会长张长富周四在北京举行的新闻发布会上说，以中钢协为代表的中国钢铁企业目前正在与巴西淡水河谷、力拓集团和必和必拓公司三巨头谈判商讨铁矿石定价的新模式。

张长富在新闻发布会上说："我们寻求建立稳定、透明和公平的定价机制。"他说："希望国际铁矿石市场加强组织管理变得更加透明、高效。"中国是目前世界上最大的钢铁生产国和最大的铁矿石进口国。以巴西淡水河谷、力拓集团和必和必拓为代表的三巨头是全球最大的铁矿石供应商，垄断着全球75%以上的铁矿石贸易。

受中国宏观调控和钢铁企业压缩产量的影响，中国现货市场铁矿石价格在过去短短一个月里下跌了32%。铁矿石价格快速下跌使一些钢铁企业寻求用短期合约取代季度合约以降低进口成本。

宝钢总经理在一个网络直播会议上透露，该公司正在与淡水河谷公司谈判，计划从2008年第四季度起按新价格机制签署合约。不过，他没有透露更多细节。

2010年，三巨头放弃了实施近40年的铁矿石年度谈判定价机制，改为每个季度谈判一次确定价格。新季度价格将由过去三个月现货市场铁矿石价格平均水平确定，在铁矿石价格处于下降通道过程中时，这种定价机制能够最大限度地维护供货商的利益，但却增加了进口商的成本。

 拓展阅读1.1：中国四大名玉

根据我们前面对矿物知识的学习和了解，被人们视为珍宝的玉石其实是由自然界中的化学元素Ca、Mg、Fe、Si、O等组成的混合矿物，其中以二氧化硅为主要成分。而所谓的玉石有其他神奇功效的说法，目前有待于科学的进一步验证。因此，作为工科类的技术人员，不要盲目追捧，所谓的"天价玉石"大多是在炒作和投机。下面简介一下我国的几种玉石。

中国四大名玉，是指新疆的"和田玉"（图1.23）、湖北郧县等地产的"绿松石"、河南南阳的"独山玉"（图1.24）及辽宁岫岩的"岫玉"。和田玉玉质为半透明，抛光后呈脂状光泽，硬度在 5.5～6.5。绿松石的工艺名称为松石，是一种具有独特蔚蓝色的玉料。独山玉又称"南阳玉"或"南玉"，产于南阳市城区北边的独山，也有简称为"独玉"的。岫玉产于中国辽宁省岫岩，岫岩县是一个山清水秀、物产丰富的宝地，经过千万年的自然演化，凝聚了千万年的日月山川之精华，从而孕育出了闻名于世的国宝珍品——岫岩玉。

图 1.23　和田玉

图 1.24　独山玉

任务 1.4　岩　石

岩石是在各种不同地质作用下所产生的、由一种或多种矿物有规律地组合而成的矿物集合体。例如：大理岩主要由方解石组成，花岗岩则由长石、石英、云母等多种矿物所组成。根据成因，岩石可以分为岩浆岩、沉积岩和变质岩三大类。

1.4.1　岩浆岩

火山喷发时，从地壳深部喷出大量炽热气体和熔融物质，这些熔融物质就是岩浆。岩浆具有很高的温度（800～1 300 ℃）和很大的压力（大约在几百兆帕以上）。它从地壳深部向上侵入的过程中，有的在地下即冷凝结晶成岩石，叫侵入岩；有的喷射或溢出地表后才冷凝而成岩石，叫喷出岩。这些由岩浆冷凝、固结而成的岩石通称岩浆岩。

1. 岩浆岩的产状、结构和构造

（1）岩浆岩的产状。

岩浆岩产状是指岩体的大小、形状及其与围岩的接触关系。由于岩浆侵入的深度、岩浆的规模与成分以及围岩的产出状态不同，故岩浆岩的产状不一。

① 喷出岩的产状。

最常见的喷出岩有火山锥和熔岩流。火山锥是岩浆沿着一个孔道喷出地面形成的圆锥形岩体，由火山口、火山颈及火山锥状体组成。熔岩流是岩浆流出地表顺山坡和河谷流动冷凝而形成的层状或条带状岩体，大面积分布的熔岩流叫熔岩被。

② 侵入岩的产状。

侵入岩按距地表的深浅程度，又分为浅成岩（成岩深度<3 km）和深成岩，它们的产状多种多样，如图 1.25 所示。浅成岩一般为小型岩体，产状包括岩脉、岩床和岩盘；深成岩常

为大型岩体，产状包括岩株和岩基等。

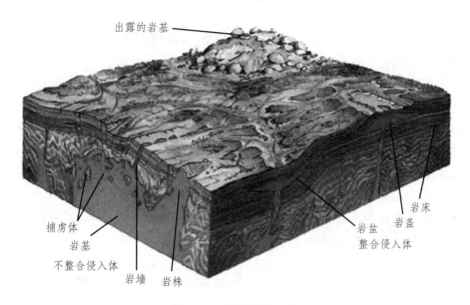

出露的岩基

捕虏体
岩基
不整合侵入体
岩墙 岩株

岩盆 岩盖 岩床
整合侵入体

图 1.25　岩浆岩的产状

岩脉：岩浆沿着岩层裂隙侵入并切断岩层所形成的狭长形岩体。岩脉规模变化较大，宽可由几厘米（或更小）到数十米（或更大），长由数米（或更小）到数千米或数十千米。

岩床：流动性较大的岩浆顺着岩层层面侵入形成的板状岩体。形成岩床的岩浆成分常为基性，岩床规模变化也大，厚度常为数米至数百米。

岩盘：岩盘又称岩盖，是指黏性较大的岩浆顺岩层侵入，并使上覆岩层拱起而形成的穹隆状岩体。岩盘主要由酸性岩构成，也有由中、基性岩浆构成的岩盘。

岩基：规模巨大的侵入体，其面积一般在 100 km² 以上，甚至可超过几万平方千米。岩基的成分是比较稳定的，通常由花岗岩、花岗闪长岩等酸性岩组成。

岩株：面积不超过 100 km² 的深层侵入体。其形态不规则，与围岩的接触面不平直。岩株的成分多样，但以酸性和中性较为普遍。

（2）岩浆岩的结构。

岩浆岩的结构是指岩石中矿物的结晶程度、晶粒大小、晶体形状以及矿物间的结合关系。由于岩浆的化学成分和冷凝环境不同、冷凝速度不一样，因此，岩浆岩的结构也就存在差异。

① 粒状结晶结构（显晶质结构）。

岩石全部由肉眼能辨认的矿物晶体组成，一般见于侵入岩。按结晶颗粒大小，可进一步划分为粗粒结构（颗粒直径大于 5 mm）、中粒结构（颗粒直径为 2～5 mm）和细粒结构（颗粒直径为 0.2～2 mm）。颗粒越粗，反映岩浆冷却速度越慢，结晶的时间越充裕，见图 1.26。

② 隐晶质结构。

岩石由肉眼不能辨认的细小晶粒组成，颗粒直径一般小

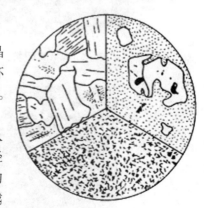

左上—显晶质；右上—隐晶质；
下—玻璃质

图 1.26　岩浆岩的结构

于 0.2 mm。岩石外观呈致密状，反映岩浆冷却速度较快，主要见于喷出岩，见图 1.26。

③ 玻璃质结构。

岩石由没有结晶的物质组成，常具贝壳状断口，性较脆。它反映当时岩浆的急剧冷凝，来不及结晶，主要见于喷出岩，见图 1.26。

④ 斑状结构。

斑状结构是一些较大的晶体分布在较细的物质（主要为隐晶质和玻璃质）当中的一种结构。大的晶体称斑晶，较细的物质称基质。这种结构反映岩浆在经由地壳的不同深浅部位和喷出地表过程中，小部分先结晶形成斑晶，剩余部分较快冷凝形成基质，主要见于小型侵入体和喷出岩中。

（3）岩浆岩的构造。

岩浆岩的构造是指岩石中矿物集合体的形态、大小及其相互关系，它是岩浆岩形成条件的反映。常见的构造有如下几种：

① 块状构造。

块状构造指岩石各组成部分均匀分布，无定向排列，是侵入岩特别是深成岩所具有的构造，见图 1.27（a）。

② 流纹构造。

流纹构造指岩浆岩中由不同成分和颜色的条带以及拉长气孔等定向排列所形成的构造，见图 1.27（b）。它反映了岩浆在流动冷凝过程中的物质分异和流动的痕迹，常见于酸性和中性熔岩，尤以流纹岩为典型。

（a）块状构造

（b）流纹状构造

（c）气孔状构造

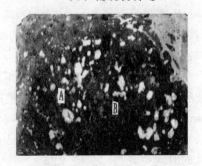
（d）杏仁状构造

图 1.27　岩浆岩构造

③ 气孔构造与杏仁构造。

喷出地表的岩浆迅速冷凝，其中所含气体和挥发成分因压力减小而逸出，因而在岩石中留下许多气孔，这种构造称气孔构造，见图1.27（c）。这些气孔被后期外来物质（方解石、蛋白石等）充填后，似杏仁状，称为杏仁构造，见图1.27（d），这种构造为某些喷出岩（如玄武岩）的特点。

2. 岩浆岩的分类

自然界的岩浆岩是多种多样的，目前所知的就有1000余种，它们之间存在着矿物成分、结构、构造、产状及成因等方面的差异，而且在各种岩浆岩之间又有一系列过渡类型。为了掌握各种岩石之间的共性、特性以及彼此之间的共生和成因关系，就必须对岩浆岩进行分类。表1.5所示为据化学成分、矿物成分、结构、构造和产状对岩浆岩进行综合分类的简表，表中列出了各岩石类型和侵入深成岩、浅成岩及喷出岩的代表性岩石种类。

表1.5 岩浆岩的分类

<table>
<tr><td colspan="3">岩石类型</td><td>酸性岩</td><td>中性岩</td><td>基性岩</td><td>超基性岩</td></tr>
<tr><td colspan="3" rowspan="2">化学成分（SiO$_2$含量）（%）</td><td colspan="2">富含Si、Al</td><td colspan="2">富含Fe、Mg</td></tr>
<tr><td>>65</td><td>65～52</td><td>52～45</td><td><45</td></tr>
<tr><td colspan="3">岩石颜色</td><td colspan="2">浅色（灰白、浅红、灰绿）</td><td colspan="2">深色（深灰、黑白、暗绿）</td></tr>
<tr><td rowspan="4">矿物成分</td><td colspan="2">石英含量（%）</td><td>>20</td><td><5</td><td>不含或微含</td><td>不含</td></tr>
<tr><td colspan="2">长石含量</td><td>正长石为主</td><td colspan="2">斜长石为主</td><td>不含</td></tr>
<tr><td colspan="2">暗色矿物种类及含量</td><td>黑云母为主，角闪石次之</td><td>角闪石为主，辉石、黑云母次之</td><td>辉石为主，可有角闪石、黑云母、橄榄石</td><td>橄榄石为主，辉石次之</td></tr>
<tr><td rowspan="7">产状结构及构造</td><td rowspan="3">喷出岩</td><td rowspan="3">流纹状构造、气孔状构造、杏仁状构造、块状构造</td><td rowspan="3">玻璃质、隐晶质、斑状</td><td colspan="4">黑曜岩、浮岩、火山凝灰岩、火山角砾岩、火山集块岩</td></tr>
<tr><td>流纹岩</td><td>粗面岩</td><td>安山岩</td><td>玄武岩</td><td>少见</td></tr>
<tr><td rowspan="2">浅成岩</td><td rowspan="2">气孔状构造、块状构造</td><td rowspan="2">斑状半晶质、全晶质、粒状</td><td colspan="3">伟晶岩、细晶岩 煌斑岩</td><td>少见</td></tr>
<tr><td>花岗岩</td><td>正长斑岩</td><td>闪长玢岩</td><td>辉绿岩</td><td>少见金伯利岩</td></tr>
<tr><td>深成岩</td><td>块状构造</td><td>全晶质粒状</td><td>花岗岩</td><td>正长岩</td><td>闪长岩</td><td>辉长岩</td><td>橄榄岩、辉岩</td></tr>
</table>

3. 常见岩浆岩（图1.28）

自然界的岩浆岩有1000多种，较常见的只是基性、中性和酸性岩类的10多种。碱性、超基性岩分布稀少，各种脉岩往往较为复杂。

（1）花岗岩。

花岗岩的主要矿物为石英、正长石和斜长石，次要矿物为黑云母、角闪石等。其颜色多为肉红、灰白色，全晶质粒状结构，是酸性深成岩，产状多为岩基和岩株，是分布最广的深成岩。花岗岩可作为良好的建筑地基及天然建筑材料。

花岗岩（深成侵入岩）

花岗斑岩（浅成侵入岩）

流纹岩（酸性喷出岩）

黑曜岩

安山岩（中性喷出岩）

玄武岩（基性喷出岩）

橄榄岩

花岗闪长岩

图 1.28　常见岩浆岩

（2）正长岩。

正长岩属于中性深成岩，主要矿物为正长石、黑云母、辉石等。其颜色为浅灰或肉红色，全晶质粒状结构，块状构造，多为小型侵入体。

（3）闪长岩。

闪长岩属于中性深成岩，主要矿物为角闪石和斜长石，次要矿物有辉石、黑云母、正长石和石英。其颜色多为灰或灰绿色，全晶质中、细粒结构，块状构造，常以岩株、岩床等小型侵入体产出。闪长岩分布广泛，多与辉长岩或花岗岩共生，也可呈岩墙产出，可作为各种建筑物的地基和建筑材料。

（4）辉长岩。

辉长岩属于基性深成岩，主要矿物是辉石和斜长石，次要矿物为角闪石和橄榄石。其颜色为灰黑至暗绿色，具有中粒全晶质结构，块状构造，多为小型侵入体，常以岩盆、岩株、岩床等产出。

（5）橄榄岩。

橄榄岩属超基性深成岩，主要矿物为橄榄石和辉石，岩石是橄榄绿色，岩体中矿物全为橄榄石时，称为纯橄榄岩。其具有全晶质中、粗粒结构，块状构造。橄榄岩中的橄榄石易风化转变为蛇纹石和绿泥石，所以新鲜橄榄岩很少见。

（6）花岗斑岩。

花岗斑岩为酸性浅成岩，矿物成分与花岗岩相同，具有板状或似斑状结构，块状构造。其斑晶体积大于基质，斑晶和基质均主要由钾长石、酸性斜长石、石英组成。产状多为岩株等小型岩体或为大岩体边缘。

（7）正长斑岩。

正长斑岩属于中性浅成侵入岩，主要矿物与正长岩相同，有正长石、黑云母、辉石等。其颜色多为浅灰或肉红色，斑状结构，斑晶多为正长石，有时为斜长石，基质为微晶或隐晶结构，块状构造。

（8）闪长玢岩。

闪长玢岩属于中性浅成侵入岩，矿物成分同闪长岩，即主要矿物为角闪石和斜长石，次要矿物为辉石、黑云母、正长石和石英。颜色为辉绿色至灰褐色。斑状结构，斑晶多为灰白色斜长石，少量为角闪石，基质为细粒至隐晶质，块状构造。多为岩脉，相当于闪长岩的浅成岩。

（9）辉绿岩。

辉绿岩属于基性浅成侵入岩，主要矿物为辉石和斜长石，二者含量相近，颜色为暗绿色和绿黑色，具有典型的辉绿结构。其特征是由柱状或针状斜长石晶体构成中空的格架，粒状微晶辉石等暗色矿物填充其中，块状构造，多以岩床、岩墙等小型侵入体产出。辉绿岩蚀变后易产生绿泥石等次生矿物，使岩石强度降低。

（10）脉岩类。

脉岩类是以脉状或岩墙产出的浅成侵入岩，经常以脉状充填于岩体裂隙中。据脉岩的矿物成分和结构特征，其可分为伟晶岩、细晶岩和煌斑岩。

① 伟晶岩。

常见的有伟晶花岗岩，矿物成分与花岗岩相似，但深色矿物含量较少。其矿物晶体粗大，多在 2 cm 以上，个别可达几米，具有伟晶结构，块状构造，常以脉体和透镜体产于母岩及其围岩中，常形成长石、石英、云母、宝石及稀有元素矿床。

② 细晶岩。

细晶岩的主要矿物为正长石、斜长石和石英等浅色矿物，含量达 90% 以上，少量深色矿物有黑云母、角闪石和辉石。其为均匀的细晶结构，块状构造。

③ 煌斑岩。

煌斑岩的 SiO_2 含量约 40%，属超基性侵入岩，主要矿物为黑云母、角闪石、辉石等，间有长石。其常为黑色或黑褐色，多为全晶质，具有斑状结构，当斑晶几乎全部由自形程度较高的暗色矿物组成时，称煌斑结构，是煌斑岩的特有结构。

（11）流纹岩。

流纹岩属酸性喷出岩类，矿物成分与花岗岩相似。其颜色常为灰白、粉红、浅紫色，具有斑状结构或隐晶结构，斑晶为钾长石、石英，基质为隐晶质或玻璃质，块状构造，具有明显的流纹和气孔状构造。

（12）粗面岩。

粗面岩属于中性喷出岩，矿物成分同正长岩，颜色为浅红或灰白，具有斑状结构或隐晶结构，基质致密多孔。粗面岩为块状构造，含气孔状构造。

（13）安山岩。

安山岩属中性喷出岩，矿物成分同闪长岩，颜色为灰、灰棕、灰绿等色，具有斑状结构，斑晶多为斜长石，基质为隐晶质或玻璃质，块状构造，有时含气孔、杏仁状构造。

（14）玄武岩。

玄武岩属基性喷出岩，矿物成分同辉长岩，颜色为辉绿、绿灰或暗紫色。其多为隐晶和斑状结构，斑晶为斜长石、辉石和橄榄石，块状构造，常有气孔、杏仁状构造。玄武岩分布很广，如二叠系峨眉山玄武岩广泛分布在我国西南各省。

（15）火山碎屑岩。

火山碎屑岩是由火山喷发的火山碎屑物质，在火山附近的堆积物，经胶结或熔结而成的岩石，常见的有凝灰岩和火山角砾岩。

① 凝灰岩。

凝灰岩是分布最广的火山碎屑岩，粒径小于 2 mm 的火山碎屑占 90% 以上，颜色多为灰白、灰绿、灰紫、褐黑色。凝灰岩的碎屑呈角砾状，一般胶熔不紧，宏观上有不规则的层状构造，易风化成蒙脱石黏土。

② 火山角砾岩。

火山角砾岩的碎屑粒径多在 2～100 mm，呈角粒状，经压密胶结成岩石。火山角砾岩分布较少，只见于火山锥。

1.4.2 沉积岩

沉积岩一般是指由地壳上原有的岩石遭风化、剥蚀作用破坏所形成的各种松散物质和溶解于水的化合物质，经搬运、沉积和成岩作用而形成的层状岩石。此外，还有一些是由火山喷出的碎屑物质和由生物遗体组成的特殊沉积岩。

沉积岩分布很广，占大陆面积的 3/4 左右。沉积岩是在地壳表面常温常压条件下形成的，故在物质成分、结构构造、产状等方面都不同于岩浆岩，而具有自己的特征。

1. 沉积岩的物质组成

沉积岩的物质成分来源有三个方面，其中主要是母岩风化的产物，其次是火山喷发的物质和生物及其作用的产物。

（1）母岩风化产物。

母岩是指早已形成的岩浆岩、变质岩和沉积岩。当这些母岩出露地表后，由于风化作用使母岩遭到破坏，形成新的物质，这就是母岩风化产物。这些物质主要是碎屑物质、新生成的矿物和溶于水的物质。碎屑物质是母岩破碎后的岩屑和比较稳定的矿物碎屑，如石英、长石等；新生成的矿物有黏土矿物、褐铁矿、蛋白石等；溶于水的物质有 K^+、Na^+、Mg^{2+}、P^{3-}、S^{2-}、I^-、B^{3+}、Br^- 等。

（2）火山喷发物质。

火山喷发物质主要是指由于火山喷发作用而形成的火山碎屑物质，如火山弹、熔岩和矿物碎屑及火山灰等。

（3）生物及其作用产物。

生物及其作用产物为生物的作用直接或间接形成的产物，如贝壳、煤、石油等。

2. 沉积岩的结构

沉积岩的结构是指构成沉积岩颗粒的性质、大小、形态及其相互关系。常见的沉积岩结构有以下几种：

（1）碎屑结构。

碎屑结构是由胶结物将碎屑胶结起来而形成的一种结构，是碎屑岩的主要结构。碎屑物成分可以是岩石碎屑、矿物碎屑、石化的生物有机体或碎片以及火山碎屑等。按粒径大小，碎屑可分为砾（粒径大于 2 mm）、砂（粒径为 2～0.075 mm）和粉砂（粒径为 0.075～0.005 mm）等。胶结物常见的有硅质、黏土质、钙质和火山灰等。

（2）泥质结构。

泥质结构主要由极细的黏土矿物颗粒（粒径小于 0.005 mm）组成，外表呈致密状，是黏土岩的主要结构。

（3）结晶粒状结构。

结晶粒状结构主要由结晶的矿物组成，是化学岩的主要结构。

（4）生物结构。

生物结构是由未经搬运的生物遗体或原生生物活动遗迹组成的结构，是生物化学岩的主要结构。

3. 沉积岩的构造

沉积岩的构造是指沉积岩各组成部分的空间分布和配置关系，如层理、层面构造、结核等。

（1）层理构造。

层理是沉积岩中由于物质成分、结构、颜色不同而在垂直方向上显示出来的成层现象，它是沉积岩最典型、最重要的特征之一。层理按形态分为水平层理、波状层理和斜层理三种（图 1.29），它反映了当时的沉积环境和介质运动强度及特征。水平层理的各层层理面平直且互相平行，是在水动力较平稳的海、湖环境中形成的；波状层理的层理面呈波状起伏，显示沉积环境的动荡，在海岸、湖岸地带表现明显；斜层理的层理面倾斜与大层层面斜交，倾斜方向表示介质（水或风）的运动方向。根据层的厚度，层理可划分为巨厚层状（大于 1.0 m）、厚层状（1.0～0.5 m）、中厚层状（0.5～0.1 m）和薄层状（小于 0.1 m）。

水平层理（碳酸盐岩）　　　　斜层理（碎屑岩）　　　　波状层理（碎屑岩）

图 1.29　沉积岩三种典型层理构造

（2）层面构造。

层面构造是指在沉积岩的层面上保留有一些外力作用的痕迹，最常见的有波痕和泥裂（图 1.30）。波痕是指岩石层面上保存原沉积物受风和水的运动影响形成的波浪痕迹；泥裂是指沉积物露出地表后干燥而裂开的痕迹。这种痕迹一般上宽下窄，为泥沙所充填。

（3）结核。

岩石中成分与周围物质有显著不同的呈圆球或不规则状的无机物包裹体叫结核，如石灰岩中含有燧石结核，砂岩中含有铁质结核等。

图 1.30　泥裂

4. 沉积岩的分类

沉积岩按成因、物质成分和结构特征分为碎屑岩、黏土岩、化学和生物化学岩三大类（表 1.6）。

表 1.6　沉积岩分类

岩类		物质来源	沉积作用	结构特征	岩石分类名称
碎屑岩类	沉积碎屑岩类	母岩机械破坏碎屑	机械沉积作用为主	沉积碎屑结构	1. 砾岩及角砾岩（$d > 2$ mm） 2. 砂岩（$d = 2 \sim 0.075$ mm） 3. 粉砂岩（$d = 0.075 \sim 0.005$ mm）
	火山碎屑岩类	火山喷发碎屑		火山碎屑结构	1. 集块岩（$d > 100$ mm） 2. 火山角砾岩（$d = 100 \sim 2$ mm） 3. 凝灰岩（$d = 2 \sim 0.005$ mm）
黏土岩类		母岩化学分解过程中形成的新生矿物、黏土矿物	机械沉积作用和胶体沉积作用	泥质结构	1. 黏土岩（$d < 0.005$ mm） 2. 泥岩（$d < 0.05$ mm） 3. 页岩（$d < 0.005$ mm）
化学和生物化学岩类		母岩化学分解过程中形成的可溶物质和胶体物质，生物作用产生	化学沉积作用和生物沉积作用为主	结晶结构、生物结构	1. 铝、铁、锰质岩 2. 硅、磷质岩 3. 碳酸盐岩 4. 盐类岩 5. 可燃有机岩

注：d 为岩石中组成颗粒的粒径。

5. 常见沉积岩

（1）碎屑岩。

碎屑岩是沉积岩中常见的岩石之一，其中碎屑物质（包括岩石碎屑、矿物碎屑及火山喷发的碎屑）不能少于50%。按其成因，碎屑岩可以分为火山碎屑岩和正常沉积碎屑岩。

① 火山碎屑岩。

火山碎屑岩主要由火山喷发的碎屑物质在地表经短距离搬运或就地沉积而成。由于它在成因上有火山喷出和沉积的双重特性，因此是介于喷出岩和沉积岩之间的过渡类型。火山碎屑物质包括熔岩碎屑（岩屑）、矿物碎屑（晶屑）和火山玻璃（玻屑）3种，一般火山碎屑岩含火山碎屑物在50%以上。常见的火山碎屑岩有：

火山集块岩：粒径大于100 mm的火山碎屑物质的质量分数超过50%，碎屑大部分是带棱角的，但也有经过搬运磨圆的。火山集块岩的碎屑成分往往以一种火山岩为主，根据碎屑成分可称安山集块岩、流纹集块岩等；胶结物主要为火山灰及熔岩，有时候被$CaCO_3$、SiO_2泥质等所胶结。

火山角砾岩：粒径在2～100 mm的火山碎屑物的质量分数超过50%，碎屑具棱角或稍经磨圆。根据碎屑成分，火山角砾岩可分为安山火山角砾岩、流纹火山角砾岩等，其胶结物与火山集块岩相同。

火山凝灰岩：粒径小于2 mm的火山碎屑物质的质量分数超过50%，即主要由火山灰所构成的岩石。火山凝灰岩分选很差，碎屑多具棱角，层理不十分清楚。凝灰岩的碎屑可能是细小的岩屑、玻屑或晶屑，在晶屑中可以发现石英、长石、云母等晶体，但外形多为棱角状。凝灰岩因碎屑成分不同，常有黄、灰、白、棕、紫等各种颜色。

② 正常沉积碎屑岩。

正常沉积碎屑岩是母岩风化和剥蚀的碎屑物质，经搬运、沉积、胶结而成的岩石。碎屑物可以是岩屑，也可以是矿物碎屑。由于搬运介质和搬运距离等不同，碎屑形状可以是带棱角的，或是浑圆的。碎屑岩的胶结物主要有铝、铁质物质和黏土。根据碎屑颗粒大小，碎屑岩可分为砾岩、砂岩和粉砂岩等。

砾岩及角砾岩：沉积砾石胶结而成的岩石，即粒径大于2 mm的砾石的质量分数大于50%的岩石，砾石大部分由岩石碎屑组成。砾石形状呈次圆状或圆状的叫砾岩［图1.31（a）］，砾石形状呈棱角状的叫角砾岩。

砂岩：沉积砂粒经胶结而成的岩石，即粒径在2～0.075 mm的砂粒的质量分数大于50%的岩石，见图1.31（b）。砂粒成分主要是石英、长石、云母等岩石碎屑。

按粒度，砂岩又分为粗砂岩（粒径为2～0.5 mm的砂粒的质量分数大于50%）、中粒砂岩（粒径为0.5～0.25 mm的砂粒的质量分数大于50%）和细砂岩（粒径为0.25～0.075 mm的砂粒的质量分数大于50%）。

砂岩按成分进一步分为石英砂岩（石英碎屑占90%以上）、长石砂岩（长石碎屑的质量分数在25%以上）和硬砂岩（岩石碎屑的质量分数在25%以上）。

粉砂岩：粒径在0.075～0.005 mm的碎屑的质量分数大于50%的碎屑岩叫粉砂岩。粉砂岩的成分以矿物碎屑为主，大部分是石英；胶结物以黏土质为主，常发育有水平层理。

 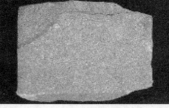 

（a）砾岩（$d > 2$ mm）　　　　（b）砂岩（$2 \sim 0.05$ mm）　　　　（c）泥岩（$d < 0.005$ mm）

图 1.31　陆源碎屑物

（2）黏土岩。

黏土岩是指粒径小于 0.005 mm 的颗粒的质量分数大于 50% 的岩石，主要由黏土矿物组成，其次有少量碎屑矿物、自生的非黏土矿物及有机质。黏土矿物有高岭石、蒙脱石和伊利石等，碎屑矿物有石英、长石、绿泥石等，自生非黏土矿物有铁和铝的氧化物和氢氧化物、碳酸盐（方解石、白云石、菱铁矿等）、硫酸盐、磷酸盐、硫化物等，有机质主要是煤和石油的原始物质。

黏土岩具有典型的泥质结构，质地均匀，有细腻感，断口光滑。

常见的黏土岩有页岩和泥岩［图 1.31（c）］。页岩是页片构造发育的黏土岩，其特点是能沿层理面分裂成薄片或页片，常具有清晰的层理，风化后是碎片状。泥岩是一种呈厚层状的黏土岩，岩层中层理不清，风化后呈碎块状。

（3）化学岩和生物化学岩。

本类岩石大部分是各种母岩在化学、风化和剥蚀作用中所形成的溶液和胶体溶液，经化学作用或生物化学作用沉淀而成，按照成分不同可分为：铝质岩、铁质岩、锰质岩、硅质岩、磷质岩、碳酸盐岩、盐岩和可燃有机岩。这类岩石除碳酸盐岩外，一般分布较少，但大部分是具有经济价值的有用矿产。

① 碳酸盐岩。

碳酸盐岩主要包括石灰岩、白云岩、泥灰岩等（表 1.7），实物见图 1.32。

石灰岩：主要由方解石（50% 以上）组成；质纯者呈灰白色，含杂质呈灰色到灰黑色；具结晶结构、生物结构和内碎屑结构，遇冷稀盐酸可产生大量气泡。

白云岩：主要由白云石（50% 以上）组成；颜色为灰白色、灰色和灰黑色；加冷稀盐酸不起泡，而加热的稀盐酸起泡。在白云岩和石灰岩之间还有些过渡的岩石，通常把含有白云石 25% ~ 50% 的灰岩称白云质灰岩。

表 1.7　碳酸盐岩的分类

矿物含量	岩石中主要矿物的质量分数大于 50%	岩石中混入物的含量					
		碳酸盐混入物		泥质混入物		机械混入物	
		方解石	白云石	5% ~ 25%	25% ~ 50%	岩屑或矿物碎屑	
		5% ~ 25%	25% ~ 50%			2% ~ 25%	25% ~ 50%
主要矿物	岩 石 名 称						
方解石	石灰石		白云质灰岩	泥质灰岩	泥灰岩	含砂石灰岩	砂质石灰岩
白云石	白云岩	灰质白云岩		泥质白云岩	白云泥灰岩	含砂白云岩	砂质白云岩

石灰岩

白云岩

泥灰岩

图 1.32　碳酸盐岩分类

泥灰岩：石灰岩中泥质成分增加到 25% ~ 50% 的称泥灰岩。它是黏土岩和石灰岩之间的过渡类型；颜色一般较浅，有灰色、淡黄色、浅灰色、紫红色等；岩石呈致密状。

② 铁质岩。

铁质岩是富含铁矿物的沉积岩，其主要铁矿物有赤铁矿、褐铁矿、菱铁矿、铁的硫化物及硅酸盐。铁质岩的结构主要是豆状及鲕状、隐晶质结构。

③ 铝质岩。

富含三氧化二铝（Al_2O_3）的岩石称为铝质岩，因含杂质不同，颜色种类很多，有白、灰、黄等。铝质岩的常见结构有鲕状、豆状和致密状。

④ 锰质岩。

锰质岩是富含锰的沉积岩，主要含锰矿物有硬锰矿、软锰矿和菱锰矿等。

⑤ 磷质岩。

通常把含有五氧化二磷在 5% 以上的沉积岩称作磷质岩或磷块岩。磷质岩主要由各种磷灰石及非晶胶磷矿组成。

⑥ 硅质岩。

硅质岩是由溶于水的 SiO_2 在化学及生物化学作用下形成的富含 SiO_2（70% ~ 90%）的沉积岩。硅质岩石中的矿物成分有非晶质的蛋白石、隐晶质的玉髓和结晶质的石英。硅质岩按其成因可分为生物成因（硅藻土、海绵岩、放射虫岩）和非生物成因（板状硅藻土、蛋白石、碧玉、罐石、硅华）两大类。

⑦ 盐岩。

盐岩是一种纯化学成因的岩石，由蒸发沉淀而成。盐岩主要由钾、钠、镁的卤化物和硫酸盐组成，如食盐（NaCl）、钾盐（KCl）、光卤石（$KCl \cdot MgCl_2 \cdot 6H_2O$）、钾盐镁钒（$K_2Mg(SO_4)_2 \cdot 3H_2O$）、芒硝（$Na_2SO_4 \cdot 10H_2O$）、硬石膏（$CaSO_4$）、石膏（$CaSO_4 \cdot 2H_2O$）等。盐岩有原生结晶粒状、纤维状、次生的交代结构和变晶结构，构造有层状、透镜状和致密块状。

⑧ 可燃有机岩。

可燃有机岩是煤、油页岩和石油及天然气等含有可燃性有机岩石的总称。

煤：由植物转变而来的可燃岩石。由高等植物转化而形成腐植煤，由低等植物残体转化而形成腐泥煤。腐泥煤少见。腐植煤又可分为泥灰、褐煤、烟煤和无烟煤。

油页岩：多呈薄层状，颜色多为棕黑色、黑色。油页岩质地细致，具弹性，坚韧不易破碎。

石油：一种可燃的液体矿产。天然石油也称原油，一般是绿色、棕色、黑色或稍带黄色的油脂状液体。

1.4.3　变质岩

已有的岩浆岩或沉积岩在高温、高压及其他因素作用下，矿物成分、结构构造方面发生质变，形成新的岩石，这种变了质的岩石称变质岩。由岩浆岩变质的叫正变质岩，由沉积岩变质的叫副变质岩。变质岩无论岩性或工程地质性质都和原岩有共同之处，又有很大差别。

1. 变质岩的矿物成分

组成变质岩的矿物，除含有岩浆岩和沉积岩中的矿物外，还有一部分为变质岩所特有的矿物。表 1.8 所列是常见造岩矿物在各类岩石中的分布情况，从表中可以看出：

表 1.8　造岩矿物在各类岩石中的主要分布情况

岩浆岩、沉积岩、变质岩中均可出现的主要矿物	岩浆岩、变质岩中均可出现的主要矿物	沉积岩、变质岩中均可出现的主要矿物	主要在变质岩中出现的矿物
石英、钾长石、白云母、钠长石、部分石榴石、磁铁矿、赤铁矿、菱铁矿、磷灰石、榍石、镉石、金红石、钛铁矿等	石英、尖晶石、斜长石、钾长石、白云母、黑云母、金云母、霞石、铁铝榴石、普通角闪石、碱性角闪石、斜方辉石、霓石、透辉石、普通辉石、橄榄石、榍石	石英、高岭石、斜长石、钾长石、白云母、方解石、白云石、重晶石、硬石膏、萤石	刚玉、红柱石、蓝晶石、矽线石、叶蜡石、堇青石、十字石、绢云母、帘石类、铁铝榴石、符山石、阳起石、蓝闪石、透闪石、蛇纹石、硅灰石、镁橄榄石、滑石、石墨、方解石、白云石、菱镁矿等

（1）岩浆岩中的主要矿物，如石英、长石、云母、角闪石、辉石等，在变质岩中也是主要矿物。但岩浆岩的一些次要矿物，如绢云母、绿泥石等片状矿物，也经常是一些变质岩的主要矿物。

（2）沉积岩中常见的典型矿物，如方解石、白云母等，在变质岩（主要是大理岩）中也可大量出现。但沉积岩中的高岭石、蒙脱石、伊利石等黏土矿物，则仅在变质作用很浅时呈残留矿物保留在变质岩中。变质作用较深时，都变为红柱石、蓝晶石、十字石、方柱石、矽线石、硅灰石、绢云母等特殊的变质矿物。

（3）变质岩中广泛分布片状、纤维状、针状、柱状矿物，如云母、阳起石、滑石、蛇纹石、矽线石等，并常呈定向排列。同时，这些变质矿物常有共生组合规律。

2. 变质岩的结构

变质岩的最主要结构是重结晶作用形成的变晶结构。根据组成矿物的粒度、形态及相互关系，变晶结构又分为等粒变晶结构、斑状变晶结构、鳞片和纤维状变晶结构三种，此外还有变余结构等。

（1）等粒变晶结构。

等粒变晶结构的岩石主要由长石、石英及方解石等粒状矿物组成，矿物晶粒大小大致相等，颗粒之间互相镶嵌很紧，不定向排列。

（2）斑状变晶结构。

在粒度较小的矿物集合体（也称基质）中分布着一些由重结晶形成的较大斑状晶体（称为变斑晶）。变斑晶通常是石榴石、十字石、蓝晶石等晶形完好的变质矿物。

（3）鳞片和纤维状变晶结构。

鳞片和纤维状变晶结构是由片状、柱状或纤维状矿物定向排列形成的结构，主要由云母、绿泥石等鳞片状矿物组成的岩石具鳞片状变晶结构；主要由角闪石、透闪石等柱状或纤维状矿物所组成的岩石具有纤维状变晶结构。

（4）变余结构。

变余结构指在变质岩形成后尚保留某些原岩的结构残余。变余结构表明了变质作用的不彻底性。

3. 变质岩的构造

变质岩的构造是指矿物排列的特点。除某些岩石外，大部分变质岩具有定向构造，这是变质的最大特点。变质岩的常见构造有：

（1）片麻构造。

片麻构造是深变质岩中的常见构造。岩石主要具有由粒状矿物（长石、石英）以及片状矿物、柱状矿物（黑云母、白云母、绢云母、绿泥石、角闪石等）相间排列所形成的深浅色泽相间的断续的条带状构造。

（2）片状构造。

片状构造是岩石中由大量片状矿物（如云母、绿泥石、滑石、石墨等）平行排列所成的薄层片状构造。

（3）千枚构造。

千枚构造是岩石中重结晶形成的绢云母微细鳞片平行排列所形成的构造，片理面上具丝绢光泽，有时可见细小的绢云母。

（4）板状构造。

板状构造是岩石中由片状矿物平行排列所形成的具有平整板状劈理的构造，沿着板理易劈成薄板，板面微具光泽。

（5）块状构造。

块状构造是岩石中的矿物成分和结构都较均匀、没有明显定向排列所表现出来的构造。

4. 变质岩的分类

变质岩的种类繁多，命名又较复杂，一般根据变质作用类型、岩石的构造、结构特点，对变质岩进行分类（表1.9）。

表 1.9　变质岩主要岩石类型简表

构造	结构特点	主要矿物	岩石名称	变质作用类型
板状	致密状		板岩	区域变质
千枚状	细粒鳞片状变晶		千枚岩	区域变质
片状	鳞片状变晶		片岩	区域变质
片麻状、条带状	鳞片状变晶		片麻岩	区域变质
块状	粒状变晶		变粒岩	接触变质
块状	粒状变晶		石英岩	接触变质
块状	粒状变晶		大理岩	接触变质
块状	致密粒状变晶		角岩	接触变质
压碎	碎裂		构造角砾岩	动力变质
压碎	糜棱		糜棱岩	动力变质

5. 常见的变质岩

（1）板岩类。

板岩类为板状构造，一般岩性致密坚硬，敲之会发出清脆的响声，原岩成分基本没有重结晶。常见的板岩有灰绿色板岩、黑色碳质板岩、硅质板岩、钙质板岩等，一般是由黏土岩、页岩等经低级区域变质所形成，也有火山岩变质形成的板岩。

（2）千枚岩类。

千枚岩类为千枚状构造，主要矿物成分是绢云母、绿泥石和石英，有些还含有一定量的斜长石，颗粒很细，片理面上可见绢云母呈绢丝光泽，有些千枚岩中还可见黑云母、石榴石、硬绿泥石等变斑晶。银灰色及黄绿色千枚岩是最常见的类型。千枚岩的原岩和板岩相同，但变质程度稍高，矿物已基本重结晶。

（3）片岩类。

片岩类一般为鳞片或纤状变晶结构，片状构造，片状或柱状矿物占优势，其次是石英，长石则较少。常见片岩按矿物成分可分为以下几种：云母片岩，由黑云母、白云母、石英等组成，常含有石榴石、卜字石、蓝晶石、红柱石等变斑晶；角闪石片岩，主要由角闪石、石英及斜长石等组成；绿色片岩，主要由绿泥石、蛇纹石、绿帘石、阳起石及石英、钠长石等组成。此外有些片岩，因含石英更高，叫作石英片岩（如绢云母石英片岩）；还有些含若干碳酸盐矿物，叫作钙质片岩。片岩类一般属中级至中低级变质的产物，原岩可以是黏土岩、粉砂岩及页岩等沉积岩，也可以是火山岩。

（4）片麻岩类。

片麻岩类（图 1.33）一般为鳞片粒状变晶结构，粒度较粗，片麻状构造，以长石、石英等粒状矿物为主，且长石含量较高，但也含有一定量的云母、角闪石等片状或柱状矿物。常见类型有黑云母片麻岩（可含石榴石、矽线石等矿物）及角闪斜长片麻岩等。

图 1.33　片麻岩

片麻岩一般是中高级变质的产物。

（5）变粒岩类。

变粒岩类一般为细粒至中细粒鳞片粒状变晶结构，矿物分布和粒度都很均匀，为不太明显的片麻状或块状构造；有些风化后成砂粒状，主要由长石和石英组成，并有一些黑云母、角闪石等暗色矿物，有些还有石榴石等。其常见类型有黑云母变粒岩、角闪石变粒岩等，当暗色矿物很少时则叫作浅粒岩。变粒岩和片麻岩的主要区别在于其上述结构特征，同时变粒岩含暗色矿物也较少，但两者之间常有过渡类型。变粒岩是砂岩、粉砂岩等沉积岩或中酸性火山岩类经中低级区域变质所形成的。

（6）石英岩类。

石英岩类主要由石英组成，一般为粒状变晶结构，块状构造，有时还含少量云母、角闪石等矿物，云母石英岩是常见类别之一。含长石较多的叫作长石石英岩；含磁铁矿的石英岩叫作磁铁石英岩，是一种重要的铁矿石类型。

（7）大理岩类。

大理岩类主要由方解石、白云石等碳酸盐矿物组成，一般为粒状变晶结构，块状构造，有时还会含一定量的蛇纹石、透闪石、金云母、镁橄榄石、透辉石、硅灰石及方柱石等矿物。蛇纹石大理岩、镁橄榄石透辉石大理岩、金云母透辉石大理岩、透闪石大理岩及方柱石大理岩等都是常见类型，若含有白云石则叫作白云质大理岩或白云石大理岩。大理岩都是碳酸盐类沉积岩变质重结晶所形成的。

以上7类岩石中，板岩、千枚岩、变粒岩和斜长角闪岩主要为区域变质作用所形成，其余岩石类型则在区域变质作用或接触变质作用过程中均可出现。

（8）角岩类。

角岩类（图1.34）一般为深色致密坚硬的细均粒粒状变晶结构，块状构造，常见的角岩主要由黑云母、白云母、长石及石英组成，有时还含有红柱石、堇青石、矽线石等矿物。黑云母角岩是其常见的岩石类型。这类岩石是由泥质沉积岩经中、高级接触变质所形成的，见于侵入体附近的围岩中。

长英质角岩

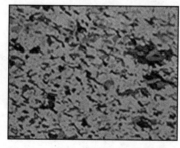
云母角岩

红柱石角岩

图 1.34　角岩类

（9）构造角砾岩。

构造角砾岩常见于断层带中，角砾为大小不等、带棱角的岩石碎块，胶结物为细小的岩石或矿物碎屑，是原岩经动力作用后的产物。

（10）糜棱岩。

糜棱岩是刚性岩石受强烈粉碎后所形成的，其大部分已成为极细的隐晶质粉末，且具有挤压运动所成的"流纹状"条带，通常还有一些透镜状或棱角状的岩石或矿物碎屑。糜棱岩岩性坚硬，外貌和流纹岩有些相似，它们的形成往往和强大的挤压应力有关。

构造角砾岩、糜棱岩有时通称动力变质岩。

 复习思考题

基本习题：

1. 地球内部有哪些圈层？

2. 大陆地壳与海洋地壳有何区别？

3. 什么是矿物，矿物有哪些物理性质？

4. 常见的矿物晶体形态有哪些？

5. 什么是岩浆岩的结构，岩浆岩都有哪些结构类型？

6. 什么是沉积岩，它与岩浆岩有哪些基本区别（形成条件、化学成分、矿物成分、结构、构造等方面）？

7. 主要出现在变质岩中的矿物有哪些？

8. 常见变质岩有哪些，它们在矿物成分、结构、构造上有哪些特点？

兴趣、拓展与探索习题：

1. 请搜集资料，用图文并茂的方式说明铁矿石在地球表面的分布。中国在建设和发展时期对于铁矿石的需求很大，但却没有定价权，你认为有什么好的解决办法。

2. 请搜集资料，用图文并茂的方式说明目前市场上有人炒作玉石和奇石，动辄百万甚至千万的价格的现象。试从地质矿物学的角度谈谈你对此现象的看法。

项目 2　地质构造

 **项目描述**

本项目主要讲述了：地质年代及其确定方法、地层年代单位；岩层的走向、倾向及倾角等三要素，产状的测量方法；褶皱和断层构造的成因、基本类型、分类和野外识别方法；张节理和剪节理的特征、发育程度等级；地层接触关系；地质图的阅读与分析。

 教学目标

1. 知识目标

通过本项目的学习，学生一般应了解和认识：

（1）岩层的三要素。

（2）褶曲要素及类型。

（3）断层与节理。

（4）地质图的阅读。

2. 能力与素质目标

通过学习，学生应能够在野外测量和记录岩层的走向、倾向及倾角三要素，能够识别野外典型的褶曲，会识别和观察野外断层构造，会阅读一般的地质图，能够处理一般的工程施工与地质构造的关系及预判对工程施工的后期影响。

任务 2.1　地质年代

关于地球的形成年代，目前还没有一个准确的研究结果。科学家根据目前地壳中的现有元素，利用元素放射性特点大致推算地球的年龄至少已有 46 亿年；同时又根据地壳经历的大的强烈构造运动和作用，将产生的各种地质历史事件排序形成相对地质年代。

2.1.1　绝对地质年代的形成

1. 地层年代的形成过程

地壳发展演变的历史叫作地质历史，简称地史。据科学推算，地球的年龄至少已有 46 亿年。在这漫长的地质历史中，地壳经历了许多次强烈的构造运动、岩浆活动、海陆变迁、剥蚀和沉积作用等各种地质事件，形成了不同的地质体。查明地质事件发生或地质体形成的时代和先后顺序是十分重要的，前者称为绝对地质年代，后者称为相对地质年代。

2. 绝对地质年代的确定

人们很早就一直在探索测定年龄（绝对年代）的方法，直到放射性元素发现之后，才找到了令人信服的有科学依据的测年方法，这就是同位素测年。

同位素测年的原理：根据保存在岩石中的放射性元素的母体同位素含量和子体同位素含量进行分析。多长时间才能有这样的子体和母体同位素含量比例，取决于放射性元素的固定的衰变常数。

$$t = \frac{1}{\lambda} \ln \left(1 + \frac{D}{N} \right)$$

式中　t——放射性同位素的年龄；

　　　λ——衰变常数；

　　　N——蜕变后剩下的母体同位素含量；

　　　D——蜕变而成的子体同位素含量。

上式计算出的是该同位素的形成年龄，这也就代表了所在岩石的形成年龄。

为了保证测年精度（准确性），用于测年的元素应具备：

（1）长半衰期。

（2）在岩石中易分离，含量较大。

（3）易保存，不易在地史中丢失。

常用的测年同位素有：K-Ar、Rb-Sr 和 U-Pb。

年代新（新生代或考古）常用 ^{14}C 法测定。

注意：同位素测年方法原理科学性强，但由于 D、N 不易测试或地史中保留不全（丢失），故存在测年误差。地史记年以百万年为单位。

通常用来测定地质年代的放射性同位素如表 2.1 所列。从表中可看出，铷-锶法、铀（钍）-铅法（包括 3 种同位素）主要用以测定较古老岩石的地质年龄；钾-氩法的有效范围大，可以适用于绝大部分地质时间的确定，而且由于钾是常见元素，许多常见矿物中都富含钾，因而使钾-氩法的测定难度降低、精确度提高，所以钾-氩法应用最为广泛；^{14}C 法由于其同位素的半衰期短，一般只适用于 5 万年以内的年龄测定。另外，近年来开发的钐-钕法和 ^{40}Ar-^{39}Ar 法以其高准确度和分辨率，显示了其优越性，可以用来补充上述方法的一些不足。

表 2.1　用于测定地质年代的放射性同位素

母体同位素	子体同位素	半衰期 $T_{1/2}$	有效范围	测定对象
铷（^{87}Rb）	锶（^{87}Sr）	500 亿年	$T_0 \sim 10^4$ 年	云母、钾长石、海绿石
铀（^{238}U）	铅（^{206}Pb）	45.1 亿年		
铀（^{235}U）	铅（^{207}Pb）	7.13 亿年		晶质铀矿、锆石、独居石、黑色页岩
钍（^{232}Th）	铅（^{208}Pb）	139 亿年		
钾（^{40}K）	氩（^{40}Ar）	14.7 亿年	$T_0 \sim 10^4$ 年	云母、钾长石、角闪石、海绿石
碳（^{14}C）	氮（^{14}N）	5 692 年	50 000 年至今	有机碳、化石骨骼
钐（^{150}Sm）	钕（^{144}Nd）			
氩（^{40}Ar）	氩（^{39}Ar）			云母、钾长石、角闪石、海绿石

注：T_0 为地球年龄，约 46 亿年。

2.1.2　相对地质年代的确定

岩石是地质历史演化的产物，也是地质历史的记录者，无论是生物演变历史、构造运动历史还是古地理变迁历史等，都会在岩石中打下自己的烙印。因此，研究地质年代必须研究岩石中所包含的年代信息。确定岩石相对地质年代的方法通常依靠下述 5 条准则。

1. 地层层序律

地质历史上某一时代形成的层状岩石称为地层（stratum）。它主要包括沉积岩、火山岩以及由它们经受一定变质的浅变质岩。这种层状岩石最初一般是以逐层堆积或沉积的方式形成的，所以，地层形成时的原始产状一般是水平或近于水平的，并且总是先形成的老地层在下面，后形成的新地层盖在上面。这种正常的地层叠置关系称为地层层序律，它是确定同一地区地层相对地质年代的基本方法。当地层因构造运动发生倾斜但未倒转时，地层层序律仍然适用，这时倾斜面以上的地层新，倾斜面以下的地层老；当地层经剧烈的构造运动，层序发生倒转时，上下关系则正好颠倒，见图 2.1。

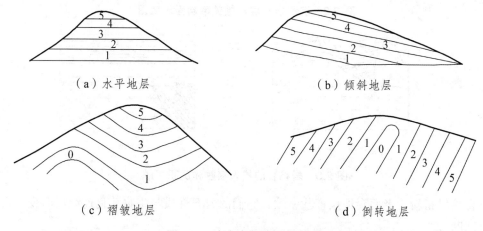

（a）水平地层　　　　　　　　（b）倾斜地层

（c）褶皱地层　　　　　　　　（d）倒转地层

图 2.1　地壳变化前后的层序

2. 生物群层序律

地层层序律只能确定同一地区相互叠置在一起的地层的新老关系，在对比不同地区地层之间的新老关系时就显得无能为力了。这时，地质学上常常利用保存在地层中的生物化石来确定地层的新老关系。

地质历史上的生物称为古生物，化石是保存在地层中的古代生物遗体和遗迹，它们一般被钙质、硅质等充填或交代。18—19 世纪，古生物学家与地质学家通过对不同地质历史时期的古生物化石的详细研究，终于得出了对生物演化的规律性认识——生物演化律，即生物演化的总趋势是从简单到复杂、从低级到高级，以往出现过的生物类型在以后的演化过程中绝不会重复出现。该规律前半句反映了生物演化的阶段性，后半句反映了生物演化的不可逆性。这一规律用来确定地层的相对地质年代时就表现为：不同时代的地层中具有不同的古生物化石组合，相同时代的地层中具有相同或相似的古生物化石组合；古生物化石组合的形态、结构越简单，则地层的时代越老，反之则越新。这就是化石层序律或称生物群层序律。利用化石层序律不仅可以确定地层的先后顺序，而且还可以确定地层形成的大致时代。

3. 岩性对比

在同一时期、同一地质环境下形成的岩石，具有相同的颜色、成分、结构、构造等岩性特征和层序规律。因此，可根据岩性及层序特征对比来确定某一地区岩石地层的时代。

4. 地层接触关系

岩层的接触关系有沉积岩之间的整合接触、平行不整合接触、角度不整合接触以及岩浆岩与围岩之间的沉积接触和侵入接触，见图 2.2 和图 2.3。接触关系是同一地区在不同地质时期发生不同性质构造运动的结果。

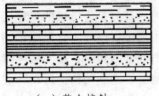 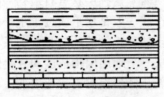 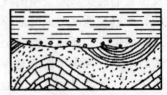

（a）整合接触　　　　　（b）平行不整合接触　　　　（c）角度不整合接触

图 2.2　沉积岩岩层接触关系剖面示意图

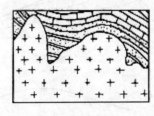 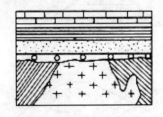

（a）侵入接触　　　　　　　　（b）沉积接触

图 2.3　岩浆岩的侵入接触和沉积接触

整合接触指新、老两套地层产状一致，它们的岩石性质与生物演化连续而渐变，沉积作用没有间断。

平行不整合接触又叫假整合接触，指新、老地层产状基本相同，但两套地层之间发生了较长期的沉积间断，其间缺失了部分时代的地层。

角度不整合接触指相邻的新、老地层之间缺失了部分地层，且彼此之间的产状也不相同，成角度相交。

侵入接触指岩浆侵入体侵入沉积岩之中，使围岩发生变质。侵入接触说明岩浆体形成年代晚于沉积岩层的形成年代。

沉积接触指岩浆岩形成后经过长期风化剥蚀，在剥蚀面上又形成新的沉积岩层，剥蚀面上沉积岩层无变质的现象。沉积接触说明岩浆体形成年代早于沉积岩层的形成年代。

5. 地质体之间的切割律

上述规律主要适用于确定沉积岩或层状岩石的相对新老关系，但对于呈块状产出的岩浆岩或变质岩则难以运用，因为它们不成层，也不含化石。但是，这些块状岩石常常与层状岩石之间以及它们相互之间存在着相互穿插、切割的关系，这时，它们之间的新老关系依地质体之间的切割律来判定，即较新的地质体总是切割或穿插较老的地质体，或者说切割者新、被切割者老。

通过已经建立的各地区的区域地层系统的对比和补充，已建立起包括整个地质时代所有地层在内的、完整的、世界性的标准地层及相应的地质年代表。

地质年代按时间的长短依次是宙、代、纪、世、期。在地质历史上每个地质年代都有相应的地层形成，与宙、代、纪、世、期一一对应的地层年代单位分别是宇、界、系、统、阶。

地质时代分太古代、元古代、古生代、中生代和新生代，每一代还分几个纪，每个纪中又分几个世。地层系统和地质时代相适应，分别称为界、系、统，如古生代二叠纪形成的地层称为古生界二叠系。表 2.2 所示为地层系统和地质时代表。

表 2.2　地　质　年　代

宙	代	纪	世	代号	距今大约年代（百万年）	主要生物进化		
						动物		植物
显生宙	新生代 Kz	第四纪	全新世	Q	1	人类出现		现代植物时代
			更新世					
		新近纪	上新世	N		哺乳动物时代	古猿出现、灵长类出现	被子植物时代	草原面积扩大、被子植物繁殖
			中新世		37				
		古近纪	渐新世	E					
			始新世						
			古新世		203				
	中生代 Mz	白垩纪		K	295	爬行动物时代	鸟类出现、恐龙繁殖、恐龙和哺乳类出现	被子植物出现、裸子植物繁殖
		侏罗纪		J	408			
		三叠纪		T	495			
	古生代 Pz	二叠纪		P	650	两栖动物时代	爬行类出现、两栖类繁殖	裸子植物出现、大规模森林出现、小型森林出现、陆生维管植物
		石炭纪		C				
		泥盆纪		D		鱼类时代	陆生无脊椎动物发展和两栖类出现	孢子植物时代
		志留纪		S	2 800			
		奥陶纪		O		海生无脊椎动物时代	带壳动物爆发	
		寒武纪		∈	4 600		软躯体动物爆发	
元古宙	新元古	震旦纪		Z				
	中远古							高级藻类出现
	古元古			PT		低等无脊椎动物出现		海生藻类出现
太古宙	新太古			AR		原核生物（细菌、蓝藻）出现、原始生命蛋白质出现		
	中太古							
	古太古							
	始太古							

表 2.2 所示的是国际性地层单位，即世界上各处的地层，不论其岩性差别如何，只要根据其生物化石特征进行对比，如果可以确定它们是属于同一时代形成的，都可以用同样的界、系、统等作为地层划分的单位。

除了国际性地层单位外，按着岩性特征划分的地层单位称为群、组、段，组和段都是群以下的次一级单位。例如：本溪地区存在石炭系中统和上统，这是根据生物化石特征按国际性地层系统来划分的；另外，把这两套包括海相和陆相沉积、各具有一定岩性特征的地层又分别命名为本溪组（中统）和黄旗组（上统），以突出它们的岩性和含矿特征。由于各个地区地层岩性有变化，所以一个组的名称在使用地域范围上不是很广泛。本溪组一名限于华北地区内含有海陆交互相沉积的石炭系中统地层，黄旗组一名使用范围仅适合于辽东。前震旦系由于大多缺乏生物化石作为划分对比地层的根据，所以在"界"的下面都是以"群"来作为划分地层的单位。按岩性划分的地层单位又称为地方性地层单位。

任务 2.2　地质构造的类型与特点

在地球历史演变过程中，地壳是不断运动、发展和变化的。例如：喜马拉雅山地区在 2 500 万年以前是一片汪洋大海，以后由于地壳上升，才隆起成为今日的"世界屋脊"。这种主要由地球内力地质作用引起地壳变化使岩层或岩体发生变形和变位的运动，称为地壳运动。地壳运动形成的各种不同的构造形迹，如褶皱、断裂等，称为地质构造。因此，地壳运动也常被称为构造运动。地壳运动控制着海、陆变迁及其分布轮廓，地壳的隆起和凹陷，以及山脉、海沟的形成等。地壳运动至今仍在发展之中，一般把晚第三纪以来的构造运动称为新构造运动，其中又将人类历史时期到现在所发生的新构造运动称为现代构造运动。

地质构造的基本类型可分为水平构造、倾斜构造、褶皱构造和断裂构造等。地壳表层沉积的产状近于水平的原始岩层称为水平构造。由于地壳运动使原始水平岩层发生倾斜，岩层面与水平面之间有一定夹角的岩层称为倾斜构造。若岩层继续受到构造应力作用，则产生一系列弯曲变形，使岩层形成褶皱构造。随着作用力的进一步增加，当应力超过岩石的强度极限时，岩层便产生破裂错动形成断裂构造。褶皱构造和断裂构造是主要的构造类型。地质构造的规模大小不等，大者分布可达几千千米，而小的在显微镜下才能观察到。

褶皱和断裂使岩层发生弯曲、破裂和错动，破坏了岩层的完整性，降低了岩层的稳定性，增大了渗透性，使其工程地质条件复杂化。因此，学习地质构造的基本知识，对工程建设具有很重要的意义。

2.2.1　岩层产状

被两个平行或近于平行的界面所限制的、由同一岩性组成的层状岩石称为岩层。岩层的上、下界面叫层面。上层面称为岩层的顶面，下层面称为岩层的底面。

岩层产状是指岩层在地壳中的空间方位。由于岩层形成的地质作用、形成时的环境和形成后所受的构造运动的影响不同，因而，它们在地壳中的空间方位也不相同。

在比较广阔平坦的沉积盆地（如海洋、湖泊）中，有由一层层堆积起来的沉积物所形成的沉积岩或大面积覆盖地表的熔岩被等，其原始产状大都是水平的或近水平的。在沉积盆地边缘形成的岩层或陆相沉积（如残积、坡积、冰川和风的堆积等）或在火山口附近形成火山锥的火山岩层，其层面有一定的倾斜程度，这种倾斜称为原始倾斜。由于原始产状绝大多数都是近水平的，因此一般将岩层的原始产状理解为水平的。

岩层形成后，由于受到构造运动的影响，有些仅改变其形成时的位置，但仍保持着原始近于水平的产状；有些则不仅改变其形成时的位置，而且也改变了原始产状，出现与水平面呈不同角度的倾斜，甚至直立或倒转。因此，岩层产状包括水平的、倾斜的、直立的和倒转的。

1. 水平岩层

水平岩层是指层面近水平，即同一层面上各点海拔基本相同的岩层。具有这样产状的岩层有挤压运动所成的"流纹状"条带，通常还有一些透镜状或棱角状的岩层。在地壳运动影响较轻微的地区，如四川盆地中部一些地区的中、下侏罗纪和白垩纪地层的产状基本上就是水平的。

2. 倾斜岩层

原来是水平产状的岩层，在地壳运动或岩浆活动的影响下产状发生变动，从而使岩层层面与水平面间呈现出一定的交角，于是便形成了倾斜岩层。岩层面倾斜是层状岩层中最常见的一种产状形态。实际上，倾斜岩层往往是某种构造的一部分，如为褶皱的一翼或断层的一盘（图 2.4），或者是地壳不均匀抬升或下降引起的区域性倾斜。一个地区内的一系列岩层如向同一个方向倾斜，其倾角也大致相同，则称为单斜层或单斜构造。

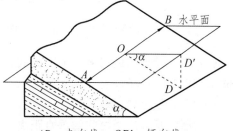

AB—走向线；OD'—倾向线；
OD—倾斜线；α—倾角

图 2.4　岩层的产状要素

（1）岩层的产状要素及其测定。

① 岩层的产状要素。

岩层的产状是以岩层面在三度空间的延伸方位及其倾斜程度来确定的，即采用岩层面的走向、倾向和倾角三个要素的数值来表示（图 2.4）。任何面状构造或地质体界面的产状，都可用上述产状要素表示。

走向：岩层面与水平面相交的线叫走向线（图 2.4 中的 AOB 线），走向线两端所指的方向即为岩层的走向。所以，岩层走向有两个方位角数值，如 NE30° 和 SW210°。岩层的走向表示岩层在空间的水平延伸方向。

倾向：岩层面上与走向线相垂直并沿倾斜面向下所引的直线叫倾斜线（图 2.4 中的 OD线）。倾斜线在水平面上的投影线所指的岩层面向下倾斜的那个方向，就是岩层的真倾向（图 2.4 中 OD'），简称倾向。在岩层面上，凡与该点走向线不正交的任一直线均为视倾斜线，其在水平面上投影线所指的倾斜方向，叫视倾向或假倾向。

倾角：岩层的倾斜线与其在水平面上的投影线之间的夹角就是岩层的倾角（图 2.4 中 α），又叫真倾角；视倾线和它在水平面上的投影线之间的夹角，叫视倾角或假倾角。从岩层面上任一点都可以引出许多条视倾斜线，因而也就有许多视倾角，而这些视倾角都比该点的真倾角值小。

② 岩层产状要素的测定和表示方法。

产状要素的测定有直接法和间接法。直接法是在野外工作时，用地质罗盘直接测出岩层的走向、倾向和倾角，以确定岩层的空间方位。但是，有时由于地形和其他条件的限制，不能直接测得真产状要素，此时就要用间接法，通过作图或计算来推求真产状要素。关于用间接法求岩层真产状要素的具体方法细节，可参阅构造地质学教科书中的有关部分。

岩层的产状要素可用文字和符号两种方法表示。由于地质罗盘上方位标记有用象限角的，也有用 360° 方位角的，因此文字表示方法也有两种。

方位角表示法：一般只测记倾向和倾角。例如：SW205°∠25°（也可以书写为 205°∠25°），前面是倾向方位角，后面指倾角，即倾向为南西 205°，倾角为 25°。

象限角表示法：以北和南的方向作为 0°，一般测记走向、倾角和倾向象限。例如：N65°W∠25°SW，即走向为北偏西 65°，倾角为 25°，向南西倾斜。又如：N30°E∠27°SE，即走向为北偏东 30°，倾向南东，倾角为 27°。

在地质图上，岩层产状要素是用符号来表示的。常用符号如下：

$\overline{\quad}_{30°}$，长线表示走向，短线表示倾向，数字表示倾角。长线必须按实际方位画在图上。

$\overline{}$，表示岩层产状是水平的。

$\uparrow$，表示岩层直立，箭头指向新岩层。

$\underset{70°}{\downarrow}$，表示岩层倒转，箭头指向倒转后的倾向，即指向老岩层，数字是倾角度数。

岩层产状要素的符号和书写方式，在国内外的地质书刊和地质图上，并不完全相同，参阅文献资料时应予注意。

（2）岩层的厚度。

岩层的顶、底面之间的垂直距离，也即层面法线方向上的距离，称为岩层的真厚度。岩层除真厚度外，还有铅直厚度和视厚度。

铅直厚度是指岩层顶、底面之间沿铅直方向上的距离。

在与岩层面不垂直的剖面上（或露头面上），岩层顶、底界线之间的垂直距离称为视厚度。

2.2.2　褶　皱

褶皱是指岩层受力发生弯曲变形而形成的地质构造形态，是由岩层中原来近乎平直的面变成了曲面而表现出来的。形成褶皱的变形面绝大多数是层理面，而变质岩劈理、片缕或片麻理以及岩浆岩的原生流面等也可以成为褶皱面，即便是岩层和岩体中的节理面、断层面或不整合面，受力后也可能变形而形成褶皱。因此，褶皱是地壳上一种最普遍的地质构造，在层状岩石中它表现得最明显，形象地给予人们以岩石能发生塑性变形的概念。

褶皱的规模差别极大，从巨大的褶皱系和构造盆地到出现在个别露头或手标本上的褶皱，以至显微褶皱构造；褶皱的形态也是千姿百态、复杂多变的。研究褶皱的形态、产状、分布和组合特点及其形成方式和时代，对于揭示一个地区地质构造的形成规律和发展史具有重要意义。许多矿产在成因上或矿体产状和空间分布上与褶皱有密切关系；有些矿体本身就是褶皱层。褶皱构造还不同程度地影响水文地质和工程地质条件。因此，研究褶皱具有重要的理论意义和实用意义。

褶皱的形态是多种多样的，而其基本形式有两种（图 2.5）：一种是岩层向上弯曲，其核心部位的岩层时代较老，外侧岩层较新，称为背斜；另一种是岩层向下弯曲，核心部位的岩层较新，外侧岩层较老，称为向斜。由于后来风化剥蚀的破坏，造成向斜在地面上的出露特征是：从中心向两侧岩层从新到老对称重复出露［图2.5（a）、（b）左侧］。而背斜在地面上的出露特征却恰好相反，从中心向两侧岩层从老到新对称重复出露［图2.5（a）、（b）右侧］。

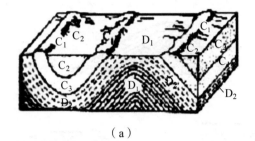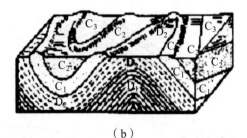

（a）　　　　　　　　　　　　　　（b）

图2.5　背斜和向斜在平面上和剖面上的表征

1. 褶皱的组成要素

为了正确描述和研究褶皱，首先要弄清楚褶皱的各个组成部分（褶皱要素）及其相互关系，即要认识褶皱要素（图2.6）。

（1）核部：泛指褶皱中心部分的地层。当剥蚀后，常把出露在地面的褶皱中心部分的地层简称核。

（2）翼部：褶皱核部两侧的地层，简称翼。在横剖面上，两翼之间的最小夹角称为"翼间角"。

（3）转折端：从一翼向另一翼过渡的部分。在横剖面上，转折端常呈弧线形，但有时也可以是一个点或直线。

（4）褶轴：又称褶皱轴线或轴。对圆柱状褶皱而言，褶轴是指一条凭借其自身移动能描绘出褶皱面弯曲形态的直线。

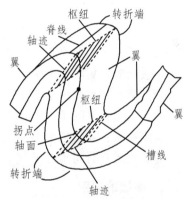

图2.6　褶皱要素示意图

（5）枢纽：在褶皱的各个横剖面上，同一褶皱面的各最大弯曲点的连线叫作枢纽。枢纽可以是直线，也可以是曲线；可以是水平线，也可以是倾斜线。

（6）轴面：一个褶皱内各个相邻褶皱面上的枢纽连成的面，故又称枢纽面。如果褶皱两翼地层倾角基本一致，或两翼厚度基本不变，则可以把轴面看成是翼间角的平分面，或者是大致平分褶皱两翼的对称面。轴面可以是平面，也可以是曲面，轴面与地面或其他面的交线称为该面上的轴迹。轴面产状和任何构造面产状一样，是用其走向、倾向和倾角来确定的。

2. 褶皱的形态分类

褶皱形态多种多样，为了更好地描述和研究褶皱，必须对种类繁多的褶皱加以概括和归类。下面介绍几种常用的褶皱形态分类方法。

（1）根据轴面和两翼产状，褶皱可以分为：

直立褶皱：轴面近乎直立，两翼倾向相反，倾角近似相等［图2.7（a）］。

斜歪褶皱：轴面倾斜，两翼倾向相反，倾角不等［图2.7（b）］。

倒转褶皱：轴面倾斜，两翼向同一方向倾斜，一翼的地层倒转［图2.7（c）］。

平卧褶皱：轴面近水平，一翼地层正常，另一翼地层倒转［图 2.7（d）］。

翻卷褶皱：轴面弯曲的平卧褶皱［图 2.7（e）］。

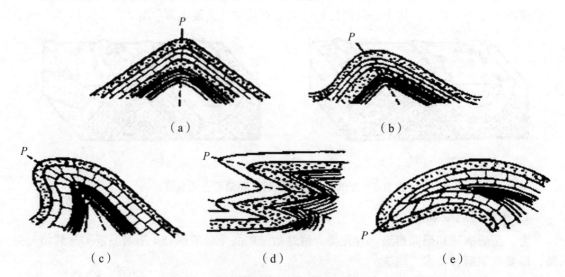

图 2.7 褶皱根据轴面和两翼产状的分类

（2）根据翼间角大小，褶皱可分为：

平缓褶皱：翼间角小于 180°，大于 120°；

开阔褶皱：翼间角小于 120°，大于 70°；

闭合褶皱：翼间角小于 70°，大于 30°；

紧闭褶皱：翼间角小于 30°；

等斜褶皱：翼间角近于 0°，两翼近乎平行。

3. 褶皱的识别

褶皱构造，不论其规模大小、形态特征如何，若无断层干扰，则两翼岩层总是对应出现。对于背斜构造，自核部向两翼部方向，地层顺序总是由老到新；向斜则相反，自核部向两侧翼部方向，地层顺序总是由新到老。并且，在两翼如不因地层错断产生缺失和重复时，都是对应出现的。这些特点是褶皱构造地层分布的规律，也是识别褶皱的基本方法。

较常见的直立褶皱和倾斜褶皱，在岩层产状方面也有较明显的规律。例如：背斜构造两翼岩层倾向相反，而且都是向外部倾斜；向斜构造两翼岩层倾向也相反，但向中心倾斜。但倒转褶皱和平卧褶皱则不存在这种产状特征。所以，褶皱的识别应首先抓住地层新老层序这个基本规律。

（1）野外识别褶曲构造的主要方法。

① 穿越法，指对垂直岩层走向进行观察的方法。用穿越的方法便于了解岩层的产状、层序及其新老关系。

② 追索法，指沿平行岩层走向进行观察的方法。沿平行岩层走向进行追索观察便于查明褶曲延伸的方向及其构造变化的情况。

穿越法和追索法，不仅是野外观察识别褶曲的主要方法，同时也是野外观察和研究其他地质构造现象的一种基本方法。通常以穿越法为主、追索法为辅。

（2）褶曲的工程评价。

① 褶曲核部：岩层由于受水平挤压作用，产生许多裂隙，直接影响到岩体的完整性和强度高低，在石灰岩地区还往往使岩溶较为发育。所以在核部布置各种建筑工程，如路桥、坝址、隧道等时，必须注意防治岩层的坍落、漏水及涌水问题。

② 褶曲翼部：边坡倾向与岩层倾向相反，或者两者倾向相同但岩层倾角更大，则对开挖边坡的稳定较有利；否则容易造成顺层滑动现象。

③ 对于隧道等深埋地下的工程，一般应布置在褶皱翼部的均一岩层上，以有利于稳定。

2.2.3　节　理

断裂构造是地壳中岩层或岩体受力达到破裂强度发生断裂变形而形成的构造，在地壳中分布很广。断裂构造的规模有大有小，巨型的可达数千千米，微细的要在显微镜下才能看出。常见的断裂构造有节理和断层两类。

节理也叫裂隙，是岩石中岩块沿破裂面没有显著位移的断裂构造。节理按成因分为两大类：一类是由构造运动产生的构造节理，它们在地壳中分布极广，且有一定的规律性，往往成群、成组出现；另一类是非构造节理，如成岩过程中形成的原生节理以及风化、爆破等作用形成的次生节理。非构造节理分布的规律性不很明显，且常出现在较小范围内。以下只介绍构造节理。

1. 节理的分类

（1）节理的几何分类。根据节理与所在岩层产状之间的关系，一般分为：走向节理，节理的走向与所在岩层的走向大致平行；倾向节理，节理的走向与所在岩层走向大致垂直；斜向节理，节理的走向与所在岩层走向斜交；顺层节理，节理面大致平行于岩层层面，如图2.8所示。根据节理走向与所在褶皱的枢纽、主要断层走向或其他线状构造延伸方向的关系，将节理分为：纵节理，两者大致平行；横节理，两者大致垂直；斜节理，两者斜交。对枢纽水平的褶皱，以上两种分类可以吻合，即走向节理相当于纵节理，倾向节理相当于横节理。

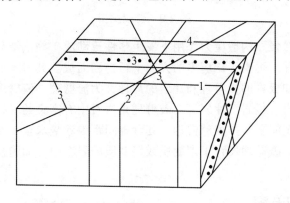

1—走向节理；2—倾向节理；3—斜向节理；4—顺层节理

图2.8　根据节理产状和岩层产状关系的节理分类

47

（2）节理的力学成因分类。节理按其形成时的力学性质，主要分为由张应力形成的张节理和由剪应力形成的剪节理以及劈理。

① 张节理。其主要特征是产状不很稳定，在平面上和剖面上的延展均不远，节理面粗糙不平，擦痕不发育，节理两壁裂开距离较大，且裂缝的宽度变化也较大。节理内常充填有呈脉状的方解石、石英，以及松散或已胶结的黏性土和岩屑等。当张节理发育于碎屑岩中时，常绕过较大的碎屑颗粒或砾石，而不是切穿砾石。张节理一般发育稀疏，节理间的距离较大，分布不均匀。张节理常沿先期形成的 X 形节理发育成锯齿状，叫作追踪节理；也常呈雁行排列。有时一条张节理是由数条小裂隙大致平行错开排列而成（侧列）。张节理的末端有时有树枝状分叉现象。

② 剪节理。剪节理的特征是产状稳定，在平面和剖面上延续均较长，节理面光滑，常具擦痕、镜面等现象，节理两壁之间紧密闭合。发育于碎屑岩中的剪节理，常切割较大的碎屑颗粒或砾石。剪节理一般发育较密，且常有等间距分布的特点，常成对出现，呈两组共轭剪节理。X 形节理将岩石交叉切割成菱形或方形，但常见的是一组发育较好，另一组发育较差。剪节理常呈羽列现象，通常一条剪节理由多条互相平行的很小剪裂面组成，微小剪裂面呈羽状排列，故称羽状剪理。沿每条小节理向前观察，下一条节理依次在左侧搭接的称左列，反之称右列。运用这一现象可判断剪节理两侧错动方向。

③ 劈理。劈理是一种由裂面或潜在裂面将岩石按一定方向劈开成为平行密集的薄片或薄板的构造。劈理作为一种小型构造，在几何形态上或成因上与褶皱、断层有密切关系。根据劈理的形成作用及构造特点，将劈理分为流劈理和破劈理等类型（图 2.9）。

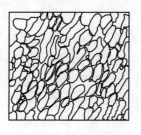 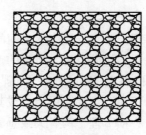 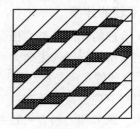

（a）流劈理　　　　　（b）破劈理　　　　　（c）滑劈理

图 2.9　劈理类型

流劈理是由岩石在强烈构造应力作用下发生塑性流动或矿物重结晶，使矿物成板状、片状、长条状和针状等并沿垂直于压应力的方向平行排列而成。其劈理面间距较小，往往使岩石裂成板状的薄片，如板岩的板劈理和片岩的片理都为流劈理。流劈理多发育于塑性较大的较软弱岩层中，如页岩、板岩、片岩等。破劈理是岩石中有密集的平行的剪破裂面，沿这些面上一般不产生矿物定向平行排列的劈理。其劈理间距为数毫米至 1 厘米，如果间距超过 1 厘米，应称作剪节理。破劈理发育于未变质或轻变质的岩石中，如脆性岩石内或者夹于坚韧岩石之间的软弱岩石中。

2. 节理与褶皱的关系

节理的发育和分布总是与一个地区的区域性构造或局部构造的形成和发展有密切联系，褶皱形成前后伴生节理。

（1）平面 X 形剪节理。当一套近于水平的岩层受到水平方向侧向挤压力的作用时，在岩层未发生褶皱前，平面上形成两组 X 形剪节理，节理面垂直于岩层面。

（2）横张节理。横张节理是与挤压力方向平行的岩层弯曲前的张节理，常追踪早期平面 X 形节理而形成，故呈锯齿状延伸。因为这组节理横切岩层弯曲时形成的褶皱枢纽，故名横张节理。

（3）剖面 X 形剪节理。岩层受挤压发生弯曲变形后，在褶曲横剖面上可形成交叉状的剖面 X 形节理，其交线平行于褶皱枢纽方向。

（4）纵张节理。岩层在水平侧向挤压力的作用下发生弯曲形成褶皱时，在背斜顶部出现的与褶皱枢纽方向平行的张节理，称为纵张节理。这种纵张节理呈上宽下窄的楔形开口，在横剖面上发育在中和面外侧，呈扇形分布。

（5）顺层节理和层间节理。岩层发生弯曲形成褶皱的过程中沿上、下层面相对滑动，岩层中可能出现一组大致平行于层面的顺层节理和一组斜交层面的层间节理。层间节理常呈羽状排列，并常密集发育为破劈理，其与层面所夹锐角指向相邻岩层的滑动方向。

2.2.4 断 层

断层是破裂面两侧岩块有显著位移的断裂构造。断层往往由节理进一步发展而成，就其力学性质来源，它们并无本质区别。断层的规模可大可小，小的可出现在手标本上，大的长达数百千米甚至上千千米，宽可达几千米，且切割深度可能深达上地幔，对工程岩体的稳定有显著影响。

1. 断层的几何要素

断层的几何要素，包括断层的基本组成部分以及与阐明其空间位置和运动性质有关的具有几何意义的要素（图 2.10）。

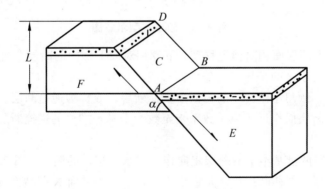

AB—断层线；C—断层面；E—上盘；L—垂直断距；DE—总断距；F—下盘

图 2.10　断层要素图

断层面：被错开的两部分岩块发生相对滑动的破裂面。断层面有的平坦光滑，有的粗糙，有的略显波状起伏。断层面的走向、倾向、倾角等产状要素的测定与岩层产状一样。有时断层两侧的运动并非沿一个面发生，而是沿着由许多破裂面组成的破裂带发生的，这个带称为断层破碎带或断层带。破碎带两侧还可能有受断层影响、节理发育或发生牵引弯曲的部分，叫影响带。

断盘：断层面两侧相对移动的岩块。若断层面是倾斜的，则在断层面以上的断块叫上盘，在断层面以下的断块叫下盘。按两盘相对运动方向分，相对上升的一盘叫上升盘，相对下降的一盘叫下降盘。上盘既可以是上升盘，也可以是下降盘，下盘亦如此。如果断层面直立，就分不出上、下盘。如果岩块沿水平方向移动，也就没有上升盘和下降盘之分。

断层线：断层面（或带）与地面的交线，即断层在地面的出露线。它可以是一条平直的线，也可以是一条曲线。断层线的形状取决于断层面的产状和地形条件。

断距：断层沿断裂面相对错开的距离，可以据两盘中相当点（在断层面上的点，未断裂前为同一点）或相当层（未断裂前为同一层）进行测量或计算求取，即为总断距。总断距的水平分量为水平断距，铅直分量为铅直断距。

2. 断层分类

与构造节理一样，根据断层走向与两盘岩层产状的关系，可将断层分为走向断层、倾向断层和斜交断层。根据断层与伴生褶皱（或区域构造）的关系，将断层分为纵断层、横断层和斜断层。以下介绍按两盘相对移动特点划分的断层的基本形态类型。

正断层：上盘岩块沿断层面相对下移，下盘相对向上移动的断层［图2.11（a）］。其断层面一般较陡，倾角多为45°～90°。正断层一般是地壳处于与断层走向线垂直方向的水平拉伸状态的结果。

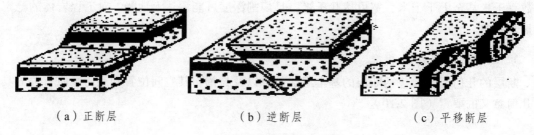

（a）正断层　　　　　　（b）逆断层　　　　　　（c）平移断层

图2.11　断层类型示意图

逆断层：上盘沿断层面相对向上移动，下盘相对向下移动的断层［图2.11（b）］。它一般是因为受到两侧近于水平的挤压应力作用而形成的，故多与褶皱构造伴生。倾角大于45°的称为高角度逆断层；倾角小于45°的为低角度逆断层，或称为逆掩断层。规模巨大且上盘沿波状起伏的低角度断层面作远距离（数千米至数十千米）推移的逆掩断层称为推覆构造或辗掩构造。

平移断层：断层两盘基本上沿断层走向作相对水平移动的断层［图2.11（c）］，也叫走向滑动断层或平推断层。平移断层可能是由于水平挤压，顺平面X剪裂面发育而成；也可能是由于不均匀的侧向挤压，使不同部分的岩块在垂直于纵向逆断层和褶皱枢纽的方向上，作不同程度的向前推移而形成。平移断层有左旋和右旋之分。当沿垂直于断层走向观察时，对盘向左方移动（即逆时针方向旋转）的叫左旋平移断层，反之对盘向右方移动（即顺时针方向旋转）的称为右旋平移断层。

由于断层两盘相对移动有时并非单一的沿断层面作上、下或水平移动，而是沿断层面作斜向滑动，所以需将正断层、逆断层和平移断层结合起来给断层命名。例如：正-平移断层，表示上盘既有相对向下的移动，又有水平方向的相对移动，即斜向下移动，但以平移为主；而平移-正断层的上盘相对斜向下运动是以向下移动为主。参考上述两种断层，逆-平移断层和平移-逆断层的相对移动特点也很容易判定。

3. 断层的组合类型

在一个地区，断层往往成群出现，并呈有规律的排列组合。常见的断层组合类型有下列几种。

阶梯状断层：由若干条产状大致相同的正断层平行排列组合而成，在剖面上各个断层的上盘呈阶梯状并相继向同一方向依次下滑（图2.12）。

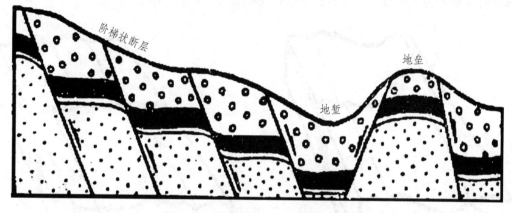

图 2.12　阶梯状断层、地垒和地堑

地堑与地垒：由走向大致平行、倾向相反、性质相同的两条以上断层组成（图 2.13）。如果两个或两组断层之间的岩块相对下降，两边岩块相对上升则叫地堑，反之中间上升两侧下降则称为地垒。两侧断层一般是正断层，有时也可以是逆断层。地堑比地垒发育更广泛，地质意义更重要。地堑在地貌上是狭长的谷地或成串展布的长条形盆地与湖泊，我国规模较大的地堑有汾渭地堑等。

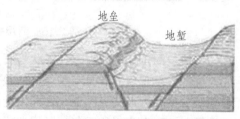

图 2.13　地堑和地垒

叠瓦状构造：一系列产状大致相同呈平行排列的逆断层的组合形式，各断层的上盘岩块依次上冲，在剖面上呈屋顶瓦片状依次叠覆（图2.14）。

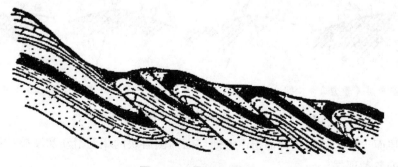

图 2.14　叠瓦状断层

4. 断层的野外识别标志

在自然界，大部分断层由于后期遭受剥蚀破坏和覆盖，在地表上暴露得不清楚。因此，需根据地层、构造等直接证据和地貌、水文等方面的间接证据来判断断层的存在与否及断层类型。

（1）构造线和地质体的不连续。任何线状或面状的地质体，如地层、岩脉、岩体、变质岩的相带、不整合面、侵入体与围岩的接触界面、褶皱的枢纽及早期形成的断层等，在平面或剖面上的突然中断、错开等不连续现象是判断断层存在的一个重要标志。断层横切岩层走向时，岩层沿走向突然中断，又由于该断层横切褶皱，导致褶皱核部地层的宽度变化，背斜核部相对变窄的为下降盘，而向斜核部相对变窄的为上升盘（图2.15）。

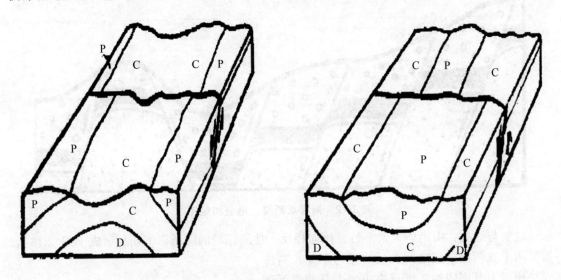

图 2.15　断层横切褶皱核部立体示意图

（2）地层的重复与缺失。在层状岩石分布地区，沿岩层的倾向，原来层序连续的地层发生不对称的重复现象或者是某些层位的缺失现象，一般是走向正（或逆）断层造成的。地层重复与缺失的几种形式见图2.16。断层造成的地层重复和褶皱造成的地层重复的区别是前者是单向重复，后者为对称重复。断层造成的缺失与不整合造成的缺失也不同，断层造成的地层缺失只限于断层两侧，而不整合造成的缺失有区域性特征。

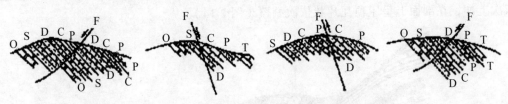

（a）正断层（重复）　（b）正断层（缺失）　（c）逆断层（重复）　（d）逆断层（缺失）

图 2.16　纵向断层造成部分地层的重复和缺失

（3）断层面（带）的构造特征指由于断层面两侧岩块的相互滑动和摩擦，在断层面上及其附近留下的各种证据。

52

擦痕和阶步：两者都是断层两盘岩块相对错动时在断层面因摩擦和碎屑刻画而留下的痕迹。擦痕常表现为一组彼此平行而且比较均匀细密的相间排列的脊和槽，有时可见擦痕一端粗而深，另一端细而浅，则由粗的一端向细的一端的指向即为对盘运动方向。在硬而脆的岩石中，有的摩擦面光滑如镜，称为摩擦镜面。阶步是指断层面上与擦痕垂直的微小陡坡，在平行运动方向的剖面上其形状特征呈不对称波状，陡坡倾斜方向指示对盘错动方向。

牵引构造：断层两盘沿断层面作相对滑动时，断层附近的岩层因受断层面摩擦力拖曳而产生的弧形弯曲现象。岩石弧形弯曲突出的方向大体指示本盘错动方向（图 2.17）。

图 2.17　断层带中的牵引褶皱及指示两盘的运动方向

伴生节理：在断层剪切错动产生的应力作用下，在断层的一侧或两侧岩层常相伴产生规律排列的节理或劈理，多呈羽状排列。其中，伴生张节理（T）与断层面斜交，其锐角指示本盘错动方向。伴生剪切节理可有两组，一组与断层面呈锐角相交（SL），锐角指向对盘滑动方向；另一组与断层面近于平行（S）。

断层岩：断层带中因断层动力作用被搓碎、研磨，有时伴有重结晶作用而形成的一种岩石。根据研磨程度以及重结晶作用所反映的结构构造特征，可分为断层角砾岩、碎裂岩、糜棱岩等类型。

断层泥：在断层破碎带中常可见到厚度不等的泥状物质，脱水干燥后呈硬块状，它们是糜棱岩、碎裂岩或岩粉等经浸水风化而成，大多由亲水性较强的黏土矿物及石英等组成。断层泥压缩变形大、强度低，常给工程带来很大的危害。

（4）地貌及其他标志。较大的断层由于断层面直接出露，在地貌上形成陡立的峭壁，称为断层崖。当断层崖遭受与崖面垂直的水流侵蚀切割后，可形成一系列的三角形陡崖，叫作断层三角面。断层的存在常常控制和影响水系的发育，并可引起河流遇断层面而急剧改向，甚至发生河谷错断现象。湖泊、洼地呈串珠状排列，往往意味着大断层的存在；温泉和冷泉呈带状分布往往也是断层存在的标志；线状分布的小型侵入体也常反映断层的存在。

5. 断裂构造的工程评价

断裂构造的存在，破坏了岩体的完整性，加速了风化作用、地下水的活动及岩溶发育，可能在以下几方面对工程建筑产生影响。

（1）降低地基岩体的强度及稳定性。断层破碎带力学强度低、压缩性大，建于其上的建筑物由于地基的较大沉陷，易造成断裂或倾斜。断裂面对岩质边坡、坝基及桥基稳定常有重要影响。

（2）跨越断裂构造带的建筑物，由于断裂带及其两侧上下移动而产生不均匀沉降。

（3）隧道工程通过断裂破碎带时会发生坍塌。

2.2.5 地质图

地质图是反映各种地质现象和地质条件的图件，它是由野外地质勘探的实际资料编制而成的，是地质勘测工作的主要成果之一。地质图的基本内容一般用规定的图例符号来表示。

工程建设的规划、设计、施工阶段，都需要以地质勘测资料作为依据，而地质图件是可直接利用和使用方便的主要图表资料。因此，初步学会编制、分析、阅读地质图件的基本方法是很重要的。

1. 地质图的类型

地质图的种类很多，因经济建设的目的不同而有所侧重。一般常用的基本图件有以下几种：

（1）普通地质图，是主要表示某地区地层岩性和地质构造条件的基本图件。它是把出露在地表的不同地质时代的地层分界线和主要构造线，测绘在地形图上编制而成的，并附以典型地质剖面图和地层柱状图。

（2）地貌及第四纪地质图，是主要根据第四系沉积物的成因类型、岩性和形成时代，以及地貌成因类型和形态特征综合编制而成的图件。

（3）水文地质图，是表示地下水赋存条件、循环特征和有关参数的平面图件。水文地质图有综合水文地质图和为某项工程建设需要而编制的专门水文地质图，如岩溶区水文地质图等。

（4）工程地质图，是根据工程地质条件，在相应比例尺的地形图上表示各种工程地质勘查工作成果的图件。为某项工程建筑的需要而编制的工程地质图称为专门问题工程地质图。

（5）剖面图及柱状图，包括地质剖面图、水文地质剖面图、工程地质剖面图、综合地层柱状图、钻孔柱状图等。

2. 地质图的规格

地质图应有图名、图例、比例尺、编制单位和编制日期等。

地质图中，地层图例应严格地按要求自上而下或自左而右，从新地层到老地层排列。

比例尺的大小反映了图的精度，比例尺越大，图的精度越高，对地质条件的反映也越详细、越准确。一般地质图比例尺的大小，是由工程的类型、规模、设计阶段和地质条件的复杂程度决定的。

3. 地质图的表示方法

地质图上一般反映地层岩性和地质构造等地质条件。这些条件需要采用不同的符号和方法才能综合在一幅图中表示出来。

（1）地层岩性。

地层岩性是通过地层分界线、年代符号或岩性代号，再配合图例说明来反映的。地层分界线表示在地质图上有以下几种情况：

① 层状岩层。层状岩层在地质图上出现最多，其分界线规律性强，它的形状是由岩层产状和地形之间的关系决定的。

② 第四系沉积物。第四系松散沉积物和基岩分界线较不规则，但也有一定规律性，其分界线常在河谷斜坡、盆地边缘、平原和山区交界处分布，大体沿山脚等高线延伸。在冲沟发育、厚度大的松散沉积物分布区，基岩常在冲沟底部出露。

③ 岩浆岩体。岩浆岩类岩体的形状不规则，在地质图上表现为不规则的分界线。

（2）地质构造。

岩层产状、褶皱、断层在地质图上的表示方法如下：

① 岩层产状。如前所述，在地质平面图上岩层的产状主要是用符号来表示的。由平面图中的产状符号确定岩层走向和倾向时，可用量角器在图上直接测量产状符号得到。

② 褶皱。在地质平面图上，褶皱主要通过对地层分布、年代新老和岩层产状的分析来确定，具体符号为背斜用 ✕、向斜用 ✕ 表示。

③ 断层。在地质平面图上，地层是通过其分布特征用规定的符号来表示的。在地质平面图中，用地层特征来分析断层和野外识别断层相同。一般断层的符号是：正断层为 ⊥50°，逆断层为 ⊥30°，平移断层为 ↗80°。符号中的长线表示断层的出露位置和断层面走向；垂直于长线且带箭头的短线表示断层面的倾向；数值表示断层面的倾角。正断层和逆断层中两条短线表示上盘的运动方向；平移断层中平行于长线且带箭头的短线表示断层两盘的相对运动方向。

（3）岩层接触关系。

① 整合接触。在地质图上表现为岩层分界线平行分布。

② 假整合接触。在剖面图上表现为岩层分界线起伏不平，在平面图上表现为地层不连续、有缺失。

③ 不整合接触。在平面图上表现为沉积间断前后的地层界线斜交，在剖面图上表现为上覆新地层与下伏不同时代的老地层以一定的角度直接接触。

④ 沉积接触。在沉积接触面附近，表现为围岩中常有岩浆风化碎块，但没有蚀变变质现象；在平面图上可见到岩浆岩的边界线被沉积岩界线截断。

⑤ 侵入接触。在接触带中表现为围岩常因岩浆岩影响而产生蚀变变质现象，并因围岩常被岩浆岩侵入穿插而分布零乱，使岩石破碎；在平面图上表现为沉积岩被穿插，沉积岩界线被岩浆岩界线突然截断。

4. 地质图的阅读和分析

在学习地质图基本知识的基础上，进行地质图的阅读和分析，了解工程建筑地区的区域地层岩性分布和地质构造特征，这对分析有利与不利地质条件对建筑物的影响有重要意义。

阅读和分析地质图一般按下列步骤进行：

（1）查看图名和比例尺，以了解地质图所表示的内容、图幅的位置、地点范围及其精度。例如：图的比例尺是 1 : 5 000，即图上 1 cm 相当于实地距离 50 m。

（2）阅读图例，了解图中有哪些地质时代的岩层及其新老关系，熟悉图例的颜色及符号。在附有地层柱状图时，可与图例配合阅读。综合地层柱状图较完整、清楚地表示了地层的新老次序、分布程度、岩性特征及接触关系。

（3）分析地形地貌，了解本地区的地形起伏、相对高差、山川形势及地貌特征等。

（4）阅读地层的分布、产状及其和地形的关系，分析不同地质时代的分布规律、岩性特征及新老接触关系，了解区域地层的基本特点。

（5）阅读图上有无褶皱，褶皱类型，轴部、翼部的位置，有无断层、断层性质、分布情况以及断层两侧地层的特征，分析本地区地质构造形态的基本特征。

（6）综合分析各种地质现象之间的关系、规律性及地质发展简史。

（7）在上述阅读和分析的基础上，对图幅范围内的区域地层岩性条件和地质构造特征，结合工程建设的要求，进行初步分析评价。

5. 地质图的阅读与分析实例——北京黑山寨地区地质图

根据黑山寨地区地质图（图 2.18 及图 2.19），对该区地质条件进行阅读分析如下：

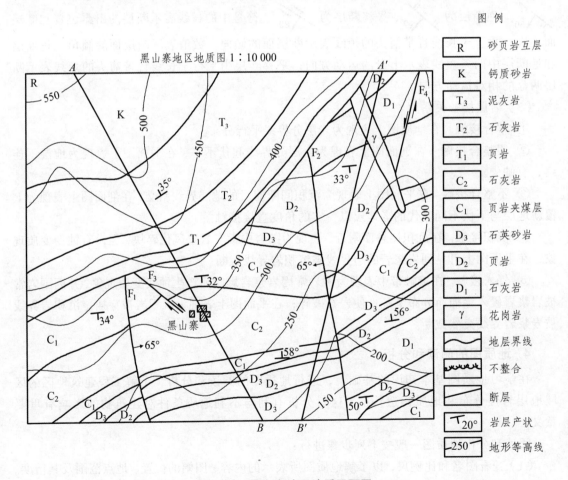

图 2.18　黑山寨地区地质平面图

56

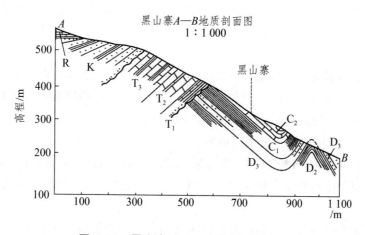

图 2.19　黑山寨 A—B 地质剖面图

（1）比例尺。

地质图比例尺为 1∶10 000，即 1 cm 代表实地距离 100 m。

（2）地形地貌。

本区西北部最高，高程约为 550 m；东南较低，约 150 m；相对高差约达 400 m。地势为西北高、东南低，东部有一山岗，高程约为 300 m。顺地形坡向有两条较大沟谷，该沟谷是由于 F_1、F_2 断层错动使岩石破碎，经风化侵蚀所形成。

（3）地层岩性。

本区出露地层从老到新有：古生界——下泥盆统（D_1）石灰岩、中泥盆统（D_2）页岩、上泥盆统（D_3）石英砂岩、下石炭统（C_1）页岩夹煤层、中石炭统（C_2）石灰岩；中生界——下三叠统（T_1）页岩、中三叠统（T_2）石灰岩、上三叠统（T_3）泥灰岩、白垩系（K）钙质砂岩；新生界——第三系（R）砂页岩互层。古生界地层分布面积较大，中生界、新生界地层出露在北、西北部。除沉积岩层外，还有细晶花岗岩脉（γ）侵入，出露在东北部。

（4）地质构造。

① 岩层产状。

R 为水平岩层；T、K 为单斜岩层，其产状为 330°∠35°（岩层倾向 330°，倾角 35°，以下同）；D、C 地层大致沿东西—北东东向延伸。

② 褶皱。

古生界地层从 D_1 到 C_2 由北部到南部形成 3 个褶皱，依次为背斜、向斜、背斜，褶皱轴向为 75°~80°。东北部背斜：背斜核部较老地层为 D_1，北翼为 D_2，产状为 345°∠33°；南翼由老到新为 D_2、D_3、C_1、C_2，岩层产状 165°∠33°；两翼岩层产状对称，为直立褶皱。中部向斜：向斜核部较新地层为 C_2；北翼地层由新到老为 C_1、D_3、D_2、D_1，产状为 165°∠33°；南翼出露地层也为 C_1、D_3、D_2、D_1，产状为 345°∠56°；由于两翼岩层倾角不同，北翼倾角缓、南翼倾角陡，故为倾斜褶皱。中部向斜近东西向延伸远，出露面积较大，为本区主要褶皱。南部背斜：背斜核部较老地层为 D_1；北翼地层为 D_2、D_3、C_1、C_2，产状为 345°∠56°；南翼地层为 D_2、D_3、C_1，产状为 165°∠50°；为倾斜褶皱。

褶皱发生在中石炭统（C_2）之后下三叠统（T_1）以前，因为在 T_1 以前从 D_1 至 C_2 的地层全部发生褶皱变形。

③ 断层。

本区有 F_1、F_2 两条较大断层，因岩层沿走向延伸方向不连续，断层走向为 345°，断层面倾角较陡，微向中间倾斜（F_1，75°∠65°；F_2，255°∠65°），两断层都为横切向斜轴和背斜轴的正断层。从断层两侧向斜核部 C_2 地层出露宽度分析，说明 F_1 与 F_2 间岩体相对下移为下降盘，所以 F_1 与 F_2 断层的组合关系为地堑。

此外还有 F_3、F_4 两条断层，F_3 走向为 300°，F_4 走向 20°，为规模较小的平移断层。

断层也形成于中石炭世（统）（C_2）之后，下三叠世（T_1）以前，因为断层没有截断 T_1 以后的岩层。

从该区褶皱和断层分布的时间和空间来分析，它们是形成于中石炭世（C_2）之后，下三叠世（T_1）以前，处于同一构造应力场中，是经同一次构造运动所形成的。压应力主要来自近南北向（NNW—SSE 方向），故褶皱轴向近东西向（NEE—SWW 方向）。F_1、F_2 两断层为主要受张应力作用形成的正断层，故断层走向与张应力垂直，大致与压应力方向平行；而 F_3、F_4 则为剪应力所形成的扭性断层。

④ 接触关系。

第三系（R）与其下伏白垩系（K）为角度不整合接触。

白垩系（K）与下伏上三叠系（T_3）之间，缺失侏罗系（J），但 T_3 与 K 岩层产状基本一致，故为平行不整合接触。

下三叠系（T_1）与下伏石炭系（C_1、C_2）及泥盆系（D_1、D_2、D_3）地层直接接触，中间缺失二叠系（P）及上石炭统（C_3），且产状呈角度相交，故为角度不整合接触。

细晶花岗岩脉（γ）切穿泥盆系（D_1、D_2、D_3）及下石炭统（C_1）地层并侵入其中，故为侵入接触；因未切穿上覆下三叠统（T_1）地层，故 γ 与 T_1 为沉积接触。这说明细晶花岗岩脉（γ）形成于中石炭世（C_2）以后，下三叠世（T_1）以前，但规模较小，其岩脉产状大致为 NNW—SSE 向的条状分布的直立岩墙。

（5）地质发展简史。

在地质发展历史过程中，整个泥盆纪直至中石炭世期间，地壳缓慢下降，且幅度甚小，本地一直接受沉积。中石炭世以后，受海西运动的影响，地壳发生剧烈变动，岩层褶皱，产生断裂，并伴随有岩浆侵入，本地区上升为陆地，遭受风化剥蚀。直到早三叠世时，又沉降至海平面以下，重新接受浅海相沉积。到晚三叠世后期，地壳大面积平缓持续上升成为陆地。侏罗纪期间，地壳遭受风化剥蚀。直到白垩纪，又缓慢下降，处于浅海沉积环境。到白垩纪后期，再次受到燕山运动的影响，本区东南部大幅度上升，西北部上升幅度较小，三叠系及白垩系地层受构造作用，产生倾斜。中生代后期至今，地壳无剧烈构造变动，所以新生界第三系地层产状平缓。

由于地壳运动产生的较大断层，往往会形成高山峡谷、飞流瀑布，这些地方一般也会被开发成旅游景点。例如：我国著名的"五岳"的形成，其中以华山最为险峻，它是地壳凸起与断层缺失的明显表现。

拓展阅读 2.1：中国五岳简介

东岳泰山（1 545 m），位于山东泰安市。

西岳华山（2 160 m），位于陕西华阴市。

南岳衡山（1 290 m），位于湖南长沙以南的衡山县。

北岳恒山（2 017 m），位于山西浑源县。

中岳嵩山（1 440 m），位于河南登封市。

五岳是东岳泰山、西岳华山、南岳衡山、北岳恒山和中岳嵩山的总称。因为泰山位于五岳之东，是五岳之长，所以古代帝王登基之初或太平年岁，都要登泰山祭告天地，举行封禅大典。汉武帝以后，各代皇帝对五岳不断追加各种封号。唐玄宗曾封五岳为"王"，宋真宗封五岳为"帝"，到了明太祖则封五岳为"神"了。这五座山的名气也就越来越大，山上的名胜古迹也特别多。自古至今，五岳一直是中国著名的旅游胜地。东岳泰山山峰挺拔峻秀、雄伟壮丽，有"登泰山而小天下"的气势，山上有南天门、斗母宫、经石峪、黑龙潭、日观峰等古迹。泰山已有 20 亿年的历史，是一座由断层上升而形成的断块山。在漫长的地质年代中，许多山峰都被侵蚀化为平地，而由坚硬的花岗岩、片麻岩组成的泰山，却仍巍然屹立在大地上，难怪人们要用"稳如泰山"来形容事物的稳固、不可动摇。

西岳华山位于陕西省华阴市南，又名太华山，最高峰海拔 2 160.5 m，像一柄利剑直刺天空。华山因为北部是平坦的渭河平原，所以显得特别高峻；又因它险峻难攀，故有"华山一条路"的说法，也素有"奇险天下第一山"之誉。华山五峰为南峰落雁、东峰朝阳、西峰莲花、中峰玉女、北峰云台。峰上回心石、千尺幢、百尺峡、擦耳崖、苍龙岭均为名闻天下的极险之道。华山脚下西岳庙是历代帝王祭祀的神庙，创建于西汉，至今仍保存着明、清以来的古建筑群。因其形制与北京故宫相似，故有"陕西故宫"之称。中国华山整体为花岗岩断块山（图 2.20）。

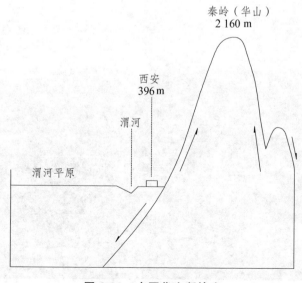

图 2.20　中国华山断块山

任务 2.3　工程建筑物地质构造及工程地质评价分析实例

工程建筑物在设计与施工前，必须对其地表下的地质进行详细的勘察，并对勘察取样的地下土样进行分析，确定地下土的分布情况及其承载力，为建筑物的设计和施工安全提供必要的保障。下面以西南地区××跨河大桥的地质勘探和分析为例，介绍桥下地基土分布情况、承载力的获取和评价方法。

××大桥工程地质详勘报告

2.3.1　概　况

1. 工程概况

　　××大桥为 HK 线和 YHK 线桥，位于西南地区某山区的路面工程中，大桥跨越狭窄沟谷。该桥设左右幅，左幅为 K 线。该桥左线起讫里程桩号为 K153+630.00～K153+930.00，桥长 300.00 m，设计为 2 台 9 墩 10 跨，孔跨布置为（10×30）m，桥面净宽 12.75 m，最大桥高 39.60 m，设计路面高程 1 585.19～1 576.67 m，设计桥面纵坡为 − 2.872%；右线起讫里程桩号为 YK153+653.50～YK153+953.50，桥长 300.00 m，设计为 2 台 9 墩 10 跨，孔跨布置（10×30）m，桥面净宽 12.75 m，最大桥高 39.64 m，设计路面高程 1 585.36～1 576.78 m，设计桥面纵坡为 − 2.873%。

　　桥梁上部结构采用先简支后连续 T 梁，下部结构采用双柱墩、桩基础，两岸桥台为桩柱台、桩基。

　　桥位区交通不利，无公路通过，只有乡间小路到达，见图 2.21、图 2.22。

图 2.21　××大桥全貌照片

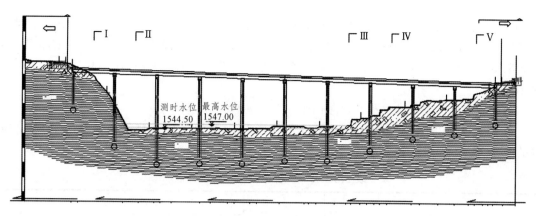

图 2.22　××大桥剖面图

2．勘察工作情况

本项目于 2010 年进行了勘察施工，根据原大纲方案设计的工作量已基本完成，后期资料整理阶段由于该项目工程造价及投资等原因而中途停止，2015 年该项目又重新启动。

2010 年完成工作情况如下：

（1）完成桥位区 1 : 500 工程地质调查测绘。

（2）钻探：孔位、孔深及控制性孔的确定按照《公路工程地质勘察规范》（JTJ 064—98）及《重庆石柱至黔江高速公路　工程路基、桥梁及隧道详细工程地质勘察技术要求》执行。

（3）各钻孔位放孔、收孔，岩芯拍照。

（4）本工点外业工作于 2010 年 11 月 23 日开始，至 2010 年 11 月 29 日结束，完成及利用的主要实物工作量见表 2.3。

（5）本次勘察工作严格按照各种规程、规范执行，严格把守质量关，在野外对资料进行了 100% 的自检与互检，对不合格的资料作无条件的返工处理，直到达到地质要求为止，以确保野外原始资料的准确性。本次勘察原始资料经过甲方及业主监理现场验收通过，达到了详勘目的，提供的成果准确可靠。

（6）初勘已查明了场地的稳定性及建设适宜性，初步查明了场地工程地质条件，对场地地震效应及可能采取的地基基础方案作出了初步评价，初步提供了岩土物理力学性质指标及有关岩土工程参数。初勘成果资料可供本次勘察利用。

（7）本阶段工作量布置合理。本阶段主要是在充分利用初步勘察资料的基础上，针对构筑物结构及基础形式，采用以钻探、静探和室内试验为主，并进行工程地质补充测绘和复核的方法，详细查明了场地工程地质条件。本次勘察满足规范及大纲要求。

对比现设计方案（2015 年）与原设计方案（2010 年）可知：桥梁左线方案在原设计方案基础上石柱岸桥墩（台）位置往大里程端微调约 2.0 m，黔江岸桥墩（台）位置往大里程端微调约 21.0 m；桥梁右线方案在原设计方案基础上石柱岸桥墩（台）位置往大里程端微调约 5.50 m，黔江岸桥墩（台）位置往大里程端微调约 20.50 m。

补勘（2015 年）完成工作情况如下：

本次对场地进行了现场复核调查，场地工程地质条件基本一致。由于线路局部存在微调情况，所以在现有设计方案下增加了相应的工作量，具体完成情况如下：

（1）在原方案工作量的基础上复核并完善桥位区 1 : 500 工程地质调查测绘。

（2）钻探：孔位及平面位置由设计方布置，孔深及控制性孔的确定按照《公路工程地质勘察规范》（JTJ C20—2011）及《重庆石柱至黔江高速公路工程路基、桥梁及隧道详细工程地质勘察技术要求》执行，本次在桥墩（台）处完成钻孔 6 个（QBK61～QBK66），共计孔深 108.40 m。

（3）各钻孔位放孔、收孔，岩芯拍照。

（4）本工点 2015 年外业工作于 2015 年 6 月 18 日开始，至 2015 年 6 月 23 日结束，完成的主要实物工作量见表 2.3。

表 2.3　××大桥详勘工作量统计表

工作内容		单 位	设计工作量	完成工作量		
				详勘（2010 年）	补勘（2015 年）	合 计
工程测量	工程地质剖面测量	m/条	5 780/42	1 751.33/14	4 028.32/28	5 779.65/42
	钻孔定测	个	7	6		13
地面地质测绘	1：500 工程地质测绘	km²	0.12	0.12	0.12	0.24
钻探	钻探	m/孔	217.0/13	107.90/7	108.40/6	216.30/13
	钻探（利用初勘）	m/孔	68.0/3	68.9/3		68.9/3
物探测井	声波测井	m/孔	69.0/2		69.0/2	69.0/2
水文地质试验	提水试验	段次/孔	0			0
室内试验	岩石试验	组	9	7	2	9
	岩石试验（利用初勘）	组	3	3		3
	水试验（利用初勘）	组	1	1		1

（5）本次勘察工作严格按照各种规程、规范执行，严格把守质量关，在野外对资料进行了 100% 的自检与互检，对不合格的资料作无条件的返工处理，直到达到地质要求为止，以确保野外原始资料的准确性。本次勘察原始资料通过甲方现场验收，达到补勘目的，提供的成果准确可靠。

（6）钻探：钻孔布置按规范规定布置，土层采取干钻，遇大块石时辅以小水量钻进，钻穿后即停水，土层采取率 60%～70%。基岩采用清水钻进，强风化岩层采取率 63%～80%，中风化岩层采取率 75%～90%。钻孔深度以能控制地基主要持力层及场地稳定性为准，控制性孔进入底标高以下中风化基岩 10～15 m，一般钻孔进入底标高以下中风化基岩 6～10 m；所有钻孔终孔后 24～48 h 进行钻孔水位观测。

岩样：利用钻探岩芯在控制性钻孔内采取。采取后立即密封，并及时送实验室进行测试。

室内测试：选取中等风化岩样 2 组，作天然、饱和抗压试验，天然块体密度及抗拉、三轴剪切测试。岩土室内测试由重庆岩土工程检测中心负责完成，试验时严格按国标操作，试验数据可靠。

本次勘察利用的初勘成果主要为地质测绘，3个钻孔在桥梁墩（台）评价中被利用。桥位区属构造剥蚀中低山地貌，大桥横跨××河河沟，沟的两侧斜坡坡角为8°~25°，局部较陡处坡角约65°。拟建大桥横跨该河沟，桥位区相对高差52.0 m；桥位区位于××向斜东南翼，岩层产状260°∠5°，岩层倾角平缓，沟心处上覆第四系冲洪积块石土，两侧斜坡处上覆第四系崩坡积块石土，下覆志留系中统韩家店组（S_2h^1）页岩。本次补充的钻孔配合原来的钻探可以有效控制场地的工程地质条件和岩土体的力学性质，勘察工作量布置合理，采用的勘探方法、手段具有针对性，满足《公路工程地质勘察规范》（JTG C20—2011）中详勘阶段勘察要求及大纲要求。详勘和补勘完成的总实物工作量见表2.3。

2.3.2　工程地质条件

1. 气象特征

工程区属亚热带季风性湿润气候区，气候温和、降雨充沛，各地区气候差异显著，立体性气候特征突出，同时，伏旱、低温、绵雨、冰雹、大风、寒潮等灾害性天气也较频繁。

据石柱、彭水及黔江气象站资料，工程区多年平均气温13.7~17.6 ℃，极端最低气温−4.7 ℃，极端最高气温44.1 ℃。多年平均降雨量1 126.6~1 224.0 mm，多集中在5—9月，占年降雨量的2/3以上，最大日降雨量306.9 mm（1982年7月28日），多年平均相对湿度77%~90%。年无霜期由沿江河谷的309 d，递减到中山区的223 d，平均270 d。风向季节变化明显，一般夏季盛行东南风，冬季多刮偏北风，全年主导风向偏北风，偏西风及偏东南风次之，累年平均风速1.26 m/s，秋季9、10月份最大，春季次之，冬季最小，瞬时出现的极大风速一般在20~30 m/s。多年平均雾日35.1~58.7 d。一般于每年12月至次年4月降雪，多年平均降雪日7.6~14.4 d，随地势增高而增加，积雪日少于飞雪日。近年主要冻害：彭水1984年1月18日，降雪量20.5 mm；1984年1月18日开始3 d内石柱、黔江和彭水降雪量达10 mm；2000年1月21日到2月3日，持续不断的大雪使黔江、彭水、石柱的平均积雪厚度为5~20 cm，局部高山地区为40~50 cm。

2. 地形地貌

桥位区属构造剥蚀中低山地貌，大桥横跨××河河沟，沟内常年流水，流量随季节变化较大，勘察期间流量小，据现场调查访问，××河河沟流量约400 L/s，沟心及两侧漫滩土层为块石土，冲沟走向为东西向，底宽30~50 m，沟的两侧斜坡坡角为8°~25°，局部较陡处坡角约65°。拟建大桥横跨该河沟，桥位区最低点沟底地面高程1 543.0 m，桥位区最高点高程为1 595.00 m，相对高差52.0 m。

3. 地层岩性

据地质调绘及钻孔揭露，工程区分布地层主要为第四系冲洪积（Q_4^{al+pl}）、崩坡积层（Q_4^{c+dl}）、志留系中统韩家店组（S_2h）第1段地层。现将各层岩性由新至老分述如下：

（1）冲洪积层（Q_4^{al+pl}）。

该层为块、碎石土，黄褐色、灰黄色，主要由砂土、细砂、卵砾石及页岩等物质组成，结构松散，粒块径 1~4 cm，土石比 5∶5，有卵石存在，磨圆度较好。工程区该层主要分布在××河河沟中部及两侧漫滩处，厚度较大，分布不均，为 0.7~11.40 m。

（2）第四系全新统崩坡积层（Q_4^{c+dl}）。

该层主要为块石土，黄灰色、褐灰色，稍湿，稍密状，主要由页岩碎块石及粉质黏土组成，块石粒块径 1~6 cm，土石比约 6∶4，与下伏地层呈角度不整合接触；厚薄不一，据现场调查访问，厚度为 2.1~7.8 m。

（3）志留中统韩家店组（S_2h^1）

页岩：灰绿色、灰色、灰黄色，泥质结构，页理构造，泥质胶结，主要由黏土矿物组成。层面裂隙发育，见铁锈红。中风化岩体较完整，层间结合较好~一般。该层分布于整个工程区。

强风化层岩体岩芯破碎，呈片状、饼状，厚度多小于 0.5 m，强度低。中风化岩体较完整，局部破碎。

4. 地质构造及地震

工程区位于××向斜东南翼，岩层产状 260°∠5°。岩体中主要发育有两组裂隙：① 34°∠73°，裂面较平直，宽 0.5~3 mm，无充填，延伸 1~2 m，发育间距 0.5~1 m，结合程度一般~差；② 110°∠87°，裂面较平直，宽 0.5~2 mm，无充填，延伸 0.5~2 m，发育间距 1~3 m，结合程度一般~差。

根据《中国地震动参数区划图》（GB 18306—2015），路线区地震动峰值加速度为 0.05g，地震动反应谱特征周期为 0.35 s，对应的地震基本烈度为Ⅵ度，抗震设计建议按《公路工程抗震设计规范》（JTG B02—2013）及《公路桥梁抗震设计细则》（JTG/T B02-01—2008）执行。

5. 水文地质条件

工程区地下水主要为第四系孔隙水和基岩裂隙水。工程区横跨××河河沟，勘察期间水位约为 544.50 m，最高洪水位为 547.00 m。地表水通过地表斜坡向××河河沟进行排泄，排泄条件好。场地斜坡坡脚处上覆第四系崩坡积层，厚度薄，分布不均；基岩主要为页岩，中风化岩体较完整，地下水主要受大气降雨补给，径流短，排泄快，水量变化大且贫乏，主要顺坡面向沟心地段排泄，故地下水贫乏。在沟谷地带，第四系孔隙水主要接受大气降雨及中河河沟河水补给，且由于上覆第四系土体为透水性较好的块石土，其孔隙较大，故在桥位区的沟谷地带存在地下水。

勘察期间对钻孔进行简易提水实验，钻孔与河沟相贯通，钻孔水位基本无变化，说明桥址区的块石土为透水层。该层地下水受××河河沟河水位变动影响大，洪水季节河水上涨，将补给场地地下水，块石土中可能存在较大的水量。

综上所述，桥位区冲洪积层孔隙潜水地下水发育，无基岩风化带裂隙地下水。桥位区沟谷地带地下水较丰富，斜坡地带地下水贫乏。

对初勘××大桥××河河沟水样资料进行分析表明：区内地表水 pH = 7.29，SO_4^{2-} 含量

20.84 mg/L，HCO_3^- 含量 45.11 mg/L，Mg^{2+} 含量 4.72 mg/L，Ca^{2+} 含量 12.33 mg/L，地表水水化学类型为：HCO_3^-—Ca^{2+} 型水。依据《公路工程地质勘察规范》（JTJ C20—2010）附录 K 评价，Ⅱ类环境水判定：地表水和地下水对混凝土结构有微腐蚀，对钢筋混凝土结构有微腐蚀，对钢筋混凝土结构中钢筋有微腐蚀。

6. 不良地质现象及地质灾害

据现场调查访问，未发现不良卸荷裂隙发育及滑坡、崩塌、泥石流等不良地质现象。

2.3.3 岩土物理力学指标统计分析

1. 岩土物理力学指标统计

岩土测试成果按《公路土工试验规程》（JTG E40—2007）的要求，对全线样品按地层岩性分别进行统计，确定各项指标的平均值、变异系数等参数，再结合本工点样品试验值及钻探、现场调查情况进行综合取值。统计结果详见表 2.4。

表 2.4　××大桥 S_2h^1 地层页岩岩石物理力学性质指标试验成果统计

勘察阶段	取样编号	野外定名	物理性质指标 块体密度	抗压强度		抗拉强度	抗剪强度指标 图解法		力学指标			
			天然	天然	饱和		内摩擦角	黏聚力	弹性模量	泊松比	天然变形模量	弹性泊松比
			天然 ρ	R (MPa)	R_w (MPa)	δ_t (MPa)	φ	c (MPa)	E_e (10^4 MPa)	μ	E_e (10^4 MPa)	ν
			g/cm³ 单值	单值	单值	单值			单值	单值	单值	单值
2010 年详勘阶段	QZK174	页岩	2.67	24.3	12.7	0.962						
			2.65	16.7	13.3	0.915	36.9	4				
			2.66	16.5	11.3	0.814						
	QZK175	页岩		16.7	12.8							
				16.5	11.5							
				18.4	10.4							
	QZK176	页岩	2.66	22.2	15				0.23	0.18	0.34	0.28
			2.66	23.4	13.7				0.25	0.22	0.34	0.29
			2.66	27.2	17				0.27	0.2	0.38	0.28
	QZK177	页岩		16.3	15.5				0.34	0.28	0.44	0.41
				23	11				0.28	0.34	0.38	0.46
				19	12.6				0.31	0.34	0.41	0.44
	QZK178	页岩	2.69	17.5	12.1				0.32	0.33	0.4	0.46
			2.7	17.5	11.3				0.28	0.29	0.49	0.46
			2.68	24.4	13.3				0.32	0.29	0.5	0.4

勘察阶段	取样编号	野外定名	物理性质指标 块体密度 天然 ρ g/cm³	抗压强度 天然 R (MPa) 单值	抗压强度 饱和 Rw (MPa) 单值	抗拉强度 δt (MPa) 单值	抗剪强度指标 图解法 内摩擦角 φ	抗剪强度指标 图解法 黏聚力 c (MPa)	力学指标 弹性模量 Ee (10⁴ MPa) 单值	泊松比 μ 单值	天然变形模量 Ee (10⁴ MPa) 单值	弹性泊松比 ν 单值
2010年详勘阶段	QZK179	页岩		17.1	12.6							
				17.4	11.1							
				20.4	12.8							
	QZK180	页岩	2.67	19	10.5	0.839	37.6	4.3				
			2.68	17.8	13.7	0.941						
			2.69	18.6	12.5	0.966						
2010年初勘阶段	QCK174	页岩	2.68	20.7	11.6	1.35	35.8	4	0.24	0.27	0.31	0.32
			2.67	15.1	9.8	1.4			0.28	0.27	0.35	0.34
			2.66	15.6	13	1.19			0.25	0.27	0.33	0.32
	QCK175	页岩	2.71	21.5	16.8	1.78	37.4	2.6				
			2.7	24.4	15.4	1.58						
			2.73	21.9	13.1	1.87						
	QCK176	页岩	2.64	22.8	14.7				0.33	0.27	0.41	0.3
			2.67	18.1	13				0.35	0.28	0.43	0.32
			2.66	20.7	13.8				0.33	0.26	0.38	0.32
2015年详勘阶段	QBK61	页岩	2.68	8.4	5.7				0.23	0.37	0.31	0.48
			2.68	8	5				0.28	0.37	0.37	0.45
			2.68	7.3	5				0.25	0.32	0.32	0.42
	QBK62	页岩	2.69	12	7.9	0.451	33.3	2.2	0.36	0.3	0.45	0.42
			2.68	11	6.9	0.326			0.36	0.29	0.49	0.38
			2.69	11.7	7.8	0.378			0.35	0.31	0.43	0.4
样本数 n			27	36	36	15	5	5	21	21	21	21
子样极大值			2.73	27.20	17.00	1.87	37.60	4.30	0.36	0.37	0.50	0.48
子样极小值			2.64	7.30	5.00	0.33	33.30	2.20	0.23	0.18	0.31	0.28
平均值			2.68	18.03	11.84	1.05	36.20	3.42	0.30	0.29	0.39	0.38
标准差			0.02	4.81	3.01	0.48	1.76	0.95	0.04	0.05	0.06	0.07
变异系数			0.007	0.267	0.254	0.455	0.049	0.278	0.150	0.171	0.151	0.180
修正系数			1.002	0.923	0.927	0.790	0.954	0.736	0.943	1.065	0.942	1.069
标准值				16.647	10.974	0.831	34.525	2.519	0.279	0.307	0.371	0.405

2. 岩体完整性分析

根据本次勘察钻探揭示，强风化带裂隙发育，岩芯破碎，手捏易碎，多呈碎块状、块状，岩质较软，揭露厚度一般为 0.5 ～ 1.5 m；中风化带岩芯较完整，多呈柱状，岩质较硬，节理不发育。

本次勘察根据《重庆石柱至黔江高速公路工程地质详细勘察（×× 大桥）波速测试报告》的波速测试报告成果资料显示：该桥梁主要涉及页岩。根据完整性测试成果表，该场地岩体完整系数为 0.55 ～ 0.74，其岩体较完整。工程区岩体声速测试报告和剪切波速测试报告分别见表 2.5 和表 2.6。

表 2.5　声波速度测试报告

执行标准：《岩土工程勘察规范》（GB 50021—2001）（2009 版）

《工程岩体试验方法标准》（GB/T 50266—2013）

孔号	测试范围（m）	岩性	V_p速度范围（m/s）	岩块声波速度（m/s）	岩体完整性系数	岩体风化程度
QBK61	7.00 ～ 8.40	页岩	2 289 ～ 2 479	—	—	强风化
	8.40 ～ 19.50		2 769 ～ 3 145	3 720	0.55 ～ 0.71	中风化
QBK64	4.50 ～ 5.00	页岩	2 341 ～ 2 561	—	—	强风化
	5.00 ～ 15.30		2 877 ～ 3 169	3 720	0.59 ～ 0.72	中风化
QBK66	5.90 ～ 18.20	页岩	2 822 ～ 3 209	3 720	0.57 ～ 0.74	中风化

注：① 本次场地测试钻孔深度范围内主要涉及页岩。强风化页岩层声波速度为 2 289 ～ 2 561 m/s，中风化页岩层声波速度为 2 769 ～ 3 209 m/s。

② 根据完整性测试成果表，该场地岩体完整系数为 0.55 ～ 0.74，其岩体较完整。

表 2.6　剪切波速度测试报告

执行标准：《建筑抗震设计规范》（GB/T 50011—2010）

《地基动力特性测试规范》（GB/T 50269—97）

孔号	测试范围（m）	岩性	V_s速度范围（m/s）	V_s平均速度（m/s）	V_{se}等效剪切波速（m/s）
QBK61	0 ～ 7.00	块石土	276 ～ 398	316	316
	7.00 ～ 19.50	页岩	633 ～ 877	805	
QBK64	0 ～ 4.50	块石土	255 ～ 412	349	349
	4.50 ～ 15.30	页岩	648 ～ 869	811	
QBK66	0 ～ 5.40	块石土	249 ～ 400	328	328
	5.40 ～ 18.20	页岩	628 ～ 885	828	

注：场地土层等效剪切波速度为 361 ～ 349 m/s。根据《建筑抗震设计规范》（GB 50011—2010），建筑场地类别为 Ⅱ 类。

综上所述，桥位区基岩除浅部强风化带较破碎外，下部中风化带较完整。

3. 地基基础承载力的确定

根据野外鉴别、室内岩土试验成果及邻近工点试验成果资料，并结合该地区经验，综合得出工程区地基承载力。

冲洪积碎块石土地基承载力基本容许值 [f_{a0}] 取 200 kPa。

崩坡积碎块石土地基承载力基本容许值 [f_{a0}] 取 300 kPa。

强风化页岩地基承载力基本容许值 [f_{a0}] 取 300 kPa。

中风化岩石地基承载力基本容许值 [f_{a0}] 根据岩石坚硬程度及节理裂隙发育程度按《公路桥涵地基与基础设计规范》（JTG D63—2007）表 3.3.3-1 取值，中风化页岩地基承载力基本容许值 [f_{a0}] 取 900 kPa。

4. 人工挖（或钻）孔嵌岩灌注桩承载力计算

人工挖（或钻）孔嵌岩灌注桩单桩轴向受压承载力容许值[R_a]，建议按《公路桥涵地基与基础设计规范》（JTG D63—2007）第 5.3.4 条推荐的公式计算。计算时，桩端岩石单轴抗压强度标准值[f_{rk}]，中风化页岩取天然值 16 647 kPa，其他参数按规范 5.3.4 条规定取值。

2.3.4 工程地质评价

1. 场地稳定性评价

桥位区位于××向斜东南翼，岩层产状 260°∠5°，上覆第四系土层厚 0.5 ~ 11.4 m，厚度变化大，均匀性差，地表土体无变形迹象，现状整体稳定。中风化岩体较完整，发育两组裂隙，自然斜坡未见地表变形开裂迹象，现状斜坡整体稳定性好。

桥台区岸坡，斜坡坡角最大约 67°，斜坡地表土层厚薄不一，厚度为 0.5 ~ 11.4 m，根据现场调查，斜坡土体主要位于斜坡下段平缓地段，地表未出现滑移、开裂、沉降等变形迹象，拟建桥位区沿线斜坡土体目前整体稳定，且土体位于斜坡中下部，土层较厚段地形较缓。土层厚度较大的地段，对拟建大桥桥墩（台）桩基开挖需采取护壁措施，防止土体松散、垮塌。

桥梁横跨一沟谷，根据赤平投影图 2.23 分析可得：

石柱岸岩质斜坡为切向坡，稳定性主要受裂隙 1 与裂隙 2 的交线的影响，沿裂隙 1、2 的楔形体可能产生滑塌掉块。

黔江岸岩质斜坡为切向坡，斜坡主要受岩体自身强度的影响，斜坡整体稳定，且经现场工程地质调查，目前斜坡未见变形迹象，斜坡天然稳定性较好，不影响桥墩（台）稳定性。

石柱岸发育有陡坎，陡坎高度约 25.0 m，施工期间应注意动态监测，注意施工安全，对陡坎、局部岩体松动或存在孤石、掉块地段采取清除、支护处理。

综上所述，桥址现状地质环境稳定性好。

2. 稳定性评价

由于桥位区横跨一中河河沟，土层厚度变化大，上覆第四系土层厚 0.5 ~ 11.4 m，桥台斜坡地段土层厚度较大，均匀性差。石柱岸桥台斜坡发育有陡坎，根据赤平投影图 2.23 分析，受裂隙 1 与裂隙 2 交线的影响，沿裂隙 1、2 的楔形体可能产生滑塌掉块。同时考虑相邻桩基刚性角的要求，因此建议桥台及桥墩均采用桩基础。桩基开挖时可能引发局部范围内的滑塌，因此桩基开挖时建议做好相应的护壁及支挡措施。

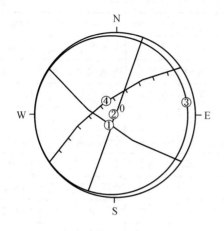
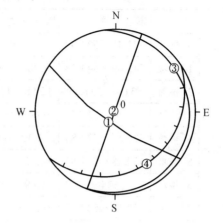

① 裂隙 1 34°∠73°
② 裂隙 2 110°∠87°
③ 岩层产状 260°∠5°
④ 石柱岸斜坡 145°∠67°

① 裂隙 1 34°∠73°
② 裂隙 2 110°∠87°
③ 岩层产状 260°∠5°
④ 黔江岸斜坡 328°∠16°

（a）赤平投影图（上半球）　　　　　（b）赤平投影图（上半球）

图 2.23　斜坡赤平投影图

3. 场地适宜性评价

桥位区属构造剥蚀中低山地貌，第四系土层厚薄不一，中风化岩体较完整，裂隙不发育，地质构造简单，附近无断层通过，地震活动微弱，斜坡整体稳定性良好，无滑坡、泥石流等不良地质现象，斜坡处地下水贫乏，地表及地下水对混凝土有微腐蚀性。桥址地质环境稳定性好，桥位区适宜修建××大桥。

4. 各桥墩（台）工程地质评价及基础形式和持力层的建议

拟建桥梁石柱岸桥台位置上覆约 7.00 m 厚的块石土层，桥梁中部地表被第四系土层覆盖，厚 0.5～11.4 m，厚度变化大，均匀性差。拟建桥梁黔江岸桥台上覆 4.5～5.40 m 的块石土层。由于场区内第四系土层厚度变化大，均一性差，承载力低，桥梁架空较高，第四系土体不宜作桥墩基础持力层；强风化岩石承载力稍高，但完整性差，厚薄不均，不宜作桥墩基础持力层；中风化岩石承载力高，完整性好，厚度较大，是桥墩（台）基础的理想持力层。建议桥台采用桩式桥台基础，基础置于中风化基岩层内，嵌岩深度宜为 3 倍桩径；桥墩采用挖孔桩基础，基础置于中风化基岩层内，嵌岩深度宜为 3 倍桩径，并应考虑到相邻桩底坡度不大于 45°及净边距的要求。

各桥墩（台）的基底持力层，及基础形式见表 2.7。现将各墩（台）逐一评价如下：

表 2.7 桥墩（台）基础形式、埋置深度及高程建议

编　号		高程建议（m）	埋置深度（m）	基础持力层	基础形式	地基承载力（kPa）
××大桥 左线	0#桥台	571.46～574.02	15	中风化页岩	桩基础	中风化页岩 f_{rk} = 16 647 kPa
	1#桥墩	543.69～544.38	16.82～20.08	中风化页岩	桩基础	中风化页岩 f_{rk} = 16 647 kPa
	2#桥墩	531.2～531.21	12.68～13.15	中风化页岩	桩基础	中风化页岩 f_{rk} = 16 647 kPa
	3#桥墩	534.27	9.64～10.04	中风化页岩	桩基础	中风化页岩 f_{rk} = 16 647 kPa
	4#桥墩	529.54～529.84	14.39～14.5	中风化页岩	桩基础	中风化页岩 f_{rk} = 16 647 kPa
	5#桥墩	530.48～531.51	14.25～15.97	中风化页岩	桩基础	中风化页岩 f_{rk} = 16 647 kPa
	6#桥墩	534.2	11.69～11.94	中风化页岩	桩基础	中风化页岩 f_{rk} = 16 647 kPa
	7#桥墩	532.56～534.27	16.42～19.09	中风化页岩	桩基础	中风化页岩 f_{rk} = 16 647 kPa
	8#桥墩	544.39～545.16	14.46～16.62	中风化页岩	桩基础	中风化页岩 f_{rk} = 16 647 kPa
	9#桥墩	547.45～548.04	16.50～18.13	中风化页岩	桩基础	中风化页岩 f_{rk} = 16 647 kPa
	10#桥台	561.95～563.13	12.46～13.73	中风化页岩	桩基础	中风化页岩 f_{rk} = 16 647 kPa
××大桥 右线	0#桥台	570.69～573.38	14.55～14.80	中风化页岩	桩基础	中风化页岩 f_{rk} = 16 647 kPa
	1#桥墩	541.25～543.94	24.57～28.05	中风化页岩	桩基础	中风化页岩 f_{rk} = 16 647 kPa
	2#桥墩	530.71～530.76	12.29～12.84	中风化页岩	桩基础	中风化页岩 f_{rk} = 16 647 kPa
	3#桥墩	534.14～534.19	10.11～10.23	中风化页岩	桩基础	中风化页岩 f_{rk} = 16 647 kPa
	4#桥墩	530.35～530.58	13.29～13.98	中风化页岩	桩基础	中风化页岩 f_{rk} = 16 647 kPa
	5#桥墩	531.54～533.55	11.87～14.23	中风化页岩	桩基础	中风化页岩 f_{rk} = 16 647 kPa
	6#桥墩	534.08～534.18	11.69～11.72	中风化页岩	桩基础	中风化页岩 f_{rk} = 16 647 kPa
	7#桥墩	533.62～535.44	17.88～18.21	中风化页岩	桩基础	中风化页岩 f_{rk} = 16 647 kPa
	8#桥墩	541.92～543.85	15.79～17.69	中风化页岩	桩基础	中风化页岩 f_{rk} = 16 647 kPa
	9#桥墩	546.93～547.44	17.45～17.6	中风化页岩	桩基础	中风化页岩 f_{rk} = 16 647 kPa
	10#桥台	560.94～562.28	11.15～12.21	中风化页岩	桩基础	中风化页岩 f_{rk} = 16 647 kPa

（1）左、右线 0# 桥台。

左、右线 0# 桥台位于斜坡坡顶位置，桥台区地势相对平缓，横向地形坡角一般为 3°～20°，纵向地形坡角为 3°～8°，局部陡坎处地形坡角为 35°～65°。被第四系块石土覆盖，强风化基岩厚度约 1.4 m，强风化底界随地形起伏而起伏。强风化带岩石极为破碎，岩石中层间裂隙发育，岩质较软，力学强度低；中风化基岩岩芯完整，承载力高，是桥台理想的基础持力层。综合考虑上覆第四系土层厚度及强风化基岩厚度，同时由于第四系块石土层厚度变化大，桩基础施工过程中应考虑到相邻桩底坡度不大于 45°，建议左线台前基底埋设标高为 571.46～574.02 m，右线台前基底埋设标高为 1 570.69～1 573.38 m，基底持力层选取中风化页岩，基础形式建议采用嵌岩桩基础，嵌岩深度按 3～5 倍桩径考虑。建议地基承载力基本容许值页岩 $[f_{a0}]$ = 900 kPa，饱和的岩石单轴极限抗压强度 f_{rk} = 16 647 kPa，基底摩擦系数取 0.45。基础埋置标高及基底持力层承载力详见表 2.7。

（2）左、右线 1# 墩。

左、右线 1# 墩位于斜坡陡坎坡顶地带，左线桥墩架空高度为 16.32～20.51 m，右线桥墩架空高度为 11.83～12.59 m，纵向地形坡角为 35°～55°，横向地形坡角为 3°～20°。斜坡陡坎段基岩出露，局部地表覆盖有薄层第四系土层，土层厚度约 0.5 m，下伏基岩为志留系中统韩家店组第 1 段页岩，强风化层厚为 0.5～1.2 m，强风化底界面随地形起伏而起伏。第四系土层和强风化基岩破碎，承载力低，不宜作基础持力层；中风化基岩岩芯完整，承载力高，是桥墩理想的基础持力层。建议采用嵌岩桩基础，嵌岩段从中风化岩体净边距大于 6 m 处起算，嵌岩深度按 3～5 倍桩径考虑。建议地基承载力基本容许值页岩 $[f_{a0}] = 900$ kPa，饱和的岩石单轴极限抗压强度 $f_{rk} = 16\ 647$ kPa，基底摩擦系数取 0.45。基础埋置标高及基底持力层承载力详见表 2.7。

在沟谷低洼地段基坑开挖时存在地下水，该河沟水量受季节影响较大，存在涌突水问题，建议基坑边坡施工时应加强排水及采取有效护壁措施，选择水量较小的旱季进行施工，减小地表水体对基坑开挖的影响。

（3）左、右线 2# 墩。

左、右线 2# 墩位于沟谷宽缓带，左线桥墩架空高度为 35.76～36.23 m，右线桥墩架空高度为 36.72～37.21 m，纵向地形坡角为 2°～5°，横向地形坡角为 3°～5°。地表为冲洪积层覆盖，土层厚 3.0～3.75 m，下伏基岩为志留系中统韩家店组第 1 段页岩，强风化层厚 3.0～3.70 m，强风化底界面随地形起伏而起伏。第四系土层和强风化基岩破碎，承载力低，不宜作基础持力层；中风化基岩岩芯完整，承载力高，是桥墩理想的基础持力层。建议采用嵌岩桩基础，嵌岩段从中风化岩体起算，嵌岩深度按 3～5 倍桩径考虑。建议地基承载力基本容许值页岩 $[f_{a0}] = 900$ kPa，饱和的岩石单轴极限抗压强度 $f_{rk} = 16\ 647$ kPa，基底摩擦系数取 0.45。基础埋置标高及基底持力层承载力详见表 2.7。

在沟谷低洼地段基坑开挖时存在地下水，该河沟水量受季节影响较大，存在涌突水问题，建议基坑边坡施工时应加强排水及采取有效护壁措施，选择水量较小的旱季进行施工，减小地表水体对基坑开挖的影响。

（4）左、右线 3# 墩。

左、右线 3# 墩位于沟谷宽缓带，左线桥墩架空高度为 34.92～35.33 m，右线桥墩架空高度为 35.04～35.10 m，纵向地形坡角为 2°～5°，横向地形坡角为 3°～8°。地表为冲洪积层覆盖，土层厚 1.4～2.0 m，下伏基岩为志留系中统韩家店组第 1 段页岩，强风化层厚 3.0～3.50 m，强风化底界面随地形起伏而起伏。第四系土层和强风化基岩破碎，承载力低，不宜作基础持力层；中风化基岩岩芯完整，承载力高，是桥墩理想的基础持力层。建议采用嵌岩桩基础，嵌岩段从中风化岩体起算，嵌岩深度按 3～5 倍桩径考虑。建议地基承载力基本容许值页岩 $[f_{a0}] = 900$ kPa，饱和的岩石单轴极限抗压强度 $f_{rk} = 16\ 647$ kPa，基底摩擦系数取 0.45。基础埋置标高及基底持力层承载力详见表 2.7。

在沟谷低洼地段基坑开挖时存在地下水，该河沟水量受季节影响较大，存在涌突水问题，建议基坑边坡施工时应加强排水及采取有效护壁措施，选择水量较小的旱季进行施工，减小地表水体对基坑开挖的影响。

（5）左、右线 4# 墩。

左、右线 4# 墩位于沟谷宽缓带，左线桥墩架空高度为 34.03 ~ 34.45 m，右线桥墩架空高度为 34.21 ~ 34.67 m，纵向地形坡角为 2° ~ 5°，横向地形坡角为 3° ~ 8°。地表为冲洪积层覆盖，土层厚 4.0 ~ 5.5 m，下伏基岩为志留系中统韩家店组第 1 段页岩，强风化层厚 3.0 ~ 3.50 m，强风化底界面随地形起伏而起伏。第四系土层和强风化基岩破碎，承载力低，不宜作基础持力层；中风化基岩岩芯完整，承载力高，是桥墩理想的基础持力层。建议采用嵌岩桩基础，嵌岩段从中风化岩体起算，嵌岩深度按 3 ~ 5 倍桩径考虑。建议地基承载力基本容许值页岩[f_{a0}] = 900 kPa，饱和的岩石单轴极限抗压强度 f_{rk} = 16 647 kPa，基底摩擦系数取 0.45。基础埋置标高及基底持力层承载力详见表 2.7。

在沟谷低洼地段基坑开挖时存在地下水，该河沟水量受季节影响较大，存在涌突水问题，建议基坑边坡施工时应加强排水及采取有效护壁措施，选择水量较小的旱季进行施工，减小地表水体对基坑开挖的影响。

（6）左、右线 5# 墩。

左、右线 5# 墩位于沟谷宽缓带，左线桥墩架空高度为 31.08 ~ 31.76 m，右线桥墩架空高度为 31.92 ~ 32.22 m，纵向地形坡角为 2° ~ 5°，横向地形坡角为 3° ~ 8°。地表为冲洪积层覆盖，土层厚 3.7 ~ 7.8 m，下伏基岩为志留系中统韩家店组第 1 段页岩，强风化层厚 1.5 ~ 3.10 m，强风化底界面随地形起伏而起伏。第四系土层和强风化基岩破碎，承载力低，不宜作基础持力层；中风化基岩岩芯完整，承载力高，是桥墩理想的基础持力层；建议采用嵌岩桩基础，嵌岩段从中风化岩体起算，嵌岩深度按 3 ~ 5 倍桩径考虑。建议地基承载力基本容许值页岩[f_{a0}] = 900 kPa，饱和湿度的岩石单轴极限抗压强度 f_{rk} = 16 647 kPa，基底摩擦系数取 0.45。基础埋置标高及基底持力层承载力详见表 2.7。

在沟谷低洼地段基坑开挖时存在地下水，该河沟水量受季节影响较大，存在涌突水问题，建议基坑边坡施工时应加强排水及采取有效护壁措施，选择水量较小的旱季进行施工，减小地表水体对基坑开挖的影响。

（7）左、右线 6# 墩。

左、右线 6# 墩位于沟谷宽缓带，左线桥墩架空高度为 30.52 ~ 30.79 m，右线桥墩架空高度为 30.92 ~ 31.10 m，纵向地形坡角为 2° ~ 5°，横向地形坡角为 3° ~ 8°。地表为冲洪积层覆盖，土层厚 4.0 ~ 5.0 m，下伏基岩为志留系中统韩家店组第 1 段页岩，强风化层厚 1.0 ~ 2.0 m，强风化底界面随地形起伏而起伏。第四系土层和强风化基岩破碎，承载力低，不宜作基础持力层；中风化基岩岩芯完整，承载力高，是桥墩理想的基础持力层。建议采用嵌岩桩基础，嵌岩段从中风化岩体起算，嵌岩深度按 3 ~ 5 倍桩径考虑。建议地基承载力基本容许值页岩[f_{a0}] = 900 kPa，饱和的岩石单轴极限抗压强度 f_{rk} = 16 647 kPa，基础埋置标高及基底持力层承载力详见表 2.7。

在沟谷低洼地段基坑开挖时存在地下水，该河沟水量受季节影响较大，存在涌突水问题，建议基坑边坡施工时应加强排水及采取有效护壁措施，选择水量较小的旱季进行施工，减小地表水体对基坑开挖的影响。

（8）左、右线 7# 墩。

左、右线 7# 墩位于斜坡下部近沟谷底部，左线桥墩架空高度为 22.44 ~ 26.82 m，右线桥墩架空高度为 22.63 ~ 24.12 m，纵向地形坡角为 2° ~ 35°，横向地形坡角为 3° ~ 12°。地表为崩坡积块石土层覆盖，土层厚 4.5 ~ 10.0 m，下伏基岩为志留系中统韩家店组第 1 段页岩，强风化层厚 2.0 ~ 3.0 m，强风化底界面随地形起伏而起伏。第四系土层和强风化基岩破碎，承载力低，不宜作基础持力层；中风化基岩岩芯完整，承载力高，是桥墩理想的基础持力层。建议采用嵌岩桩基础，嵌岩段从中风化岩体起算，嵌岩深度按 3 ~ 5 倍桩径考虑。建议地基承载力基本容许值页岩$[f_{a0}]$ = 900 kPa，饱和湿度的岩石单轴极限抗压强度 f_{rk} = 16 647 kPa，基底摩擦系数取 0.45。基础埋置标高及基底持力层承载力详见表 2.7。

在沟谷低洼地段基坑开挖时存在地下水，该河沟水量受季节影响较大，存在涌突水问题，建议基坑边坡施工时应加强排水及采取有效护壁措施，选择水量较小的旱季进行施工，减小地表水体对基坑开挖的影响。

（9）左、右线 8# 墩。

左、右线 8# 墩位于斜坡中下部宽缓带，左线桥墩架空高度为 13.93 ~ 15.32 m，右线桥墩架空高度为 15.45 ~ 15.48 m，纵向地形坡角为 2° ~ 10°，局部由于人工开挖形成高 1.0 ~ 2.0 m 的土质陡坎，横向地形坡角为 3° ~ 12°。地表为崩坡积块石土层覆盖，土层厚 6.5 ~ 11.5 m，下伏基岩为志留系中统韩家店组第 1 段页岩，强风化层厚 0.5 ~ 1.0 m，强风化底界面随地形起伏而起伏。第四系土层和强风化基岩破碎，承载力低，不宜作基础持力层；中风化基岩岩芯完整，承载力高，是桥墩理想的基础持力层。建议采用嵌岩桩基础，嵌岩段从中风化岩体起算，嵌岩深度按 3 ~ 5 倍桩径考虑。建议地基承载力基本容许值页岩$[f_{a0}]$ = 900 kPa，饱和的岩石单轴极限抗压强度 f_{rk} = 16 647 kPa，基底摩擦系数取 0.45。基础埋置标高及基底持力层承载力详见表 2.7。

在沟谷低洼地段基坑开挖时存在地下水，该河沟水量受季节影响较大，存在涌突水问题，建议基坑边坡施工时应加强排水及采取有效护壁措施，选择水量较小的旱季进行施工，减小地表水体对基坑开挖的影响。

（10）左、右线 9# 墩。

左、右线 9# 墩位于斜坡中下部宽缓带，左线桥墩架空高度为 8.57 ~ 9.59 m，右线桥墩架空高度为 9.39 ~ 9.75 m，纵向地形坡角为 2° ~ 10°，横向地形坡角为 3 ~ 8°。地表为崩坡积块石土层覆盖，土层厚 10.0 ~ 11.0 m，下伏基岩为志留系中统韩家店组第 1 段页岩，强风化层厚 0.5 ~ 1.0 m，强风化底界面随地形起伏而起伏。第四系土层和强风化基岩破碎，承载力低，不宜作基础持力层；中风化基岩岩芯完整，承载力高，是桥墩理想的基础持力层。建议采用嵌岩桩基础，嵌岩段从中风化岩体起算，嵌岩深度按 3 ~ 5 倍桩径考虑。建议地基承载力基本容许值页岩$[f_{a0}]$ = 900 kPa，饱和的岩石单轴极限抗压强度 f_{rk} = 16 647 kPa，基底摩擦系数取 0.45。基础埋置标高及基底持力层承载力详见表 2.7。

（11）左、右线 10# 桥台。

左、右线 10# 桥台位于斜坡中上部，纵向地形坡角为 3° ~ 6°，局部有陡坎，横向地形坡角为 5° ~ 12°。地表分布崩坡积块石土层，厚 5.4 ~ 9.0 m，下覆基岩为页岩，强风化层厚 0.5 ~ 1.00 m，强风化底界随地形起伏而起伏。强风化带岩石破碎，岩质较软，力学性质差，承载力低，不宜作为桥台持力层；中风化基岩岩芯较完整，承载力高，是桥台理想的基础持力层。

基底岩性为中风化页岩，综合考虑第四系土层及强风化厚度，建议采用嵌岩桩基础，嵌岩段从中风化岩体净边距大于 6 m 处起算，嵌岩深度按 3~5 倍桩径考虑。桩基础施工过程中应考虑到相邻桩底坡度不大于 45° 及净边距的要求。建议左线基底埋设标高为 561.95 ~ 563.13 m，右线基底埋设标高为 560.94 ~ 562.28 m，基底持力层选取中风化页岩。建议地基承载力基本容许值页岩$[f_{a0}]$ = 900 kPa，饱和的岩石单轴极限抗压强度 f_{rk} = 16 647 kPa，基底摩擦系数取 0.45。基础埋置标高及基底持力层承载力详见表 2.7。

5. 桥台基坑稳定性评价

两岸桥位区第四系土层厚度较厚，上部土层厚 5.5 ~ 7.5 m，中风化基岩岩体较完整，桥台基坑开挖后，边坡主要出现在桥台北东侧、东南侧、南西侧及西北侧，边坡高 1.50 ~ 7.50 m，主要为上覆土层组成的土质边坡，土层可能产生局部滑塌。由于局部第四系土层厚度较大，建议放坡开挖。桥台基坑土层临时开挖坡度值取：粉质黏土、块石土 1∶1.50。

6. 基坑涌水量评价

桥址区斜坡地段地下水贫乏，基坑开挖时，不存在涌突水问题，桥址区横跨中河河沟，在沟谷低洼地段基坑开挖时存在地下水。该河沟水量受季节影响较大，存在涌突水问题，建议基坑边坡施工时应加强排水及采取有效护壁措施，选择水量较小的旱季进行施工，减小地表水体对基坑开挖的影响。

7. 对相邻建构筑物的影响

拟建××大桥桥位区无相邻建构筑物，因此××大桥的修建对相邻建构筑物基本无影响。

8. 对施工弃土的处置建议

工程区局部地段地形坡度较大，弃土易失稳，雨季易形成泥石流，禁止在工程区堆积施工弃土。施工弃土应及时转运出施工场地，防止其失稳，威胁构筑物及施工人员的安全。

2.3.5　结论及建议

（1）桥位区属构造剥蚀中低山地貌，大桥横跨一中河河沟，沟内常年流水，流量随季节变化较大，勘察期间流量小。构造较简单，场地整体稳定性好，无不良地质现象，桥位区地表水及地下水对混凝土有微腐蚀性，适宜修建桥梁。

（2）建议桥台持力层选择中风化基岩，桥墩（台）采用桩基础，基础置于岩层中风化基岩一定深度内，基础埋置深度及持力层承载力详见表 2.7。沟谷低洼地段基坑开挖时存在地下水，该河沟水量受季节影响较大，存在涌突水问题，建议基坑边坡施工时应加强排水及采取有效护壁措施，选择水量较小的旱季进行施工，减小地表水体对基坑开挖的影响。

（3）工程区局部地段地形坡度较大，禁止在工程区堆积施工弃土，对于施工弃土应及时转运出施工场地，防止其失稳，威胁构筑物及施工人员的安全。

（4）由于场地内岩性主要为薄层~片状页岩，建议对开挖边坡及时封闭，防止页岩风化掉块，影响边坡稳定性。

（5）设计参数建议值见表 2.8。

表 2.8　岩土体设计参数建议

项目 岩土名称		天然重度 (kN/m³)	基底摩擦系数 f	抗压强度标准值 f_{rk}(MPa)		天然抗剪		天然抗拉	天然弹性模量	泊松比	变形模量	弹性泊松比	桩侧阻力标准值	承载力基本容许值
				天然	饱和	c (kPa)	φ (°)	μ	E_e (10⁴ MPa)	μ	E_e (10⁴ MPa)	μ	q_{ik} (kPa)	f_{a0} (kPa)
冲洪积块石土		21.2*	0.35*										120	200
崩坡积块石土		21.5*	0.35*										120	300
页岩	强风化	26.0*	0.40										160	300
	中风化	26.8	0.45	16.647	10.974	629	29	207	0.236 9	0.307	0.315	0.405		900

说明：① 带"*"为经验值。
② 表中岩土体抗剪强度 c 为岩石试验值的 0.25 的折减值，φ 为岩石试验值的 0.85 的折减值，抗拉强度为岩石试验值的 0.25 的折减值，弹性模量及变形模量为岩石试验值的 0.85 的折减值。
③ 表中岩石承载力基本容许值为根据岩石坚硬程度及裂隙发育程度按《公路桥涵地基与基础设计规范》（JTG 063—2007）取值。
④ 表中块石土参数主要依据本次勘察时邻近工点资料结合地区经验综合取值。

 ## 复习思考题

基本习题：

1. 如何确定岩石的相对地质年代？
2. 地质年代单位有哪些？
3. 地质体之间的接触关系有哪些？
4. 野外如何确定岩层的产状？
5. 褶皱的基本形态有哪些？褶皱的类型有哪些？
6. 断层的类型及组合形式有哪些？
7. 野外怎样识别断层？
8. 如何阅读和分析一幅地质图？

兴趣、拓展与探索习题：

1. 请搜集资料，用图文并茂的方式说明是什么因素或力量使地球的地壳形成了如此多的地质构造。

2. 请搜集资料，用图文并茂的方式说明地球表面陆地的"漂移说"与"板块说"的相关知识，并对此表达你的观点。

3. 请搜集资料，用图文并茂的方式说明一处你感兴趣的地质构造，并推测说明它是如何形成及未来的发展趋势。

项目3 地下水

项目描述

本项目主要讲述了地下水的形成条件，地下水的物理性质、化学成分，地下水的分类、储存形式及流动规律，地下水保护，地下水对工程施工及城市建筑物的影响等内容。

教学目标

1. 知识目标

通过本项目的学习，学生一般应了解和认识：

（1）地下水的形成条件、物理性质、化学成分、分类。

（2）地下水的储存形式及流动规律。

（3）地下水与工程施工及城市建筑物的关系。

2. 能力与素质目标

通过学习，学生应能够判断野外地下水的类型及流动规律，能够消除施工中地下水对工程建筑物的影响。另外，作为工程技术人员，要尊重大自然、热爱大自然、敬畏大自然，施工中自觉保护地下水，防止地下水水源污染及过度抽取地下水引发次生灾害，如城市地面下沉、建筑物裂缝等，力争做到自然环境资源的可持续发展。

任务 3.1　地下水概述

3.1.1　地下水及地下水问题

埋藏在地表以下的土层及岩石的空隙中的水称为地下水。地下水一般是指储存于包气带以下地层空隙，包括岩石孔隙、裂隙和溶洞之中的水。地下水是水资源的重要组成部分。由于水量稳定、水质好，地下水是农业灌溉、工矿和城市的重要水源之一。但在一定条件下，地下水的变化也会引起沼泽化、盐渍化、滑坡、地面沉降等不利自然现象。

大气降水降落到地表，其中一部分渗透到地表以下土层里和岩石的孔隙、裂隙及溶洞中，形成地下水。全球地下水分布面积达 1.3 亿平方千米，总水量 830 万立方千米，占全球总水量的 0.59%，占淡水总量的 22%，是人们生活和生产的重要供水水源。地下水的形成与地质条件、自然地理条件和人类活动等因素有关。特别是在地表水较为缺乏和地表水污染比较严重的地区，地下水的开发和利用日益重要。

地下水是自然界水资源的重要组成部分，它常作为生活和生产的水源，干旱和半干旱地区更是主要的甚至是唯一的可靠水源。

地下水与岩土相互作用，会使岩体及土体的强度和稳定性降低，产生各种不良地质现象，如滑坡、岩溶、潜蚀、地基沉陷与冻胀等，对工程造成危害。

在路基和隧道工程的设计和施工中，考虑土石强度和稳定性、基础埋置深度、施工开挖的涌水问题时，均必须研究地下水问题，研究地下水的埋藏条件、类型及活动规律，以便采取措施，保证结构物的稳定和正常使用。

地下水还会对工程材料如水泥混凝土等产生腐蚀作用，使结构物遭到破坏。

工程上对地下水问题一向十分重视，通常把与地下水有关的问题称为水文地质问题，把与地下水有关的地质条件称为水文地质条件。

3.1.2 地下水的一般形成条件

水可以在岩层或土层内部互相连通的空隙中运动。岩土容许水渗透的特性称为透水性。能给出并透过相当水量的岩土层称为含水层。如果岩土中孔隙少而又不连通，则不能给出并透过水，这种岩土层称为隔水层（或不透水层）。

地表水（包括大气降水）通过岩土层的空隙渗入地下。在透水层中，由于重力作用，水可以由地表的浅层流向深处，并被隔水层所阻挡；当岩土层的地质构造有利于水的储存时，即形成含水层。含水层与隔水层相互组合，形成能够蓄存地下水的地质环境。由于岩土层的空隙发育、地质构造等情况各不相同，水的补给情况也不相同，因而形成了不同类型的地下水。

地下水的形成方式主要是地表水和海洋水向地面下渗透或者通过地层裂隙直接进入地下。地下水的储量、规模、发育和活跃情况与地理位置有较大的关系。一般在沿海和岩溶的地区，地下水的发展和运动异常活跃；而在西北地区，地下水就相对比较稳定。

在地下水活跃的地区，因地壳运动（地震）和人为因素（过度抽取地下水、修建大型水库、水电站等）会引发一些地表的异常地质灾害，如近几年在有些地区频繁发生的"地陷"和"天坑"现象。虽然对于"地陷"和"天坑"发生的原因目前还没有准确的答案，但地下水却是这些现象发生必不可少的因素之一。下面是一些典型的"天坑"案例，希望以此能够引起大家对于地下水的重视。

 案例阅读 3.1：地下水与天坑

据美国国家地理网站报道，或因热带风暴"阿加莎"所引发暴雨的影响，危地马拉共和国首都危地马拉城市区 2010 年 5 月 30 日出现了一个深约 100 m 的巨坑，让世人震惊。以严格的地质学术语来解释，天坑（sinkhole）是指由于水不断侵蚀固体基岩，使地表发生塌陷形成的一个巨大的深坑，如图 3.1 所示。

2007 年，危地马拉城也曾出现过一个类似天坑，而且距离最近出现的那个天坑不远。根据照片判断，这两个天坑的直径约为 60 ft（约合 18 m），深约 300 ft（约合 100 m）。通常情况下，当局会用大块石头和其他碎片将天坑填满。随着时间推移，在水的侵蚀和空气的烘燥作用下，还会引起天坑向内倾斜。

图 3.1　2010 年危地马拉天坑

　　天坑就是具有巨大的容积、陡峭而圈闭的岩壁、深陷的井状或者桶状轮廓等非凡的空间与形态特征，发育在厚度特别大、地下水位特别深的可溶性岩层中，从地下通往地面，平均宽度与深度均大于 100 m，底部与地下河相连接（或者有证据证明地下河道迁移）的特大型岩溶负地形。

　　佛罗里达州马尔伯里天坑，这个深约 185 ft（约合 56 m）的天坑于 1994 年出现在佛罗里达州的马尔伯里市，发生塌陷的地方有采矿企业 IMC-Agrico 倾倒的一堆废料。该公司当时正在开采岩石以提取磷酸盐。磷酸盐是一种化学物质，是化肥的主要成分，主要用于制造磷酸以及增强苏打和各种食品的味道。然而，在磷酸盐从岩石中提取出来以后，主要成分是石膏的废料被作为泥浆过滤出来，如图 3.2 所示。

图 3.2　佛罗里达州马尔伯里天坑

随着一层层的石膏被晒干，就形成了裂缝，就像出现在干燥泥团上的裂缝。后来，水在裂缝中不断流动，将地下物质卷走，为天坑的形成创造了条件。美国监管机构称，IMC-Agrico公司应该承担起管理这个天坑的责任，避免对地下饮用水供应造成危害。

 拓展阅读 3.1：天坑形成的原因与地下水

目前，世界上发现确认的天坑约80个，其中有超过50个在中国。中国的天坑分布在南方岩溶地区，绝大多数位于黔南、桂西、渝东的峰丛地貌区域。

按天坑分级原则，深度和宽度均超过500 m的为超级天坑，全世界仅有3例，全在中国（重庆小寨天坑、广西乐业天坑群）；深度和宽度在300~500 m的为大型天坑，全世界有16例，中国有9例；深度和宽度在100~300 m的为标准天坑，如图3.3、图3.4所示。

图3.3　重庆小寨天坑　　　　　　　　　图3.4　危地马拉天坑

2001年之前，天坑只是对重庆奉节县小寨天坑这种景观的特称，类似的地貌在各地有不同的名称，如"龙缸""石院""石围""岩湾"等。2001年，天坑作为一个专门的岩溶术语被专家提出。2005年，国际岩溶天坑考察组在重庆、广西一带大规模考察后，"天坑"这个术语在国际岩溶学术界获得了一致的认可，并开始用汉语拼音"tiankeng"通行国际。这是继峰林（fenglin）和峰丛（fengcong）之后，第三个由中国人定义并用汉语和拼音命名的岩溶地貌术语。

直至2010年，已经被确认的天坑达78个，其中2/3分布在中国。当然，关于天坑的考察、认定和争论尚未停止。岩溶地貌在全球分布很广，约占地球总面积的10%。中国岩溶约占全国总面积的13.5%，主要分布于南方的贵州、广西、重庆、四川、云南、湖北等省区，是世界上最大最集中连片的岩溶区，但岩溶这个术语诞生于斯洛文尼亚。

天坑的成因大多分两种，大多是塌陷型（广西乐业天坑群等），罕见的是冲蚀型（重庆武隆后坪冲蚀天坑群等）。

天坑的形成至少要同时具备六个条件：

一是石灰岩层要厚，只有足够厚的岩层才能给天坑的形成提供足够的空间。

二是地下河的水位要很深。

三是包气带（含气体的岩层）的厚度要大。

四是降雨量要大，这样地下河的流量和动力才足够大，才足以将塌落下来的石头冲走。

五是岩层要平。从天坑四周的绝壁看就会发现，岩层与地面是平行的，就像一层层的石板堆在四周一样，只有这样的岩层才能垮塌。

六是地壳要突起，地壳的运动就会给岩层的垮塌提供动力。

近来"地陷"频发，特别是宜宾地区7天来连续出现26个大坑，原因多是"人祸"。

"天坑"近期在各地频现，专家称是地陷，多为人祸引发。近日，国内各地屡现"天坑"，而地球的那一端似乎也不平静，南美危地马拉出现了一个直径为30米的巨大"天坑"。而出现此坑不久，这里就发生了火山喷发。"天坑"的出现，是否就是某种灾难的预兆？某晚报记者专访了中山大学张教授和华中师范大学揭教授，他们认为，此次频现的"天坑"其实是地陷，与地震关联不大，"人祸"要大于"天灾"。

张教授认为，如果塌陷比较集中，往往是人为因素干扰所致。比如抽取地下水，使地下溶洞形成负压，加速了塌陷的过程。"四川宜宾长宁的塌陷，就很可能与附近煤矿抽取地下水有关，这是人为造成的地质灾害。浙江衢州高速公路上的塌陷，可能是高速公路下原有溶洞坍塌所致。"张教授分析道。

此外，在河谷地带，如果地下水流动加速，或过量抽取地下水，会使土壤在水位变动和重力作用下，发生塌陷，成都大邑新场镇、崇州怀远镇等地可能就属于这种情况。据报道，崇州怀远镇还进行过地震勘探测量，为了产生人工震源，实施了爆破等操作。这一爆破，致使砂砾石层松动，在地下水作用下，发生了塌陷。因此，这也是人为造成的地质灾害。

而南昌赣江马路塌陷，可能是公路修建在河漫滩等松散层上的原因。除此之外，最近我国塌陷比较集中，还可能与降雨较多有关。

对发生在危地马拉的地陷，张教授分析认为，该地区曾经多次发生过塌方。今年的塌方，可能与热带风暴袭击和暴雨有关。

对"地陷"后会发生地震的传言，张教授并不认同，他说："如果塌陷与地震等构造运动有关，其分布应当有较强的方向性，而且应当与地震同时发生或在地震之后。特别是地震后如遇暴雨，会造成大量塌陷。但据我所掌握的资料，塌陷作为地震前兆，似乎极为少见。"

揭教授介绍，在建造房屋时可以提前排水让地面下沉，然后在下沉的地面上构筑房屋，从而避免"地陷"。广州市的居民应该无须担忧这个问题，因为广州地区的地下是花岗岩，去掉风化层再做地基就会十分稳固了。

地陷与天坑有别。根据地质学家朱学稳论文《岩溶天坑略论》的定义，天坑是发育在碳酸盐岩层中，从地下通向地面，四周岩壁峭立，深度与平面宽度（口部或底部）在百米至数百米以上，底部与其发育期的地下河连接的陷坑状负地形。

在揭教授看来，最近各地频频出现的其实应该称为"地陷"。他说："严格地说，地陷与天坑二者不是一个概念。地陷是地面塌陷，天坑是一种岩溶地貌的专属名称。"

任务 3.2 地下水的物理性质和化学成分

地下水中溶有多种物质，是一种复杂的溶液。研究地下水的物理性质和化学成分，有助于了解地下水的成因与动态，这对于确定地下水对混凝土等建筑材料的腐蚀性，以及进行各种地下水的水质评价，有着实际的意义。

3.2.1 地下水的物理性质

地下水的物理性质，主要有颜色、口味、味道、气味、透明度或混浊度、密度、温度、导电性及放射性等。纯净的地下水无色无味无臭和透明，当含有杂质时才改变其物理性质。

3.2.2 地下水的化学成分

1. 常见的成分

（1）主要气体成分：O_2、N_2、CO_2、H_2S。

（2）主要离子成分：Cl^-、SO_4^{2-}、HCO_3^-、Na^+、K^+、Ca^{2+}、Mg^{2+}。

（3）主要胶体成分：F_2O_3、Al_2O_3、H_2SiO_3。

（4）有机成分和细菌成分。

2. 酸碱性

酸碱度：氢离子浓度 pH，$pH = -lg[H^+]$。

强酸性水 $pH < 5$；弱酸性水 $pH = 5 \sim 7$；中性水 $pH = 7$；弱碱性水 $pH = 7 \sim 9$；强碱性水 $pH > 9$。

酸性侵蚀可以分解水泥混凝土中的 $CaCO_3$。

3. 总矿化度

水中离子、分子和各种化合物的总量称为总矿化度，以 g/L 表示。

水按矿化度分为：淡水（<1）、微咸水（1~3）、咸水（3~10）、盐水（10~50）和卤水（>50）。

高矿化度的水能降低水泥混凝土的强度、腐蚀钢筋、促使混凝土表面风化。

4. 水的硬度

水中 Ca^{2+}、Mg^{2+} 的总含量称为水的硬度。水煮沸减少的 Ca^{2+}、Mg^{2+} 含量称为暂时硬度。总硬度与暂时硬度之差称为永久硬度。根据硬度，水分为：极软水、软水、微硬水、硬水和极硬水。

硬度对评价生活用水和工程用水均有很大意义。

5. 侵（腐）蚀性

水对碳酸钙的溶解能力称为水的侵蚀性。水对建筑材料的腐蚀破坏能力称为水的腐蚀性。

3.2.3 地下水的水质标准

地下水并不一定可饮，在天然情况下甚至可能含有重金属，会导致乌脚病等；其解决方案为向城市和乡村地区普及供应经过统一采集和净化消毒处理过的自来水。地下水水质一般分为 5 类。

一类水质：水质良好。该类地下水只需消毒处理，地表水经简易净化处理（如过滤）、消毒后即可供生活饮用。

二类水质：水质受轻度污染。该类水质的水经常规净化处理（如絮凝、沉淀、过滤、消毒等），即可供生活饮用。

三类水质：适用于集中式生活饮用水源地二级保护区、一般鱼类保护区及游泳区。

四类水质：适用于一般工业保护区及人体非直接接触的娱乐用水区。

五类水质：适用于农业用水区及一般景观要求水域。超过五类水质标准的水体基本上已无使用功能。

任务 3.3　地下水的基本类型

地下水与地表上其他水体相比较，无论从形成、平面分布与垂向结构上讲，还是从水的理化性状、力学性质上看，均显得复杂多样。地下水的这种多样性和变化复杂性，是地下水类型划分的基础；而地下水的分类，又是揭示地下水内在差异性、充分认识和把握地下水特性及其动态变化规律的有效方法和手段。因而具有十分重要的理论意义和实际价值。

地下水的分类方法有多种，并可根据不同的分类目的、分类原则与分类标准，区分为多种类型体系。例如：按地下水的起源和形成，可区分为渗入水、凝结水、埋藏水、原生水和脱出水等；按地下水的力学性质，可分为结合水、毛细水和重力水；如按地下水化学成分的不同，又有多种分类。但从地理水文学角度来说，特别重视如下的分类。地下水的组成示意图如图 3.5 所示。

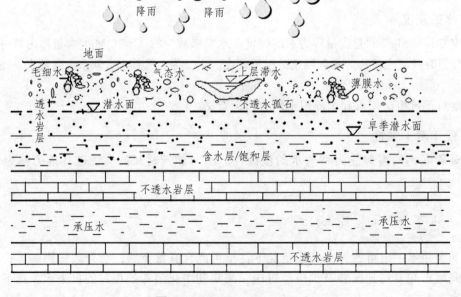

图 3.5　地下水组成示意图

3.3.1 地下水按埋藏条件分类

1. 包气带水

储存在地下自由水面以上包气带中的水，称为包气带水。包气带水包括吸湿水、薄膜水、毛细水、气态水、河流经过时的渗入水以及上层滞水。上层滞水是存在于包气带中局部隔水层上的重力水，它是大气降水或地表水在下渗途中，遇到局部不透水层的阻挡后，在其上聚积而成的地下水。上层滞水接近地表，可使地基强度减弱，冰冻地区还易引起道路冻胀和翻浆。

（1）包气带水的主要特征。

与饱和带中的地下水相比较，包气带水具有如下特征：其一，包气带含水率和剖面分布最容易受外界条件的影响，尤其是与降水、气温等气象因素关系密切。多雨季节，雨水大量入渗，包气带含水率显著增加；干旱月份，土壤蒸发强烈，包气带含水量迅速减少，致使包气带水呈现强烈的季节性变化。其二，包气带在空间上的变化主要体现在垂直剖面上的差异，一般规律是越接近表层，含水率的变化越大，逐渐向下层，含水率变化趋于稳定而有规律。其三，包气带含水率变化还与岩土层本身结构、岩土颗粒的机械组成有关，因为颗粒组成不同，使得岩土的孔隙大小和孔隙度发生差异，从而导致了含水量的不同。

（2）包气带的类型。

通常，根据厚度的不同，将包气带区分为厚型、薄型与过渡型等3种类型。

① 厚型。

包气带比较厚，即使在地下水自由水面较高的雨季，带内毛管上升高度亦不能到达地表，整个包气带可以进一步区分为土壤水带、中间过渡带以及毛管上升带等3个亚带。其中，土壤水带从地表到主要植物根系分布下限，通常只有几十厘米的厚度，除水汽与结合水外，水分主要以悬着水形式存在于土壤孔隙之中，所以又称为悬着水带。其主要特点是受外界气象因素的影响大，与外界水分交换最为强烈，所以含水量变化大。当土壤孔隙中毛细悬着水达到最大含量时，称此含水率为"田间持水量"。入渗的水一旦超过田间持水量，土体就无法再保持超量的水分，于是在重力作用下沿非毛细空隙向下渗漏。

中间过渡带处于悬着水带与毛管上升带之间。其本身并不直接与外界进行交换，而是一个水分蓄存及传送带。它的厚度变化比较大，主要取决于整个包气带的厚度，如包气带本身很薄，中间带往往就不复存在。本带的特点是水分含量不仅沿深度变化小，而且在时程上也具有相对稳定性，水分运行缓慢，故又名含水量稳定带。

毛管上升带位于潜水面以上，并以毛管上升高度为限，具体厚度视颗粒的组成而定。颗粒细，毛管上升高度大，本带就厚，反之则薄。在天然状态下，毛管上升带厚度一般在1～2 m。毛管上升带内水分分布的一般规律是：其含水率具有自下而上逐渐减小的特点，由饱和含水率逐步过渡到与中间过渡带下端相衔接的含水量；对于干旱的土层，则以最大分子持水量为下限；而且对于给定的岩土层，这种分布具有相对的稳定性。

② 薄型。

薄型的包气带其厚度往往不到1 m，有的只有几十厘米。该型包气带内只有毛细上升带的存在，没有中间过渡带，水分含量的强烈变化亦不明显，因而毛细上升水可以直接到达地表。在这种情况下，毛细管就像无数的小吸管，源源不断地将地下水吸至地表，所以地下潜水蒸发迅速。反之由于包气带薄，降水入渗补给地下水的途径亦短，雨后地下潜水面上升快。因而薄型包气带之下的潜水季节变化强烈。

③ 过渡型。

过渡型包气带的厚度介于上述两类之间，并存在明显的季节性变化。在雨季，地下水面上升，包气带变薄，只存在毛细上升带；到了旱季，地下水面下降，整个包气带又可区分出3个亚带。中国东部平原地区的地下包气带大多属于这种类型。

2. 潜　水

潜水是埋藏在地表下第一个稳定隔水层上、具有自由表面的重力水，这个自由表面就是潜水面。从地表到潜水面的距离称为潜水的埋藏深度。潜水面到下伏隔水层之间的岩层称为含水层，而隔水层就是含水层的底板。潜水面以上通常没有隔水层，大气降水、凝结水或地表水可以通过包气带补给潜水，所以大多数情况下，潜水的补给区和分布区是一致的。

（1）潜水的特征。

① 大气降水和地表水可直接渗入补给；

② 埋藏深度和含水层厚度受气候、地形和地质条件的影响，变化甚大；

③ 具有自由水面，重力流速度取决于含水层的渗透性能和潜水面的水力坡度；

④ 排泄主要有垂直排泄（蒸发）和水平排泄（地表水和其他含水层）两种方式。

（2）等水位线。

潜水面的位置随补给来源的变化而发生季节性升降。潜水面的形状可以是倾斜的、水平的或低凹的曲面，如图3.6所示。

确定引水工程时，为了最大限度地使潜水流入水井和排水沟，当等水位线凹凸不平、稀密不均时，取水井应布置在地下水汇流处；当等水位线由密变稀时，应布置在由密变稀的交界处，并与等水位线平行。截水沟应与等水位线平行布置。

根据等水位线可以：

① 确定潜水流向；

② 确定潜水的水力梯度；

③ 确定潜水的埋藏深度；

④ 确定潜水与地表水的补给关系；

⑤ 确定泉和沼泽的位置；

⑥ 选择给排水建筑物的位置。

（3）潜水补给的来源。

潜水的补给来源主要有：大气降水、大气凝结水、地表水、深层地下水。

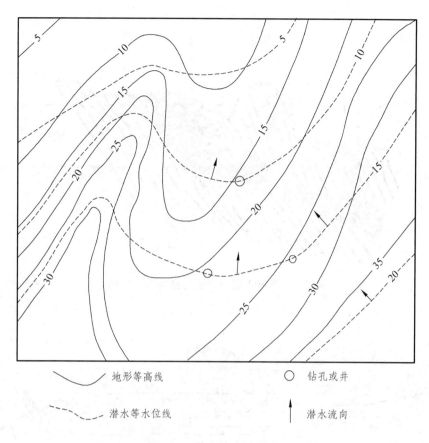

| ~~~~~ 地形等高线 | ◯ 钻孔或井 |
| - - - - 潜水等水位线 | ↑ 潜水流向 |

图 3.6　潜水等水位线图

3. 承压水

充满于两个隔水层之间的水称承压水。承压水水头高于上部隔水层（隔水顶板），在地形条件适宜时，其天然露头或经人工凿井喷出地表，称自流水。隔水顶板妨碍了含水层直接从地表得到补给，故自流水的补给区和分布区常不一致。

自隔水层顶板底面到承压水位之间的铅垂距离称为承压水头。承压水含水层在盆地边缘出露于地表的位置较高，可直接接受大气降水或地表水补给的范围称为补给区。承压水含水层在承压盆地边缘，地势较低的地段或含水层被切割，这地段便称为承压水的排泄区。在补给区与排泄区之间，承压含水层之上被隔水层覆盖，并且含水层被水充满的这个地段，称为承压区。

承压水的形成与所在地区的地质构造及沉积条件有密切关系。只要有适宜的地质构造条件，地下水都可形成承压水，如图 3.7 所示。

（1）承压水的概念和特征。

充满于两个隔水层之间的含水层中具有静水压力的地下水称为承压水。承压水的压力来源目前还不是很清楚，但多数人认为主要是来自地表的高差，即地下水位的海拔高差。另一个原因就是承压水水面上的不透水隔水层及其上部重物（如山体、丘陵、密集的建筑物等）的重量产生的压力。这也是城市在过度抽取地下水后，地面下沉、建筑物开裂的主要原因。还有谚语中常说的"山有多高，水有多高"也同样可以用承压水受到的压力来解释，如图 3.8、图 3.9 所示。图 3.10 所示为承压水水压力形成的地面泉水。

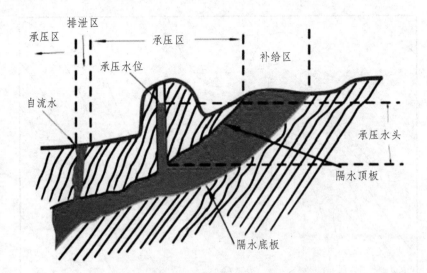

图 3.7　承压水的补给区与排泄区示意图

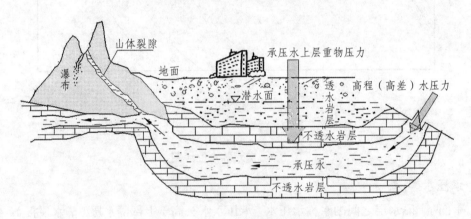

图 3.8　承压水高山瀑布形成示意图

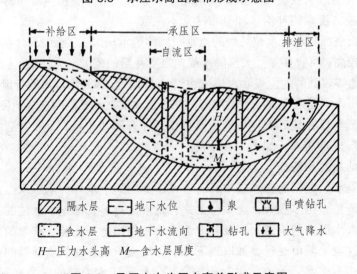

图 3.9　承压水水头压力高差形成示意图

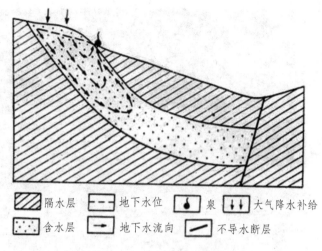

| 隔水层 | − − − 地下水位 | 泉 | ↓↓ 大气降水补给 |
| 含水层 | → 地下水流向 | ╱ 不导水断层 |

图 3.10　承压水水压力形成的地面泉水

承压水的特征：

① 补给区受大气降水和地表水的补给；

② 有隔水顶板覆盖，受气候、水文因素的影响较小，水量变化不大，不易蒸发；

③ 具有水头压力，以上升泉的形式出露于地表；

④ 排泄给本区潜水和地表水。

（2）等水压图。

根据等水压线可以确定：

① 承压水位距地表的深度；

② 承压水头的大小；

③ 承压水的流向；等等。

桥隧工程穿透承压水隔水顶板时，会发生涌水，造成困难和危害。

（3）地下水按储存条件分类。

地下水按含水层的空隙性质可分为孔隙水、裂隙水和岩溶水 3 类。

3.3.2　地下水水流系统的补充排泄与循环形式

地下水虽然埋藏于地下，难以用肉眼观察，但它像地表上河流湖泊一样，存在集水区域。在同一集水区域内的地下水流，构成了相对独立的地下水水流系统，如图 3.11 所示。

1. 地下水水流系统的基本特征

在一定的水文地质条件下，汇集于某一排泄区的全部水流，自成一个相对独立的地下水流系统，又称地下水流动系统。处于同一水流系统的地下水，往往具有相同的补给来源，相互之间存在密切的水力联系，形成相对统一的整体；而属于不同地下水流系统的地下水，则指向不同的排泄区，相互之间没有或只有极微弱的水力联系。此外，与地表水系相比较，地下水流系统具有如下特征：

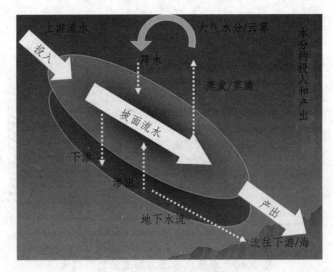

图 3.11　地下水流系统示意图

（1）空间上的立体性。地表上的江河水系基本上呈平面状态展布；而地下水流系统往往自地表面起可直指地下几百米甚至上千米深处，形成空间立体分布，并自上到下呈现多层次的结构，这是地下水流系统与地表水系的明显区别之一。

（2）流线组合的复杂性和不稳定性。地表上的江河水系，一般均由一条主流和若干等级的支流组合而成有规律的河网系统。而地下水流系统则是由众多的流线组合而成的复杂的动态系统，在系统内部不仅难以区别主流和支流，而且具有多变性和不稳定性。这种不稳定性，可以表现为受气候和补给条件的影响呈现周期性变化；也可因为开采和人为排泄，促使地下水流系统发生剧烈变化，甚至在不同水流系统之间造成地下水劫夺现象。

（3）流动方向上的下降与上升的并存性。在重力作用下，地表江河水流总是自高处流向低处；然而地下水流方向在补给区表现为下降，但在排泄区则往往表现为上升，有的甚至形成喷泉。

除上述特点外，地下水流系统涉及的区域范围一般比较小，不可能像地表江河那样组合成面积广达几十万乃至上百万平方千米的大流域系统。根据托思的研究，在一块面积不大的地区，由于受局部复合地形的控制，可形成多级地下水流系统，不同等级的水流系统，它们的补给区和排泄区在地面上交替分布。

2. 地下水域

地下水域就是地下水流系统的集水区域，它与地表水的流域也存在明显区别。地表水的流动主要受地形控制，其流域范围以地形分水岭为界，主要表现为平面形态；而地下水域则要受岩性地质构造控制，并以地下的隔水边界及水流系统之间的分水界面为界，往往涉及很大深度，表现为立体的集水空间。

如以人类历史时期来衡量，地表水流域范围很少变动或变动极其缓慢，而地下水域范围的变化则要快得多，尤其是在大量开采地下水或人工大规模排水的条件下，往往引起地下水流系统发生劫夺，促使地下水域范围产生剧变。

通常，每一个地下水域在地表上均存在相应的补给区与排泄区，其中补给区由于地表水不断地渗入地下，地面常呈现干旱缺水状态；而在排泄区则由于地下水的流出，增加了地面上的水量，因而呈现相对湿润的状态。如果地下水在排泄区以泉的形式排泄，则可称这个地下水域为泉域。地下水循环运动研究模型如图 3.12 所示。

图 3.12　地下水运动研究模型示意图

3. 地下水的结构运动

地下水是存在于地表以下岩（土）层空隙中的各种不同形式水的统称。地下水主要来源于大气降水和地表水的入渗补给，同时以地下渗流方式补给河流、湖泊和沼泽，或直接注入海洋；上层土壤中的水分则以蒸发的方式或被植物根系吸收后再散发到空中，回归大气，从而积极地参与地球上的水循环过程，以及地球上发生的溶蚀、滑坡、土壤盐碱化等过程。所以，地下水系统是自然界水循环大系统的重要亚系统。

地下水作为地球上重要的水体，与人类社会有着密切的关系。地下水的储存有如在地下形成一个巨大的水库，以其稳定的供水条件、良好的水质，而成为农业灌溉、工矿企业以及城市生活用水的重要水源，成为人类社会必不可少的重要水资源，尤其是在地表缺水的干旱、半干旱地区，地下水常常成为当地的主要供水水源。据不完全统计，20 世纪 70 年代，以色列 75% 以上的用水依靠地下水供给；德国的许多城市供水，也主要依靠地下水；法国的地下水开采量，要占到全国总用水量的 1/3 左右；像美国、日本等地表水资源比较丰富的国家，地下水也要占到全国总用水量的 20% 左右。中国地下水的开采利用量约占全国总用水量的 10% ~ 15%，其中，北方各省区由于地表水资源不足，地下水开采利用量大。根据统计，1979 年黄河流域平原区的浅层地下水利用率达 48.6%，海、滦河流域更高达 87.4%；1988 年全国 270 多万眼机井的实际抽水量为 5.292×10^{10} m³，机井的开采能力则超过 8×10^{10} m³。

问题的另一面，过量的开采和不合理的利用地下水，常常造成地下水位严重下降，形成大面积的地下水下降漏斗，在地下水用量集中的城市地区，还会引起地面发生沉降。此外，工业废水与生活污水的大量入渗，常常严重地污染地下水源，危及地下水资源。因而系统地研究地下水的形成和类型、地下水的运动以及与地表水、大气水之间的相互转换补给关系，具有重要意义。

地下水在地表的天然出露叫泉，按成因可分为侵蚀泉、接触泉、溢出泉和断层泉，按补给水源的含水层性质可分为上升泉、下降泉，按温度可分为冷泉和热（温）泉。

任务 3.4　地下水运动的基本规律

3.4.1　地下水的垂向结构

1. 地下水垂向层次结构的基本模式（图 3.13）

如前所述，地下水流系统空间上的立体性，是地下水与地表水之间存在的主要差异之一。而地下水垂向的层次结构，则是地下水空间立体性的具体表征。在典型水文地质条件下，地下水垂向层次结构的基本模式自地表面起至地下某一深度出现不透水基岩为止，可区分为包气带和饱和水带两大部分。其中，包气带又可进一步区分为土壤水带、中间过渡带及毛细水带等 3 个亚带；饱和水带则可区分为潜水带和承压水带两个亚带。从储水形式来看，与包气带相对应的是存在结合水（包括吸湿水和薄膜水）和毛管水；与饱和水带相对应的是重力水（包括潜水和承压水）。

以上是地下水层次结构的基本模式，在具体的水文地质条件下，各地区地下水的实际层次结构不尽一致。有的层次可能充分发展，有的则不发育。例如：在严重干旱的沙漠地区，包气带很厚，饱和水带深埋在地下，甚至基本不存在；反之，在多雨的湿润地区，尤其是在

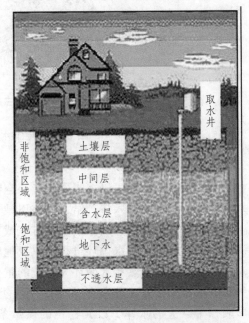

图 3.13　地下水垂向层次结构的基本模式示意图

地下水排泄不畅的低洼易涝地带，包气带往往很薄，地下潜水面甚至出露地表，所以地下水层次结构也不明显。至于像承压水带的存在，要求有特定的储水构造和承压条件，而这种构造和承压条件并非处处都具备，所以承压水的分布受到很大的限制。但是，上述地下水层次结构在地区上的差异性，并不否定地下水垂向层次结构的总体规律性。这一层次结构对于人们认识和把握地下水性质具有重要意义，并成为按埋藏条件进行地下水分类的基本依据。

2. 地下水不同层次的力学结构

地下水在垂向上的层次结构，还表现为在不同层次上的地下水所受到的作用力也存在明显的差别，形成不同的力学性质，如包气带中的吸湿水和薄膜水，均受分子吸力的作用而结合在岩土颗粒的表面。通常，岩土颗粒越细小，其颗粒的比表面积越大，分子吸附力也越大，吸湿水和薄膜水的含量便越多。其中，吸湿水又称强结合水，水分子与岩土颗粒表面之间的分子吸引力可达几千甚至上万个大气压，因此它不受重力的影响，不能自由移动，密度大于 1 g/cm^3，不溶解盐类，无导电性，也不能被植物根系所吸收。

（1）薄膜水。

薄膜水又称弱结合水，它们受分子力的作用，但薄膜水与岩土颗粒之间的吸附力要比吸

90

湿水弱得多，并随着薄膜的加厚，分子力的作用不断减弱，直至向自由水过渡。所以薄膜水的性质也介于自由水和吸湿水之间，能溶解盐类，但溶解力低。薄膜水还可以由薄膜厚的颗粒表面向薄膜水层薄的颗粒表面移动，直到两者薄膜厚度相当时为止，而且其外层的水可被植物根系所吸收。当外力大于结合水本身的抗剪强度（指能抵抗剪应力破坏的极限能力）时，薄膜水不仅能运动，还可传递静水压力。

（2）毛管水。

当岩土中的空隙小于 1 mm 时，空隙之间彼此连通，就像毛细管一样，当这些细小空隙储存液态水时，就形成了毛管水。如果毛管水是从地下水面上升上来的，称为毛管上升水；如果与地下水面没有关系，水源来自地面渗入而形成的毛管水，则称为悬着毛管水。毛管水受重力和负的静水压力作用，其水分是连续的，并可以把饱和水带与包气带连起来。毛管水可以传递静水压力，并能被植物根系所吸收。

（3）重力水。

当含水层中空隙被水充满时，地下水分将在重力作用下在岩土孔隙中发生渗透移动，形成渗透重力水。饱和水带中的地下水正是在重力作用下由高处向低处运动，并传递静水压力。

综上所述，地下水在垂向上不仅形成结合水、毛细水与重力水等不同的层次结构，而且各层次上所受到的作用力也存在差异，形成垂向力学结构。

3.4.2　线性渗透定律——达西定律

地下水的运动形式分为两种：层流运动和紊流运动。由于受到介质的阻滞，地下水在岩石空隙中的运动速度比地表水慢得多，除了在宽大裂隙或空洞中具有较大速度而成为紊流外，一般都为层流。地下水的这种运动称为渗透。

渗透系数 k（m/d），用以衡量岩石的渗透能力。

在岩层空隙中渗流时，水的质点有秩序的、互不混杂的流动，称作层流运动；水的质点无秩序的、互相混杂的流动，称作紊流运动。

一般认为，地下水的平均渗透速度小于 1 000 m/d 时，可视为层流运动。只有在大裂隙、大溶洞中或水位高差极大的情况下，地下水的渗透才出现紊流运动。

地下水在具狭小空隙的岩土中流动，且其流速较低时，符合达西定律：

$$Q = kA\frac{(H_1 - H_2)}{L} = kAI$$

由水力学可知

$$Q = Av$$

所以达西定律也可以表达为另一种形式：

$$v = kI$$

式中　Q——水的流量；

　　　A——水流截面面积；

　　　H_1，H_2——上下游水位高度；

L——流水长度；

k——渗透系数，单位水力梯度时的渗透速度；

I——水力梯度；

v——渗透速度。

水在砂土中流动时，达西公式是正确的。但是在某些黏土中，这个公式就不正确。

3.4.3 非线性渗透定律

地下水在较大的空隙中运动，且其流速相当大时，呈紊流运动，此时渗流服从谢才定律：

$$v = kI^{\frac{1}{2}}$$

式中各符号意义同前。

任务 3.5 地下水对工程施工的影响

3.5.1 地下水超采的危害

工程建设施工中应控制地下水的抽取，若无序和过度地抽采地下水，就会造成施工工地和邻近建筑物的下沉和损毁，给施工造成重大损失。目前，有部分施工单位在深基础施工时，不顾周围建筑物状况，过度抽采地下水，造成周围建筑物下沉开裂，引起不必要的纠纷和损失。这也是施工技术人员专业水平和素质低下的表现。图 3.14 所示是地下水适度开采抽取时，承压水水压力、基岩支撑力与上层重物压力平衡示意图。

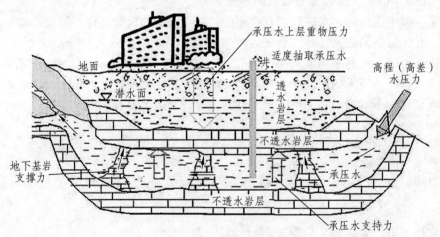

图 3.14 适度抽取地下水时
承压水水压力、基岩支撑力与上层重物压力平衡示意图

开发地下水，在我国许多地区是开源抗旱的重要措施，特别是随着人口膨胀与工农业发展，水资源短缺日益严重，人们对地下水寄予了更多的希望。然而就在各种现代化手段被用来抽取地下水时，超采地下水所导致的多种人为灾害却不期而至了。

所谓超采地下水是指地下水开采量长期超过地下水的补给量，地下水位进入非稳定性恶性下降的情况，它会引起一系列灾害性后果。

（1）由于过量开采地下水，我国北京、上海、天津等许多大、中城市出现了地面沉降，如北京东郊约 600 平方千米的区域累计沉降量达 550 多毫米。这不仅导致了高层建筑的倾斜，而且加重了城市防洪、防潮、排涝的负担。图 3.15 所示是过度开采地下水，承压水水压力、基岩支撑力与上层重物压力平衡被破坏，承压水水压力、基岩支撑力不能负担上层重物压力，导致不透水基岩断裂、地面下沉、建筑物开裂的示意图。

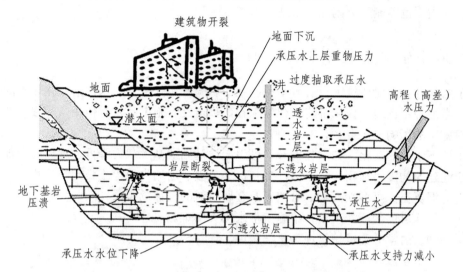

图 3.15　过度抽取地下水引起的病害示意图

（2）在沿海地区，超采地下水会破坏地下淡水与海水的压力平衡，使海水内侵，造成机井报废、人畜饮水困难、土壤盐碱化、地下水质恶化等。常见的抽取地下水的水井布置方式如图 3.16 所示。

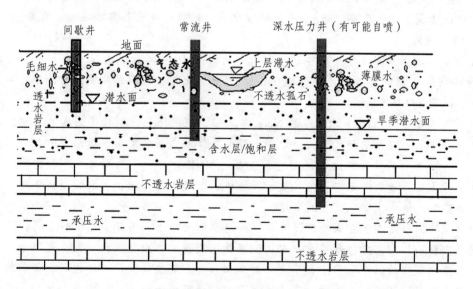

图 3.16　常见的抽取地下水的方式

（3）在岩溶区，开采地下水过量会造成地表塌陷，引起房屋开裂倒塌、地下管道弯裂、中断交通与电力供应等一系列灾难。

（4）改变自然景观。北京地区多处历史名泉已因地下水位严重下降而枯竭。新疆吐鲁番地区的沙漠中有 600 万亩绿洲，其中有百万亩良田，因过量开采地下水，已使良田周围靠地下水涵养的草场出现枯死现象，长此以往，绿洲还能在沙漠中长存吗？

另外，超采地下水还可能加重地震灾害。

一项本是减灾的措施，运用不当竟给人类带来如此多的灾难，甚至威胁到人类基本的生存条件，人类再也不能无节制地开采地下水了。

3.5.2　地下水对工程施工的影响

地下水的存在，对建筑工程有着不可忽视的影响。尤其是地下水位的变化、水的侵蚀性和流沙、潜蚀等不良地质作用都将对建筑工程的稳定性、施工及正常使用带来很大的影响。地下水对施工的影响一般有：

（1）地下水位的变化，如水位上升，可引起浅基础地基承载力降低，地震时会加剧砂土液化，引起建筑物震害加剧，岩土体产生变形、滑坡、崩塌失稳等不良地质作用。

（2）对混凝土、可溶性石材、管道以及金属材料的侵蚀危害。

（3）地下水可引起流沙现象，给施工带来极大困难。

（4）潜蚀，通常分为机械潜蚀和化学侵蚀。

（5）基坑涌水。

案例阅读 3.2：西安因过度抽汲地下水而引发地面沉降

地面沉降是西安较为突出的地质灾害之一。其形成发展的历史较长，波及范围广，并具有独特的活动特征。地面沉降的持续发展还加剧了西安地裂缝的活动，给西安市的市政设施及城市建设造成了很大危害，因此，有效地控制地面沉降已成为西安市一项非常紧迫的任务。

1. 地面沉降

西安市的地面沉降主要发生在城区和近郊区。从 1959 年开始大范围的水准测量以来，截止至 1995 年，累积沉降量已超过 200 mm。西起鱼化寨，东到纺织城，南抵三爻村，北至辛家庙，面积为 145.5 km²。

在西安沉降区内，11 条地裂缝呈 NNE 向展布，把沉降区分割成同走向的条块体，使地面沉降水平方向的发展受到了制约。地面沉降区总体形态呈椭圆形，所形成的各个沉降漏斗水平扩展多限于两条地裂缝之间，形成了一系列 NNE 走向、平面形态呈狭长的椭圆形沉降槽，其长轴方向与地裂缝走向基本一致。沉降槽一般是北深南浅，地裂缝南侧沉降量大，形成地形变陡带，地形上多呈陡坎或陡坡。

地面沉降的强度表现在累积沉降量与沉降速率的大小上。多年监测资料表明，地面沉降的空间分布极不均匀，总体规律是：累计沉降量在西安市东南郊较大，西北郊较小。沉降区内形成了 7 个沉降槽，中心分别位于北郊的辛家庙、西安交通大学、沙坡村、南郊的大雁塔什字、东八里村和西北工业大学。西安城郊大部分地区（除城区西北角外）累积沉降量均超过了 600 mm，有 41 km² 的地区超过了 1 000 mm，东八里村、大雁塔什字、沙坡村、胡家庙沉降中心超过了 2 000 mm，其中东八里村地段达到 2 322 mm。

地面沉降强度的另一个指标是沉降速率。沉降速率超过 100 mm/a 的地区大约 8.5 km²，分布在东八里村、省军区、大雁塔什字、沙坡村、胡家庙附近，与沉降中心基本吻合。沉降速率在 50 ~ 100 mm/a 的地区约 42.5 km²，主要分布在西安市南郊、东郊及城区范围内，而西安市北郊、西郊及东郊纺织城地区沉降速率均小于 50 mm/a。

2. 西安市区地面沉降的主要特征

（1）地面沉降中心与承压水降落漏斗基本一致。受水文地质条件及井群分布等因素的影响，地面沉降中心与承压水降落漏斗基本对应，二者的平面分布范围总体上呈 NE 向椭圆形，承压水水位下降大的地区，地面沉降量也相应较大。

（2）地面沉降速率的年内变化。由于一年内承压水各季度开采量不同，水位下降速率也不相同，因而导致了地面沉降速率年内的变化，一般第三季度沉降量大，可占年内沉降量的 30% ~ 50%。

（3）地面沉降中心发展具有继承性。自 1959 年西安发生地面沉降以来，形成了小寨、沙坡、西北工业大学及胡家庙等沉降中心，直到现在，这些沉降中心仍在发展，它们在时空上的分布与发展具有继承性。

地面沉降具有垂向发展迅速、水平扩展缓慢的特点。在井群分布基本不变而地下水持续超采的情况下，地面沉降范围水平扩展较缓慢，而垂向发展迅速。

 复习思考题

基础习题：

1. 图示地下水的组成。

2. 地下水由哪几部分组成？每部分各有什么特点？

3. 地下水运动的形成有哪两类？每部分各有什么特点？

4. 承压水的水压力是如何形成的？为什么在有些平原地区打井是会打出自喷井？

5. 按打井的深度图示说明人类打井常用的三种形式。每种形式的特点和水质各有什么区别？

6. 简述地下水对于地下、地上工程建筑物的影响。

7. 简述在工程施工过程中如何保护地下水。

兴趣、拓展与探索习题：

1. 根据我国西北高东南低的地形情况，查阅资料，绘制某一地区的地下水等水位线图，结合等水位线图图示说明"人往高处走，水往低处流，但高山顶上却经常有瀑布常年不息"的原因。

2. 近几年在我国城区的施工建设中（尤其是高层楼房的地基处理中）经常会发生邻近建筑物的下沉、倾斜、开裂等事故。结合地下水的相关知识，请搜集一个相关的事故资料，用图文并茂的方式说明某建筑物下沉、倾斜、开裂的原因。

3. 目前，在世界上发现确认的天坑约 80 个，其中有超过 50 个在中国。中国的天坑分布在南方岩溶地区，绝大多数位于黔南、桂西、渝东的峰丛地貌区域。请搜集资料，结合地下水的相关知识，用图文并茂的方式说明某一地区天坑形成的原因。

4. 地下承压水的过度抽取是造成地下结构变化和地面下沉的主要原因。请用图文并茂的方式说明未来如果再不加以限制过度抽取地下承压水的后果。

 **思考与推测**

谚语中常说"山有多高，水有多高"。而我们在登山时也会发现，这座山上已经有很长时间没有下雨了，但在山顶依然会有瀑布源源不断地倾泻而下。请搜集相关资料，结合承压水的相关知识，分析为什么说"山有多高，水有多高"。

项目4　常见地质灾害及其防治

 **项目描述**

本项目主要讲述了地质灾害及其防治的内容，其中包括滑坡的组成要素、产生滑坡的条件和防治滑坡的措施，泥石流的发生规律、诱发原因和泥石流的危害，火山喷发的类型和喷发的阶段及危害，岩溶现象和岩溶的分类及岩溶塌陷的防治措施，雪崩发生规律、雪崩的形成和发生过程、雪崩的危害及急救等内容。

 教学目标

1. 知识目标

通过本项目的学习，学生一般应了解和认识：

（1）滑坡的组成要素和产生滑坡的条件。

（2）泥石流的形成与发生条件。

（3）火山喷发的因素。

（4）崩塌与山崩的危害与预防。

（5）海啸的发生与预防。

（6）岩溶和岩爆产生的条件。

（7）雪崩发生的影响因素。

（8）地震的特点与防灾。

2. 能力与素质目标

通过学习，学生应能够分析常见地质灾害的分类、特点和产生原因，能够养成对常见地质灾害进行提前防治的习惯。作为工程技术人员，要对常见地质灾害引起足够的重视，做到未雨绸缪，做好预防和补救的措施，力争做到对自然和人类危害最小。

任务4.1　滑　坡

4.1.1　滑坡的概念及其组成要素

1. 滑坡的定义

滑坡是指斜坡上的土体或者岩体，受河流冲刷、地下水活动、地震及人工切坡等因素影响，在重力作用下，沿着一定的软弱面或者软弱带，整体地或者分散地顺坡向下滑动的自然现象，俗称"走山""垮山""地滑""土溜"等。

滑坡是山区交通线路、水库和城市建设中经常碰到的工程地质问题之一，由此造成的损失和危害极大。滑坡常常给工农业生产以及人民生命财产造成巨大损失，有的甚至是毁灭性的灾难。滑坡对乡村最主要的危害是摧毁农田、房舍，伤害人畜，毁坏森林、道路以及农业机械设施和水利水电设施等，有时甚至给乡村造成毁灭性灾害。位于城镇的滑坡常常砸埋房屋，使人畜伤亡，毁坏田地，摧毁工厂、学校、机关单位等，并毁坏各种设施，造成停电、停水、停工，有时甚至毁灭整个城镇。发生在工矿区的滑坡，可摧毁矿山设施，造成职工伤亡，毁坏厂房，使矿山停工、停产，常常造成重大损失。山区滑坡如图 4.1 所示。

图 4.1　山区滑坡

2. 滑坡的组成要素

通常，一个发育完全、比较典型的滑坡具有图 4.2 所示的形态特征。

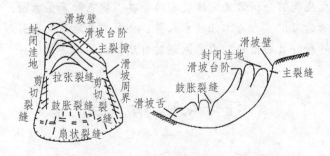

图 4.2　滑坡平面、剖面组成

滑坡体——滑坡的整个滑动部分，简称滑体；

滑坡壁——滑坡体后缘与不动的山体脱离开后，暴露在外面的形似壁状的分界面；

滑动面——滑坡体沿下伏不动的岩、土体下滑的分界面，简称滑面；

滑动带——平行滑动面受揉皱及剪切的破碎地带，简称滑带；

滑坡床——滑坡体滑动时所依附的下伏不动的岩、土体，简称滑床；

滑坡舌——滑坡前缘形如舌状的凸出部分，简称滑舌；

滑坡台阶——滑坡体滑动时，由于各种岩、土体滑动速度差异，在滑坡体表面形成的错落台阶；

滑坡周界——滑坡体和周围不动的岩、土体在平面上的分界线；

滑坡洼地——滑动时滑坡体与滑坡壁间拉开，形成的沟槽或中间低四周高的封闭洼地；

滑坡鼓丘——滑坡体前缘因受阻力而隆起的小丘；

滑坡裂缝——滑坡活动时在滑体及其边缘所产生的一系列裂缝。位于滑坡体上（后）部多呈弧形展布者称拉张裂缝；位于滑坡体中部两侧，滑动体与不滑动体分界处者称剪切裂缝；剪切裂缝两侧又常伴有羽毛状排列的裂缝，称羽状裂缝；滑坡体前部因滑动受阻而隆起形成的张裂缝，称鼓胀裂缝；位于滑坡体中前部，尤其在滑舌部位呈放射状展布者，称扇状裂缝。如图 4.2 所示。

3. 滑坡的分类

自然界的地质条件和作用因素复杂，各种工程分类的目的和要求又不尽相同，因而可从不同角度进行滑坡分类，根据我国的滑坡类型可有如下的滑坡划分：

（1）按滑坡体的体积划分。

① 小型滑坡：滑坡体体积小于 $10^5 \, m^3$。② 中型滑坡：滑坡体体积为 $10^5 \sim 10^6 \, m^3$。③ 大型滑坡：滑坡体体积为 $10^6 \sim 10^7 \, m^3$。④ 特大型滑坡（巨型滑坡）：滑坡体体积大于 $10^7 \, m^3$。

（2）按滑坡的滑动速度划分。

① 蠕动型滑坡：人们仅凭肉眼难以看见其运动，只能通过仪器观测才能发现的滑坡。② 慢速滑坡：每天滑动数厘米至数十厘米，人们凭肉眼可直接观察到滑坡的活动。③ 中速滑坡：每小时滑动数十厘米至数米的滑坡。④ 高速滑坡：每秒滑动数米至数十米的滑坡。

（3）按滑坡体的物质组成和滑坡与地质构造的关系划分。

① 覆盖层滑坡，本类滑坡有黏性土滑坡、黄土滑坡、碎石滑坡、风化壳滑坡。② 基岩滑坡，本类滑坡与地质结构的关系可分为：均质滑坡、顺层滑坡、切层滑坡。顺层滑坡又可分为沿层面滑动或沿基岩面滑动的滑坡。③ 特殊滑坡，本类滑坡有融冻滑坡、陷落滑坡等。

（4）按滑坡的厚度划分。

浅层滑坡；中层滑坡；深层滑坡；超深层滑坡。

（5）按滑坡体的规模大小划分。

小型滑坡；中型滑坡；大型滑坡；巨型滑坡。

（6）按形成的年代划分。

新滑坡；古滑坡；老滑坡；正在发展中滑坡。

（7）按力学条件划分。

牵引式滑坡；推动式滑坡。

（8）按物质组成划分。

土质滑坡；岩质滑坡。

（9）按滑动面和岩体结构面之间的关系划分。

同类土滑坡；顺层滑坡；切层滑坡。

（10）按结构划分。

层状结构滑坡；块状结构滑坡；块裂状结构滑坡。

4.1.2 产生滑坡的基本条件

产生滑坡的基本条件是斜坡体前有滑动空间，两侧有切割面。例如：中国西南地区，特别是西南丘陵山区，最基本的地形地貌特征就是山体众多、山势陡峻、土壤结构疏松、易积水、沟谷河流遍布于山体之中并与之相互切割，因而形成了众多的具有足够滑动空间的斜坡体和切割面。广泛存在滑坡发生的基本条件，滑坡灾害相当频繁。

从斜坡的物质组成来看，具有松散土层、碎石土、风化壳和半成岩土层的斜坡抗剪强度低，容易产生变形面下滑；坚硬岩石中由于岩石的抗剪强度较大，能够经受较大的剪切力而不变形滑动。但是如果岩体中存在滑动面，特别是在暴雨之后，由于水在滑动面上的浸泡，使其抗剪强度大幅度下降而易滑动。

降雨对滑坡的影响很大。降雨对滑坡的作用主要表现在：雨水的大量下渗，导致斜坡上的土石层饱和，甚至在斜坡下部的隔水层上积水，从而增加了滑坡体的重量，降低了土石层的抗剪强度，导致产生滑坡。不少滑坡具有"大雨大滑、小雨小滑、无雨不滑"的特点。

地震对滑坡的影响也很大，究其原因，首先是地震的强烈作用使斜坡土石的内部结构发生破坏和变化，原有的结构面张裂、松弛，加上地下水也有较大变化，特别是地下水位的突然升高或降低，这对斜坡稳定是很不利的。另外，一次强烈地震的发生往往伴随着许多余震，在地震力的反复振动冲击下，斜坡土石体就更容易发生变形，最后就会发展成滑坡。

4.1.3 产生滑坡的主要条件

一是地质条件与地貌条件；二是内外应力（动力）和人为作用的影响。第一个条件与以下几个方面有关：

（1）岩土类型：岩土体是产生滑坡的物质基础。一般地，各类岩、土都有可能构成滑坡体，其中结构松散、抗剪强度和抗风化能力较低、在水的作用下其性质能发生变化的岩、土，如松散覆盖层、黄土、红黏土、页岩、泥岩、煤系地层、凝灰岩、片岩、板岩、千枚岩等及软硬相间的岩层所构成的斜坡易发生滑坡。

（2）地质构造条件：组成斜坡的岩、土体只有被各种构造面切割分离成不连续状态时，才有可能向下滑动的条件。同时，构造面又为降雨等水流进入斜坡提供了通道。故各种节理、裂隙、层面、断层发育的斜坡，特别是当平行和垂直斜坡的陡倾角构造面及顺坡缓倾的构造面发育时，最易发生滑坡。

（3）地形地貌条件：只有处于一定的地貌部位，具备一定坡度的斜坡，才可能发生滑坡。一般江、河、湖（水库）、海、沟的斜坡，前缘开阔的山坡、铁路、公路和工程建筑物的边坡等都是易发生滑坡的地貌部位。坡度大于10°，小于45°，下陡中缓上陡，上部成环状的坡形是产生滑坡的有利地形。

（4）水文地质条件：地下水活动，在滑坡形成中起着主要作用。它的作用主要表现在：软化岩、土，降低岩、土体的强度，产生动水压力和孔隙水压力，潜蚀岩、土，增大岩、土容重，对透水岩层产生浮托力等，尤其是对滑面（带）的软化作用和降低强度的作用最突出。

就内外应力和人为作用的影响而言，现今地壳运动的地区和人类工程活动的频繁地区是滑坡多发区，外界因素和作用可以使产生滑坡的基本条件发生变化，从而诱发滑坡。滑坡的主要诱发因素有：地震、降雨和融雪、地表水的冲刷、浸泡、河流等地表水体对斜坡坡脚的不断冲刷；不合理的人类工程活动，如开挖坡脚、坡体上部堆载、爆破、水库蓄（泄）水、矿山开采等；还有如海啸、风暴潮、冻融等作用也可诱发滑坡。

4.1.4 滑坡的活动强度

滑坡的活动强度，主要与滑坡的规模、滑移速度、滑移距离及其蓄积的位能和产生的动能有关。一般地，滑坡体的位置越高、体积越大、移动速度越快、移动距离越远，滑坡的活动强度就越高，危害程度也就越大。具体来讲，影响滑坡活动强度的因素有：

（1）地形。坡度、高差越大，滑坡位能越大，所形成滑坡的滑速越高。斜坡前方地形的开阔程度，对滑移距离的大小有很大影响。地形越开阔，则滑移距离越大。

（2）岩性。组成滑坡体的岩、土的力学强度越高、越完整，滑坡往往就越少。构成滑坡滑面的岩、土性质，直接影响着滑坡滑速的高低。一般地，滑坡面的力学强度越低，滑坡体的滑速也就越高。

（3）地质构造。切割、分离坡体的地质构造越发育，形成滑坡的规模往往也就越大、越多。

（4）诱发因素。诱发滑坡活动的外界因素越强，滑坡的活动强度就越大，如强烈地震、特大暴雨所诱发的滑坡多为大的高速滑坡。

总之，滑坡的活动强度是若干因素综合作用的结果。

4.1.5 影响滑坡的因素

1. 影响滑坡活动时间的诱发因素及其规律

滑坡的活动时间主要与诱发滑坡的各种外界因素有关，如地震、降温、冻融、海啸、风暴潮及人类活动等。其大致有如下规律：

（1）同时性。有些滑坡受诱发因素的作用后，立即活动。例如：强烈地震、暴雨、海啸、风暴潮等和不合理的人类活动，如开挖、爆破等发生时，都会有大量的滑坡出现。

（2）滞后性。有些滑坡发生时间稍晚于诱发作用因素的时间，如在降雨、融雪、海啸、风暴潮及人类活动之后。这种滞后性规律在降雨诱发型滑坡中表现最为明显。该类滑坡多发生在暴雨、大雨和长时间的连续降雨之后，滞后时间的长短与滑坡体的岩性、结构及降雨量的大小有关。一般地，滑坡体越松散、裂隙越发育、降雨量越大，滞后时间越短。此外，人工开挖坡脚之后，堆载及水库蓄、泄水之后发生的滑坡也属于这类。由人为活动因素诱发的滑坡的滞后时间的长短与人类活动的强度大小及滑坡的原先稳定程度有关。人类活动强度越大、滑坡体的稳定程度越低，滞后时间越短。

2. 影响滑坡空间分布的诱发因素及其规律

滑坡的空间分布，主要与地质和气候等因素有关。通常下列地带是滑坡的易发和多发地区：

（1）江、河、湖（水库）、海、沟的岸坡地带，地形高差大的峡谷地区，山区、铁路、公路、工程建筑物的边坡地段等。这些地带为滑坡形成提供了有利的地形地貌条件。

（2）地质构造带之中，如断裂带、地震带等。通常地震烈度大于7度的地区，坡度大于25°的坡体，在地震中极易发生滑坡；断裂带中的岩体破碎、裂隙发育，则非常有利于滑坡的形成。

（3）易滑（坡）的岩、土分布区。松散覆盖层、黄土、泥岩、页岩、煤系地层、凝灰岩、片岩、板岩、千枚岩等岩、土的存在，为滑坡的形成提供了良好的物质基础。

（4）暴雨多发区或异常的强降雨地区。在这些地区，异常的降雨为滑坡发生提供了有利的诱发因素。

上述地带的叠加区域，就形成了滑坡的密集发育区，如我国从太行山到秦岭，经鄂西、四川、云南到西藏东部一带就是这种典型地区。密集发育区滑坡发生密度极大，危害非常严重。

3. 人类活动中影响滑坡发生的诱发因素

违反自然规律、破坏斜坡稳定条件的人类活动都会诱发滑坡。例如：

（1）开挖坡脚。修建铁路、公路、依山建房、建厂等工程，常常因使坡体下部失去支撑而发生下滑。例如：我国西南、西北的一些铁路、公路，因修建时大力爆破、强行开挖，事后陆陆续续地在边坡上发生了滑坡，给道路施工、运营带来危害。

（2）蓄水、排水。水渠和水池的漫溢和渗漏、工业生产用水和废水的排放、农业灌溉等，均易使水流渗入坡体，加大孔隙水压力，软化岩、土体，增大坡体容重，从而促使或诱发滑坡的发生。水库的水位上下急剧变动，加大了坡体的动水压力，也可诱发斜坡和岸坡发生滑坡。这是因为滑坡体支撑不了过大的重量，失去平衡而沿软弱面下滑，尤其是厂矿废渣的不合理堆弃，常常触发滑坡的发生。

此外，劈山开矿的爆破作用，可使斜坡的岩、土体受振动而破碎产生滑坡；在山坡上乱砍滥伐，使坡体失去保护，便有利于雨水等水体的入渗从而诱发滑坡；等等。如果上述的人类作用与不利的自然作用互相结合，就更容易促使滑坡的发生。

随着经济的发展，人类越来越多的工程活动破坏了自然坡体，因而近年来滑坡的发生越来越频繁，并有愈演愈烈的趋势，应加以重视。

4.1.6 产生滑坡前的异常现象

不同类型、不同性质、不同特点的滑坡，在滑动之前，均会表现出不同的异常现象，显示出滑坡的预兆（前兆）。归纳起来，常见的滑坡前异常现象有如下几种：

（1）大滑动之前，在滑坡前缘坡脚处，有堵塞多年的泉水复活现象，或者出现泉水（井水）突然干枯、井（钻孔）水位突变等类似的异常现象。

（2）在滑坡体中，前部出现横向及纵向放射状裂缝，它反映了滑坡体向前推挤并受到阻碍，已进入临滑状态。

（3）大滑动之前，滑坡体前缘坡脚处，土体出现上隆（凸起）现象，这是滑坡明显的向前推挤现象。

（4）大滑动之前，有岩石开裂或被剪切挤压的声响。这种现象反映了深部变形与破裂，动物对此十分敏感，有异常反应。

（5）临滑之前，滑坡体四周岩（土）体会出现小型崩塌和松弛现象。

（6）如果滑坡体有长期位移观测资料，那么大滑动之前，无论是水平位移量或垂直位移量，均会出现加速变化的趋势。这是临滑的明显迹象。

（7）滑坡后缘的裂缝急剧扩展，并从裂缝中冒出热气或冷风。

（8）临滑之前，在滑坡体范围内的动物惊恐异常、植物变态，如猪、狗、牛惊恐不宁、不入睡，老鼠乱窜不进洞，树木枯萎或歪斜等。

4.1.7　滑坡的危害

1. 对水利工程的危害

我国许多滑坡、崩塌发生在水电工程附近，它们毁坏水渠管道，破坏大坝、水电站、变电站以及其他设施。崩塌、滑坡体落入水库中常造成水库淤积，有时甚至激起库水翻越大坝冲向下游造成伤亡和损失，有些滑坡、崩塌还可以造成水库报废。总之，滑坡、崩塌常常破坏山区水利水电工程，使其不能正常运营，造成经济损失。例如：1980 年 6 月，甘肃省民乐县瓦房城水库发生 100 多万立方米的大滑坡，将钢筋混凝土结构的进水塔推倒，岸坡护墙被毁，水库因此不能正常运营。又如：1978 年 9 月，甘肃省武都县化马寨子沟发生滑坡，损坏80 kW 电站一座。

2. 对铁路的危害

铁路是遭受滑坡、崩塌危害最频繁、最严重的一项工程，尤其是宝成线、陇海线的宝天段及成昆线，几乎年年遭受滑坡、崩塌的袭击。据不完全统计，我国铁路沿线的大中型滑坡点约有 1 000 处，崩塌点为数更多，致使铁路部门每年都要花费大量资金整治它们。如成昆铁路铁西滑坡的处理费用就达 2 300 万元。滑坡、崩塌对铁路的危害主要表现在：破坏线路、中断行车、危害站场、砸坏站房、毁坏铁路桥梁及其他设施、错断隧道、摧毁明硐，造成车翻人亡的行车事故。例如：1981 年 8 月，宝成线略阳至王家沱间发生崩塌性滑坡，破坏线路 100 m，轨道被推入江中，中断行车 544 h；1979 年 4 月，成昆线 K812 处崩塌造成列车颠覆。

3. 对公路的危害

山区公路也是遭受滑坡、崩塌危害最频繁的一项工程。其主要危害是：掩埋公路、砸坏路基及公路桥、中断交通、造成行车事故、引起人身伤亡。例如：1988 年，云南彝良县板桥发生滑坡，掩埋公路 400 余米，中断交通 3 个月，因公路中断而绕道行车运货增加经费 15万元。

4. 对河运及海洋工程的危害

滑坡、崩塌对河运的危害主要表现在：堵江断流、中断航运交通；形成江中险滩、威胁过往船只；激起涌浪、推翻船只、引起人身伤亡。对海洋工程的危害，最常见的是海底地基发生滑坡，引起海上钻井平台的下沉、滑移和倾倒事故，造成严重经济损失。例如：1982年9月在墨西哥海湾，飓风触发海底滑坡，使两座当时世界上工作水深最大的采油平台翻倒，仅在设备费上造成的经济损失就达1亿多美元。又如：我国"渤海湾二号"钻井平台，自1973年至1979年间曾因海底滑坡发生一次倾斜下沉、9次滑体，造成了严重的经济损失。

4.1.8 滑坡的预防体制

1. 建立地质灾害监测预警系统工程

建立专业人员与群测群防相结合的监测队伍，对重要的地质灾害点建立以专业队伍为主的监测网点，对其他地质灾害点建立群测群防为主、专业队伍指导和定期巡查相结合的监测网点。通过专业监测系统、群测群防监测系统、信息系统实现对山区地质灾害的适时监控，为政府和有关部门防治地质灾害、保护人民生命财产安全、防灾减灾的决策和实施提供科学依据和技术支撑。

2. 建立山区地质灾害专家分析制度

某个滑坡体发生险情后，由地方政府地质灾害防治工作指挥部召集地灾及相关专家召开会商会，分析监测预警系统所采集的信息，判断滑坡体所处状态及预警级别，估算涌浪影响范围，形成会商意见，供当地政府决策参考。

3. 确定预警信息的发布部门，规范预警信息的发布形式

《中华人民共和国突发事件应对法》规定：可以预警的自然灾害、事故灾难或者公共卫生事件即将发生或者发生的可能性增大时，县级以上地方各级人民政府应当根据有关法律、行政法规和国务院规定的权限和程序，发布相应级别的警报，决定并宣布有关地区进入预警期，同时向上一级人民政府报告，必要时可以越级上报，并向当地驻军和可能受到危害的毗邻或者相关地区的人民政府通报。因而，预警信息应当由当地政府以正规形式明确发出，各部门根据当地政府发布的预警级别采取相应的措施。

4. 建立联动机制

山体滑坡的防灾救灾工作，涉及监测、预警、处置、救灾等方方面面，需要各单位、各部门各司其职、密切配合，只有在当地政府的统一领导下，各有关单位整体联动、主动作为、积极应对，才能最大限度地避免或减少山体滑坡造成的损失。

4.1.9 防治滑坡的主要工程措施

我国防治滑坡的工程措施很多，归纳起来可分为三类：一是消除或减轻水的危害；二是改变滑坡体的外形，设置抗滑建筑物；三是改善滑动带的土石性质。

1. 消除或减轻水的危害

这方面的措施可分为两类：一类是针对导致斜坡外形改变的因素而采取的措施，主要是

保证斜坡不受地表水的冲刷或海、湖、水库水波浪的冲蚀。排除地表水是整治滑坡不可缺少的辅助措施，而且应是首先采取并长期运用的措施。其目的在于拦截、旁引滑坡区外的地表水，避免地表水流入滑坡区内；或将滑坡区内的雨水及泉水尽快排除，阻止雨水、泉水进入滑坡体内。其主要工程措施有：设置滑坡体外截水沟、滑坡体上地表水排水沟；修筑引泉工程；做好滑坡区的绿化工作；等等。

另一类措施是针对改变斜坡岩体强度和应力状态的因素采取的。为了防止易风化的岩石表层由于风化而产生剥落，可以在边坡筑成之后用灰浆抹面，或在坡面上用浆砌片石筑一层护墙。对于地下水，可疏而不可堵。其主要工程措施有：截水盲沟——用于拦截和旁引滑坡区外围的地下水；支撑盲沟——兼具排水和支撑作用；仰斜孔群——用近于水平的钻孔把地下水引出。此外，还可采取设置盲洞、渗管、垂直钻孔等排除滑坡体内地下水的工程措施。

同时，还要防止河水、库水对滑坡体坡脚的冲刷，主要工程措施有：在滑坡体上游严重冲刷地段修筑促使主流偏向对岸的"丁坝"；在滑坡体前缘抛石、铺设石笼、修筑钢筋混凝土块排管，以使坡脚的土体免受河水冲刷。

2. 改变滑坡体外形，设置抗滑建筑物

降低坡体下滑力的主要措施是刷方减载。在刷方时必须正确设计刷方断面，特别注意不要在滑移-弯曲变形体隆起部位刷方，否则可能加速深部变形的发展。提高滑体抗滑能力的措施很多，一般有：削坡减重，常用于治理处于"头重脚轻"状态而在前方又没有可靠的抗滑地段的滑体，使滑体外形改善、重心降低，从而提高滑体稳定性；修筑支挡工程，因失去支撑而滑动的滑坡或滑坡床、滑动可能较快的滑坡，采用修筑支挡工程的办法，可增加滑坡的重力平衡条件，使滑体迅速恢复稳定，支挡建筑物的种类有抗滑片石垛、抗滑桩、抗滑挡墙等；改善滑动带的土石性质，一般采用焙烧法、爆破灌浆法等物理化学方法对滑坡进行整治。

由于滑坡成因复杂、影响因素多，因此需要将上述几种方法同时使用、综合治理，方能达到目的。

山体滑坡事故的发生，人为的因素是主要的。这主要表现在：一是在山坡上修建建筑物（房屋、公路等）后，对于山坡体没有进行彻底加固，或者是加固后没有进行后续的维修养护工作，致使山体松动滑坡；二是人为的乱砍滥伐，使山坡植被遭到破坏，引起岩体表面风化开裂，近而产生滑坡。其次是突发的自然灾害，如地震、短时强降雨等因素引起的滑坡。下面的两个滑坡事故案例，其主要原因也是人为因素。

 案例阅读 4.1：福建武夷山山体滑坡事故

2011 年，福建咸丰县境内的高乐山镇泡木园村老沟溪发生一起特大突发性山体滑坡事故。一长约 100 m、高 120 m、体积约 2.5 万立方米的危岩体大面积顺层下滑。据相关人士介绍，事故发生时，有 37 名工人正在滑坡所在地的一段公路上进行路面石渣清理。在这起突然发生的特大事故中，有 15 名工人死里逃生，22 人下落不明，正在施工的 8 台拖拉机、1 台空压机拖车及其他施工工具被掩埋。

在湖北省咸丰县进行老沟溪滑坡事件调查的地质专家分析说，事件发生的原因是山体突发顺层滑坡。

据湖北省地质勘察开发局第二地质大队总工、教授级高级工程师王某介绍，滑坡体南北长 120 米，东西宽 8～100 米，堆积物成分为泥质白云岩、云岩碎石及巨块石，滑体体积约 2.5 万立方米。王某在接受记者采访时表示，首先从地层及构造分析，滑坡区出露地层为寒武系中统茅坪组厚层白云岩、薄层泥质白云岩，为刚、塑相间的岩石，易产生层间滑动。滑坡区地处咸丰背斜及咸丰大断裂之间，区域构造较复杂，受区域构造影响，岩体中节理裂隙发育。记者在现场看到，滑坡体中的数块巨石平整得就像豆腐块一样，只有个别巨石有断裂痕迹。王某分析认为是地质构造作用切割成块。其次，滑坡体的岩层倾向与地形坡向一致，倾角为 40°，倾角与坡角大致相同，易产生顺层滑坡，而且，岩层层间含泥，形成了软弱结构面。

 案例阅读 4.2：某施工工地土方滑坡

上海某建筑公司土建主承包、某土方公司分包的上海某地铁车站工程工地，进行深基坑土方挖掘施工作业，此工程的监理单位为某工程咨询公司。某日 18 时 30 分，土方分包项目经理陈某将 11 名普工交予领班褚某，19 时左右，褚某向 11 名工人交代了生产任务，让 11 人下基坑开始在 14 轴至 15 轴处平台上施工，褚某没有跟下去，其中一名工人后上基坑也没有下去。20 时左右，16 轴处土方突然开始发生滑坡，当即有 2 人被土方掩埋，另有 2 人埋至腰部以上，其他 6 人迅速逃离至基坑上。现场项目部接到报告后，立即准备组织抢险营救。20 时 10 分，16 轴至 18 轴处，发生第二次大面积土方滑坡。滑坡土方由 18 轴开始冲至 12 轴，将另外 2 人也淹没，并冲断基坑内的钢支撑 16 根。事故发生后，虽经项目部极力抢救，被土方掩埋的 4 人终因窒息时间过长而死亡。

原因分析：

（1）该工程所处地地基软弱，开挖范围内基本上均为淤泥质土，受扰动后极易发生触变现象，且施工期间遭大暴雨影响，造成长达 171 m 的基坑纵向留坡困难。而在执行小坡处置方案时未严格执行有关规定，造成小坡坡度过陡，这是造成本次事故的直接原因。

（2）设计、施工单位对复杂地质地层情况和类似基坑情况估计不足，对地铁施工的风险意识不强，施工经验不足，尤其对采用纵向开挖横向支撑的施工方法、纵向留坡与支撑安装到位之间合理匹配的重要性认识不足。

任务 4.2　泥石流

4.2.1　泥石流概述

泥石流是指斜坡上或沟谷中松散碎屑物质被暴雨或积雪、冰川消融水所饱和，在重力作用下，沿斜坡或沟谷流动的一种特殊洪流，其特点是暴发突然、历时短暂、来势凶猛和破坏力巨大。

泥石流是暴雨、洪水将含有沙石且松软的土质山体经饱和稀释后形成的洪流，它的面积、体积和流量都较大；而滑坡是经稀释土质山体小面积的区域。典型的泥石流由悬浮着粗大固体碎屑物并富含粉砂及黏土的黏稠泥浆组成。在适当的地形条件下，大量的水体浸透山坡或沟床中的固体堆积物质，使其稳定性降低，饱含水分的固体堆积物质在自身重力作用下发生运动，就形成了泥石流。泥石流是一种灾害性的地质现象，其暴发突然、来势凶猛、可携带巨大的石块。因其高速前进，具有强大的能量，因而破坏性极大。

泥石流流动的全过程一般只有几个小时，短的只有几分钟。泥石流是一种广泛分布于世界各国一些具有特殊地形、地貌状况地区的自然灾害，是山区沟谷或山地坡面上，由暴雨、冰雪融化等水源激发的、含有大量泥沙石块的、介于挟沙水流和滑坡之间的土、水、气混合流。泥石流大多伴随山区洪水而发生，它与一般洪水的区别是洪流中含有足够数量的泥沙石等固体碎屑物，其体积含量最少为 15%，最高可达 80% 左右，因此比洪水更有破坏力。

泥石流的主要危害是冲毁城镇、企事业单位、工厂、矿山、乡村，造成人畜伤亡，破坏房屋及其他工程设施，破坏农作物、林木及耕地。此外，泥石流有时也会淤塞河道，不但阻断航运，还可能引起水灾。影响泥石流强度的因素较多，如泥石流容量、流速、流量等，其中泥石流流量对泥石流成灾程度的影响最为主要。此外，多种人为活动也在多方面加剧了上述因素的作用，促进了泥石流的形成。泥石流如图 4.3 所示。

图 4.3　泥石流

4.2.2　泥石流的分类

1. 按物质成分分类

（1）由大量黏性土和粒径不等的砂粒、石块组成的叫泥石流，见图 4.4。

（2）以黏性土为主，含少量砂粒、石块，黏度大、呈稠泥状的叫泥流，见图 4.5。

（3）由水和大小不等的砂粒、石块组成的称之为水石流，见图 4.6。

图 4.4　泥石流

图 4.5　泥流

图 4.6　水石流

2. 按流域形态分类

（1）标准型泥石流：典型的泥石流，流域呈扇形，面积较大，能明显地划分出形成区、流通区和堆积区。

（2）河谷型泥石流：流域呈狭长条形，其形成区多为河流上游的沟谷，固体物质来源较分散，沟谷中有时常年有水，故水源较丰富，流通区与堆积区往往不能被明显区分出来。

（3）山坡型泥石流：流域呈斗状，其面积一般小于 1 000 m²，无明显流通区，形成区与堆积区直接相连。

3. 按物质形态分类

（1）黏性泥石流：含大量黏性土的泥石流或泥流。其特征是：黏性大；固体物质占 40%～60%，最高达 80%；其中的水不是搬运介质，而是组成物质；稠度大；石块呈悬浮状态；暴发突然，持续时间亦短，破坏力大。

（2）稀性泥石流：以水为主要成分，黏性土含量少，固体物质占 10%～40%，有很大分散性。这种泥石流的水为搬运介质，石块以滚动或跃移方式前进，具有强烈的下切作用。其堆积物在堆积区呈扇状散流，停积后似"石海"。

4. 其他分类

以上分类是我国最常见的三种分类。除此之外，还有多种分类方法。例如：按泥石流的成因分为冰川型泥石流、降雨型泥石流；按泥石流沟的形态分为沟谷型泥石流、山坡型泥石流；按泥石流流域大小分为大型泥石流、中型泥石流和小型泥石流；按泥石流发展阶段分为发展期泥石流、旺盛期泥石流和衰退期泥石流；等等。

4.2.3 泥石流的形成条件

泥石流的形成需要三个基本条件：有陡峭便于集水集物的适当地形；上游堆积有丰富的松散固体物质；短期内有突然性的大量流水来源，如图 4.7 所示。

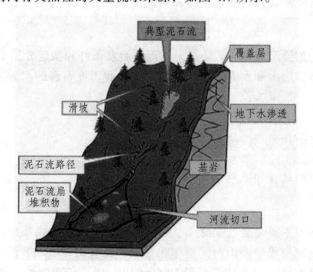

图 4.7　泥石流的形成

1. 地形地貌条件

地形地貌条件指在地形上，具备山高沟深、地形陡峻、沟床纵向坡降大，流域形状便于水流汇集；在地貌上，泥石流的地貌一般可分为形成区、流通区和堆积区三部分，见图4.8。上游形成区的地形多为三面环山，一面出口为瓢状或漏斗状，地形比较开阔，周围山高坡陡、山体破碎、植被生长不良，这样的地形有利于水和碎屑物质的集中；中游流通区的地形多为狭窄陡深的峡谷，谷床纵向坡降大，使泥石流能迅猛直泻；下游堆积区的地形为开阔平坦的山前平原或河谷阶地，使堆积物有堆积场所。

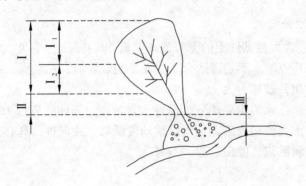

Ⅰ—形成区（Ⅰ$_1$为汇水动力区，Ⅰ$_2$为固体物质供给区），
Ⅱ—流通区；Ⅲ—堆积区

图4.8　泥石流流域分区示意图

2. 松散物质来源条件

泥石流常发生于地质构造复杂、断裂褶皱发育、新构造活动强烈、地震烈度较高的地区。地表岩石破碎，崩塌、错落、滑坡等不良地质现象发育，为泥石流的形成提供了丰富的固体物质来源；另外，岩层结构松散、软弱、易于风化、节理发育或软硬相间成层的地区，因易受破坏，也能为泥石流提供丰富的碎屑物来源；一些人类工程活动，如滥伐森林造成水土流失，开山采矿、采石弃渣等，往往也会为泥石流提供大量的物质来源。

3. 水源条件

水既是泥石流的重要组成部分，又是泥石流的激发条件和搬运介质（动力来源）。泥石流的水源，有暴雨、冰雪融水和水库溃决水体等形式。我国泥石流的水源主要是暴雨、长时间的连续降雨等。

4.2.4　泥石流的发生规律

泥石流发生的时间具有如下两个规律：

1. 季节性

中国泥石流的暴发主要是受连续降雨、暴雨，尤其是特大暴雨集中降雨的激发。因此，泥石流发生的时间规律与集中降雨时间规律相一致，具有明显的季节性，一般发生在多雨的夏秋季节并因集中降雨的时间差异而有所不同。四川、云南等西南地区的降雨多集中在 6—9

月，因此，西南地区的泥石流多发生在 6—9 月；而西北地区降雨多集中在 6、7、8 三个月，尤其是 7、8 两个月降雨集中、暴雨强度大，因此，西北地区的泥石流多发生在 7、8 两个月。

2. 周期性

据不完全统计，一个地区发生在 7、8 两个月的泥石流灾害约占该地区全部泥石流灾害的 90% 以上。泥石流的发生受暴雨、洪水、地震的影响，而暴雨、洪水、地震总是周期性地出现，因此，泥石流的发生和发展也具有一定的周期性，且其活动周期与暴雨、洪水、地震的活动周期大体一致。当暴雨、洪水两者的活动周期相叠加时，常常形成泥石流活动的一个高潮。例如：云南省东川地区在 1966 年是近十几年的强震期，这使东川泥石流的发展加剧，仅东川铁路在 1970—1981 年的 11 年中就发生泥石流灾害 250 余次。又如：1981 年，东川达德线泥石流、成昆铁路利子伊达泥石流和宝成铁路、宝天铁路的泥石流，都是在大周期暴雨的情况下发生的。泥石流的发生，一般是在一次降雨的高峰期，或是在连续降雨稍后。

4.2.5 泥石流的诱发因素

由于工农业生产的发展，人类对自然资源的开发程度和规模也在不断发展。当人类经济活动违反自然规律时，必然引起大自然的报复，有些泥石流的发生，就是人类不合理的开发而造成的。近年来，人为因素诱发的泥石流数量正在不断增加。可能诱发泥石流的人类工程经济活动主要有三个方面，其余还有自然原因、次生灾害等。

1. 自然原因

岩石的风化是自然状态下既有的，在这个风化过程中，有氧气、二氧化碳等物质对岩石的分解，有因为降水吸收了空气中的酸性物质而产生的对岩石的分解，也有地表植被分泌的物质对土壤下的岩石层的分解，还有就是霜冻对土壤形成的冻结和溶解造成的土壤的松动。这些原因都能造成土壤层的增厚和土壤层的松动，为泥石流的暴发提供了有利条件。

2. 不合理的开挖

这主要指修建铁路、公路、水渠以及其他工程建筑的不合理开挖。有些泥石流就是在修建公路、水渠、铁路以及其他建筑活动时，破坏了山坡表面而形成的。例如：云南省东川至昆明公路的老干沟，因修公路及水渠，使山体破坏，加之 1966 年犀牛山地震又形成崩塌、滑坡，致使泥石流更加严重。又如：香港多年来修建了许多大型工程和地面建筑，几乎每个工程都要劈山填海或填方，才能获得合适的建筑场地，1972 年的一次暴雨，使正在施工的挖掘工程现场 120 人死于滑坡造成的泥石流。

3. 不合理的弃土、弃渣、采石

这种行为形成泥石流的事例很多。例如：四川省冕宁县泸沽铁矿汉罗沟，因不合理堆放弃土、矿渣，1972 年一场大雨引发了矿山泥石流，冲出松散固体物质约 10 万立方米，淤埋成昆铁路 300 m 和喜（德）—西（昌）公路 250 m，中断行车，给交通运输带来了严重损失。又如：甘川公路西水附近，1973 年冬在沿公路的沟内开采石料，1974 年 7 月 18 日发生泥石流，使 15 座桥涵淤塞。

4. 滥伐乱垦

滥伐乱垦会使植被消失，山坡失去保护、土体疏松、冲沟发育、大大加重水土流失，进而破坏山坡的稳定性，使崩塌、滑坡等不良地质现象发育，结果就很容易产生泥石流。例如：甘肃省白龙江中游现在是我国著名的泥石流多发区，而在 1 000 多年前，那里竹树茂密、山清水秀，后因伐木烧炭、烧山开荒，森林被破坏，才造成泥石流泛滥。又如：甘川公路石坳子沟山上大耳头，原是森林区，因毁林开荒，1976 年发生泥石流，毁坏了下游村庄、公路，造成人民生命财产的严重损失，当地群众说："山上开亩荒，山下冲个光。"

5. 次生灾害

次生灾害引发的泥石流指由于地震灾害过后，经过暴雨或是山洪稀释大面积的山体后发生的洪流，如云南省东川地区在 1970—1981 年的 11 年中发生的 250 余次泥石流灾害，又如1981 年，东川达德线泥石流、成昆铁路利子伊达泥石流和宝成铁路、宝天铁路的泥石流等。

4.2.6 泥石流的危害

泥石流常常具有暴发突然、来势凶猛、迅速的特点，并兼有崩塌、滑坡和洪水破坏的三重作用，其危害程度比单一的崩塌、滑坡和洪水的危害更为广泛和严重。它对人类的危害具体表现在 4 个方面。据统计，我国有 29 个省（区）、771 个县（市）正遭受泥石流的危害，平均每年泥石流灾害发生的频率为 18 次/县；近 40 年来，每年因泥石流直接造成的死亡人数达 3 700 余人。据不完全统计，新中国成立后的 50 多年中，我国县级以上城镇因泥石流而致死的人数已约 4 400 人，并威胁上万亿财产，由此可见泥石流对山区城镇的危害之重。目前，我国已查明受泥石流危害或威胁的县级以上城镇有 138 个，主要分布在甘肃（45 个）、四川（34 个）、云南（23 个）和西藏（13 个）等西部省区，受泥石流危害或威胁的乡镇级城镇数量更大。

1. 对居民点的危害

泥石流最常见的危害之一，是冲进乡村、城镇，摧毁房屋、工厂、企事业单位及其他场所设施，淹没人畜、毁坏土地，甚至造成村毁人亡的灾难。例如：1969 年 8 月，云南省大盈江流域弄璋区南拱泥石流，使新章金、老章金两村被毁，97 人丧生，经济损失近百万元。还有 2010 年 8 月 7 日至 8 日，甘肃省舟曲暴发特大泥石流，造成 1 270 人遇难、474 人失踪，舟曲 5 km 长、500 m 宽的区域被夷为平地。

2. 对公路和铁路的危害

泥石流可直接埋没车站、铁路、公路，摧毁路基、桥涵等设施，致使交通中断，还可引起正在运行的火车、汽车颠覆，造成重大的人身伤亡事故。有时泥石流汇入河道，引起河道大幅度变迁，间接毁坏公路、铁路及其他构筑物，甚至迫使道路改线，造成巨大的经济损失。例如：甘川公路 K394 处对岸的石门沟，1978 年 7 月暴发泥石流，堵塞白龙江，公路因此被淹 1 km，白龙江改道使长约 2 km 的路基变成了主河道，公路、护岸及渡槽全部被毁。该段线路自 1962 年以来，由于受对岸泥石流的影响，已 3 次被迫改线。新中国成立以来，泥石流给我国铁路和公路造成了无法估计的巨大损失。

3. 对水利水电工程的危害

泥石流对不利水电工程的危害主要是冲毁水电站、引水渠道及过沟建筑物，淤埋水电站尾水渠，并淤积水库、磨蚀坝面等。

4. 对矿山的危害

泥石流对矿山的危害主要是摧毁矿山及其设施、淤埋矿山坑道、伤害矿山人员，造成停工停产，甚至使矿山报废。

4.2.7 泥石流的预防工程和预防措施

减轻或避防泥石流的工程措施主要有：

（1）跨越工程，指修建桥梁、涵洞，从泥石流沟的上方跨越通过，让泥石流在其下方排泄，用以避防泥石流。这是铁道和公路交通部门为了保障交通安全常用的措施。

（2）穿过工程，指修隧道、明硐或渡槽，从泥石流的下方通过，而让泥石流从其上方排泄。这是铁路和公路通过泥石流地区的又一主要工程形式。

（3）防护工程，指对泥石流地区的桥梁、隧道、路基及泥石流集中的山区变迁型河流的沿河线路或其他主要工程，做一定的防护建筑物，用以抵御或消除泥石流对主体建筑物的冲刷、冲击、侧蚀和淤埋等的危害。防护工程主要有护坡、挡墙、顺坝和丁坝等。

（4）排导工程，其作用是改善泥石流流势，增大桥梁等建筑物的排泄能力，使泥石流按设计意图顺利排泄。排导工程包括导流堤、急流槽、束流堤等。

（5）拦挡工程，指用以控制泥石流的固体物质和暴雨、洪水径流，削弱泥石流的流量、下泄量和能量，以减少泥石流对下游建筑工程的冲刷、撞击和淤埋等危害的工程措施。拦挡措施有拦渣坝、储淤场、支挡工程、截洪工程等。

预防泥石流的措施主要有：

（1）房屋不要建在沟口和沟道上。

受自然条件限制，很多村庄建在山麓扇形地上。山麓扇形地是历史泥石流活动的见证，从长远的观点看，绝大多数沟谷都有发生泥石流的可能。因此，在村庄选址和规划建设过程中，房屋不能占据泄水沟道，也不宜离冲沟过近；已经占据沟道的房屋应迁移到安全地带。在沟道两侧修筑防护堤和营造防护林，可以避免或减轻因泥石流溢出沟槽而对两岸居民造成的伤害。

（2）不能把冲沟当作垃圾排放场。

在冲沟中随意弃土、弃渣、堆放垃圾，将给泥石流的发生提供固体物源，促进泥石流的活动；当弃土、弃渣量很大时，可能在沟谷中形成堆积坝，堆积坝溃决时必然发生泥石流。因此，在雨季到来之前，最好能主动清除沟道中的障碍物，保证沟道有良好的泄洪能力。

（3）保护和改善山区生态环境。

泥石流的产生和活动程度与生态环境质量有密切关系。一般来说，生态环境好的区域，泥石流发生的频度低、影响范围小；生态环境差的区域，泥石流发生频度高、危害范围大。提高小流域植被覆盖率，在村庄附近营造一定规模的防护林，不仅可以抑制泥石流形成、降低泥石流发生频率，而且即使发生泥石流，也多了一道保护生命财产安全的屏障。

（4）雨季不要在沟谷中长时间停留。

雨天不要在沟谷中长时间停留；一旦听到上游传来异常声响，应迅速向两岸上坡方向逃离。雨季穿越沟谷时，先要仔细观察，确认安全后再快速通过。山区降雨普遍具有局部性特点，沟谷下游是晴天，沟谷上游不一定也是晴天。"一山分四季，十里不同天"就是群众对山区气候变化无常的生动描述，即使在雨季的晴天，同样也要提防泥石流灾害。

（5）建立泥石流监测预警机制。

监测流域的降雨过程和降雨量（或接收当地天气预报信息），根据经验判断降雨激发泥石流的可能性；监测沟岸滑坡活动情况和沟谷中松散土石堆积情况，分析滑坡堵河及引发溃决型泥石流的危险性，下游河水突然断流，可能是上游有滑坡堵河、溃决型泥石流即将发生的前兆；在泥石流形成区设置监测点，发现上游形成泥石流后，及时向下游发出预警信号。

泥石流的发生大多数是人为的乱砍滥伐破坏山坡地表植被，引起地表风化松动的结果。因为泥石流的产生条件之一就是地表必须有大量松散的风化物质。下面介绍的康定县泥石流就是人们破坏山体植被的结果。

 案例阅读 4.3：康定县泥石流

2009 年 7 月 23 日凌晨 1 时许，康定县境内出现暴雨；3 时许，舍联乡干沟村响水沟处省道 211 线突发泥石流，在短时间内形成了长 3 000 m、宽约 50 m 的堰塞湖，库容达 300 万立方米。灾害造成省道 211 线多处中断，3 000 m 道路被淹没，电力中断，通信不畅，正在该路段施工的中国路桥集团总公司项目部和中国水电七局项目部 4 人死亡、4 人受伤，如图 4.9 所示。

图 4.9 康定县泥石流

任务 4.3 火山喷发

4.3.1 火山喷发概述

地球内部物质快速猛烈地以岩浆形式喷出地表的现象叫火山喷发。火山喷发是一种奇特的地质现象，是地壳运动的一种表现形式，也是地球内部热能在地表的一种最强烈的显示，还是岩浆等喷出物在短时间内从火山口向地表的释放。由于岩浆中含大量挥发成分，加之上覆岩层的围压，使这些挥发成分溶解在岩浆中无法溢出。当岩浆上升靠近地表时压力减小，挥发成分急剧被释放出来，于是形成火山喷发。

4.3.2　火山喷发的类型

因岩浆性质、地下岩浆库内压力、火山通道形状、火山喷发环境（陆上或水下）等诸因素的影响，使火山喷发的形式有很大差别，一般有下述分类。

1. 根据火山喷发状况划分

（1）裂缝式喷发。

岩浆沿着地壳上巨大裂缝溢出地表，称为裂隙式喷发。这类喷发没有强烈的爆炸现象，喷出物多为基性熔浆，冷凝后往往形成覆盖面积广的熔岩台地，如分布于中国西南川、滇、黔三省交界地区的二叠纪峨眉山玄武岩和河北张家口以北的第三纪汉诺坝玄武岩都属裂隙式喷发。现代裂隙式喷发主要分布于大洋底的洋中脊处，在大陆上只有冰岛可见到此类火山喷发活动，故又称为冰岛型火山。裂隙式喷发多见于大洋底部，是海底扩张原因之一。

（2）中心式喷发。

地下岩浆通过管状火山通道喷出地表，称为中心式喷发。这是现代火山活动的主要形式，又可细分为三种。

① 宁静式：火山喷发时只有大量炽热的熔岩从火山口宁静溢出，顺着山坡缓缓流动，好像煮沸了的米汤从饭锅里沸泻出来一样。溢出的熔浆以基性熔浆为主，温度较高、黏度小、挥发性成分少、易流动、含气体较少、无爆炸现象，夏威夷诸火山为其代表，又称为夏威夷型。这类火山人们可以尽情地欣赏。

② 爆烈式：火山爆发时会产生猛烈的爆炸，同时喷出大量的气体和火山碎屑物质，喷出的熔浆以中酸性熔浆为主。一般来说，中心式喷发的猛烈程度主要与岩浆的黏稠度及其中所含的挥发性成分有关，黏稠度高、挥发性成分多，都会导致剧烈的喷发。1902 年 12 月 16 日，西印度群岛的培雷火山爆发，震撼了整个世界。它喷出的岩浆黏稠，同时喷出大量浮石和炽热的火山灰。这次造成 26 000 人死亡的喷发，就属此类，也称培雷型。

③ 中间式：属于宁静式和爆烈式喷发之间的过渡型，此种类型以中基性熔岩喷发为主，若有爆炸时爆炸力也不大。此类火山可以连续几个月，甚至几年，长期平稳地喷发，并以伴有间歇性的爆发为特征。这类火山以靠近意大利西海岸利帕里群岛上的斯特朗博利火山为代表，该火山大约每隔 2～3 min 喷发一次，夜间在 50 km 以外仍可见火山喷发的光焰，故而被誉为"地中海灯塔"，故该类火山又称斯特朗博利式。有人认为我国黑龙江省的五大连池火山也属于这种类型。

2. 根据火山活动情况划分

（1）活火山：现代尚在活动或周期性发生喷发活动的火山，见图 4.10。这类火山正处于活动的旺盛时期，如爪哇岛上的梅拉皮火山，21 世纪以来，平均间隔 2 年就要持续喷发一个时期。我国近期火山活动以台湾岛大屯火山群的主峰七星山最为有名；大陆则仅在

1995 年，新疆昆仑山西段于田的卡尔达西火山群有过火山喷发记录，该火山喷发形成了一个平顶火山锥，锥顶海拔 4 900 m，锥高 145 米，锥体底直径 642 m，锥顶直径 175 m，火山口深 56 m。

（2）死火山：史前曾喷发过，但有史以来一直未活动过的火山，见图 4.11。此类火山已丧失了活动能力，有的火山仍保持着完整的火山形态，有的则已遭受风化侵蚀，只剩下残缺不全的火山遗迹。我国山西大同火山群在方圆约 50 km² 的范围内，分布着 2 个孤立的火山锥，其中狼窝山火山锥高将近 120 m。

图 4.10　活火山

图 4.11　死火山

（3）休眠火山：有史以来曾经喷发过，但长期以来处于相对静止状态的火山，见图 4.12。此类火山都保存有完好的火山锥形态，仍具有火山活动能力，或尚不能断定其已丧失火山活动能力。例如：我国白头山天池，曾于 1597 年和 1792 年两度喷发，在此之前还有多次活动，目前虽然没有喷发活动，但从山坡上一些深不可测的喷气孔中不断喷出高温气体，可见该火山目前正处于休眠状态。

图 4.12　休眠火山

4.3.3　火山喷发的阶段

1. 气体的爆炸

在火山喷发的孕育阶段，由于气体出溶和震群的发生，上覆岩石裂隙化程度增高、压力降低，而岩浆体内气体出溶量不断增加，岩浆体积逐渐膨胀，密度减小、内压力增大。当内压力大大超过外部压力时，在上覆岩石的裂隙密度带发生气体的猛烈爆炸，使岩石破碎，并打开火山喷发的通道，首先将碎块喷出，相继而来的就是岩浆的喷发。

2. 喷发柱的形成

气体爆炸之后，以极大的喷射力将通道内的岩屑和深部岩浆喷向高空，形成高大的喷发柱。喷发柱又可分为三个区：

（1）气冲区：位于喷发柱的下部，相当于整个喷发柱高度的1/10。因气体从火山口冲出时的速度和力量很大，虽然喷射出来的岩块等物质的密度远远超过大气的密度，但它也会被抛向高空。气冲的速度，在火山通道内上升时逐渐加快，当它喷出地表射向高空时，由于大气的压力和喷气能量的消耗，其速度逐渐减小。被气冲到高空的物质，按其重力大小在不同的高度开始降落。

（2）对流区：位于气冲区的上部，因喷发柱气冲的速度减慢，气柱中的气体向外散射，大气中的气体不断加入，形成了喷发柱内外气体的对流，因此称其为对流区。该区中，密度大的物质开始下落；密度小于大气的物质，靠大气的浮力继续上升。对流区气柱的高度较大，约占喷发柱总高度的7/10。

（3）扩散区：位于喷发柱的最顶部，此区喷发柱与高空大气的压力达到基本平衡的状态，喷发柱不断上升，柱内的气体和密度小的物质沿着水平方向扩散，故称其为扩散区。被带入高空的火山灰可形成火山灰云，火山灰云能长时间飘浮在空中，对区域性的气候带来很大影响，甚至会造成灾害。此区柱体高度占柱体总高度的1/5左右。

3. 喷发柱的塌落

喷发柱在上升的过程中携带着不同粒径和密度的碎屑物，这些碎屑物依重力的大小，分别在不同高度和不同阶段塌落。决定喷发柱塌落快慢的因素主要有4点：

（1）火山口半径大、气体冲力小，柱体塌落就快。

（2）若喷发柱中岩屑含量高，并且粒径和密度大，柱体塌落就快。

（3）若喷发柱中重复返回空中的固体岩块多，柱体塌落就快。

（4）喷发柱中若有地表水的加入，可增大柱体的密度，柱体塌落就快；反之，喷发柱在空中停留时间长，塌落就慢。

火山喷发并非千篇一律。像夏威夷基拉韦厄火山那样的喷发，事前熔岩已静静地流出，由于熔岩流动缓慢，因而只破坏财产而没有危及生命。而像1883年印尼喀拉喀托火山那样的火山碎屑喷发或蒸气爆炸（或蒸气猛烈爆发），则造成了人员的重大伤亡。

英国科学家认为：人类有可能在一次超强度的火山喷发中毁灭。大不列颠公共大学的斯蒂芬·塞尔夫在一次答电子杂志记者问时称，目前还没有任何办法可以阻止这种灾难。当前科学家们正在忙着制定种种抵抗"外部威胁"的战略，比如说如何阻止小行星同地球相撞，却很少去考虑有可能来自地球内部的主要危险。地球物理学家们断言，有些火山的喷发强度要比过去大好几百倍，而且地球在出现文明前不久曾经历过如此大规模的灾难。美国地质学家早些时候曾在黄石国家公园发现了不太深的火山灰死层，他们认为其形成的原因是发生在62万年前的一次超级火山喷发，结果是至今这里还可以见到一些漏斗形的大坑，它们都是那些毁灭性火山喷发后形成的破火山口。

4.3.4　火山的影响与爆发时的应对处理

1. 火山的影响

最具威力、最壮观的火山爆发常常发生在俯冲带。这里的火山可能在沉寂达数百年之后再度爆发，而一旦爆发，威力就特别猛烈。这样的火山爆发常常会给人类带来毁灭性的后果。

（1）影响全球气候。

火山爆发时喷出的大量火山灰和火山气体，会对气候造成极大的影响。因为在这种情况下，昏暗的白昼和狂风暴雨，甚至泥浆雨都会困扰当地居民长达数月之久。火山灰和火山气体被喷到高空中去，它们就会随风散布到很远的地方。这些火山物质会遮住阳光，导致气温下降。此外，它们还会滤掉某些波长的光线，使得太阳和月亮看起来就像蒙上了一层光晕，或是泛着奇异的色彩，尤其在日出和日落时能形成奇特的自然景观。

（2）破坏环境。

火山爆发喷出的大量火山灰和暴雨结合而形成的泥石流能冲毁道路、桥梁，淹没附近的乡村和城市，使得无数人无家可归。泥土、岩石碎屑形成的泥浆可像洪水一般淹没整座城市。

（3）重现生机。

火山爆发对自然景观的影响十分深远。土地是世界上最宝贵的资源，因为它能孕育出各种植物来供养万物。如果火山爆发能给农田盖上不到 20 cm 厚的火山灰，这对农民来说可真是喜从天降，因为这些火山灰富含养分，能使土地更肥沃，如图 4.13 所示。

图 4.13　火山灰

2. 火山爆发时的应对处理

火山爆发会有前兆，比如：地表变形；从喷气孔、泉眼等发出奇怪的气体和气味；水位、水温等变化异常；生物有异样反应，包括植物褪色、枯死，小动物的行为异常和死亡；等等。

一旦发现火山爆发的前兆，应该选择交通工具尽快离开，逃离过程中要用其他物品护住头部防止砸伤。当遭遇火山爆发时，我们针对火山喷发的性质应该做出相应的自救反应。

（1）应对熔岩危险。

火山爆发喷出了大量炽热的熔岩，它会坚持向前推进，直到到达谷底或者最终冷却。它们会毁灭所经之处的一切东西。在火山的各种危害中，熔岩流可能对生命的威胁最小，因为人们能跑出熔岩流的路线。当看到火山喷出熔岩时，我们可以迅速跑出熔岩流的路线范围。

（2）应对火山喷射物危险。

火山喷射物大小不等，从卵石大小的碎片到大块岩石的热熔岩"炸弹"都有，能扩散到相当大的范围。而火山灰则能覆盖更大的范围，其中一些灰尘能被携至高空，扩散到全世界，进而影响天气情况。如果火山喷发时你正在附近，这时应该快速逃离，并应戴上头盔或用其他物品护住头部，防止火山喷出的石块等砸伤头部。

（3）应对火山灰灾害。

火山灰是细微的火山碎屑，由岩石、矿物和火山玻璃碎片组成，有很强的刺激性，其重量能使屋顶倒塌。火山灰可窒息庄稼、阻塞交通路线和水道，且伴随有有毒气体，会对肺部产生伤害，特别是对儿童、老人和有呼吸道疾病的人。只有当离火山喷发处很近、气体足够集中时，才能伤害到健康的人。但当火山灰中的硫黄随雨而落时，硫酸（和别的一些特质）会大面积、大密度产生，会灼伤皮肤、眼睛和黏膜。戴上护目镜、通气管面罩或滑雪镜能保护眼睛——但不是太阳镜。用一块湿布护住嘴和鼻子，或者如果可能，用工业防毒面具。到避难所后，要脱去衣服，彻底洗净暴露在外的皮肤，用清水冲洗眼睛。

（4）应对气体球状物危害。

火山喷发时会有大量气体球状物喷出，这些物质以每小时160千米以上的速度滚下火山。这时，我们可以躲避在附近坚实的地下建筑物中，或跳入水中屏住呼吸半分钟左右，球状物就会滚过去。

（5）如果是驾车逃离，那么一定要注意火山灰可使路面打滑。如果火山的高温岩浆逼近，就要弃车尽快爬到高处躲避岩浆。

（6）地球上的火山在爆发时，会辐射出大量的强电粒子流。这种带电粒子束，会影响火山周围电子设备的正常工作以及会出现电子钟表的计时误差。这类似于太空辐射的带电粒子对地球空间的电子通信、电器设备、计时装置等产生的干扰。上述现象，主要是由于火山在爆发过程中地壳运动所形成的带电粒子飘逸。同时，这些飘逸出的带电粒子又会对电子设备构成磁脉冲干扰。最关键的一环是脉冲磁场在电子设备中可形成较强的感应电荷并聚集累加，并可导致电子电路产生非正常状态下的运行错误。

4.3.5　与工程有关的火山喷发减灾措施

火山喷发是不可控制的，但采用工程措施可以减轻、缓和灾害的影响。目前，大部分的工程对策与减轻火山碎屑流流动过程引起的灾害有关，改变熔岩流方向以减轻火山灾害的方法比其他工程措施更受青睐。除此之外，就是增强建筑物的抗灾能力。

1. 阻隔熔岩流和火山泥流

（1）阻隔熔岩流。

熔岩流流动速度相对较慢，人们通过实施某种工程措施能够改变其流动方向或阻止其向前流动。1669 年，西西里岛的人们最早采取措施试图阻挡熔岩流的流动。当时人们试图用铁板来阻挡从埃特纳火山涌来的熔岩流，以免其进入卡塔尼亚城，但熔岩流在其侧翼形成了一个分支而流向另一个方向。改道后的熔岩流使另一村庄受到威胁，这种做法以失败告终。1881 年，夏威夷人为了保护希洛城也曾尝试过阻挡熔岩流的前进。阻挡或转移熔岩流流动的方法主要有爆破法、筑堤法和喷水冷却法。

① 爆破法。

爆破法可在下列情形下使用：

爆破熔岩流的侧缘使其产生一个"决口"而形成支流，引导一部分熔岩流流向另一个方向来减少主流前锋的物质，从而控制熔岩流向某一居民点的流动。

爆破火山口的火山锥，使液态熔岩向四周扩散而不能汇聚成股状熔岩流，这种方法显然有很大的冒险性。

② 筑堤法。

筑堤法指人工设置障碍物，促使熔岩流转向来保护那些更有价值的财产。这种方法要求具有适宜的地形地貌条件，障碍物必须由具有较强的抗高温、抗冲击性能的材料建成。该方法适合于黏度低、冲撞力较小的熔岩流。

③ 喷水冷却法。

喷水冷却法在 1960 年夏威夷的基拉韦厄火山喷发时首次采用。1973 年，冰岛黑迈的埃尔德费尔火山喷发时，当地居民为保护维斯曼城也采用了这种方法。据统计，1 m^3 水在完全转化成水蒸气时能把 0.7 m^3 的熔岩由 1 100 ℃ 冷却至 100 ℃。水泵把大量的海水抽送到熔岩流的前锋，有效地冷却了每天涌来的 6×10^4 m^3 的熔岩。喷水过后，前面的熔岩慢慢冷却成 20 m 高的固体墙。这种办法虽然代价昂贵，持续了 150 天，但收效显著。

（2）阻隔火山泥流。

对于火山泥流，同样可以采用类似的方法来减轻损失，但这些方法只适用于能够事先确定火山泥流流动途径的地区，对于局限在河谷中破坏性强的干流则不适用。印度尼西亚的某些村镇筑起了土石堆来暂时阻挡火山泥流以便人们有足够的时间到达高处的安全地带躲避灾难。但是，这种措施仍需要有效的应急预警组织系统与之相配合。

减轻火山泥流灾害的另一措施就是切断火山泥流的水体来源，而火山潮是形成火山泥流最大、最常见的供水水源。1919 年，爪哇克卢特火山喷发，使火山口潮泄出 3.85×10^7 m^3 的水体，由此形成的火山泥流夺走了 5 000 余人的生命。为了避免类似灾难重演，工程师们设计了一系列虹吸式隧道，使火山口潮的蓄水量由 6.5×10^7 m^3 减少到了 3×10^6 m^3。1951 年，该火山以同样的规模再次爆发，结果却没有发生火山泥流。

2. 增强建筑物的抗灾能力

从空中落下的火山碎屑物可能导致强度不高的建筑物坍塌，从而造成人员伤亡和财产损失。特别是对平顶房屋而言，密度高达 1 t/m^3 的湿火山灰会使爆炸式火山周围危险区内的绝大多数建筑物遭受破坏。1991 年，非礼皮纳图博火山喷发后，距火山 25 km 的安赫莱斯城降落的火山灰厚度达 8 ~ 10 cm。这座有 28 万人的城市中，近 10% 的房屋顶坍塌。增强建筑物抵抗能力的唯一方法就是制定房屋结构设计和屋顶建筑材料的规范，对现有建筑进行加固改造，新建建筑物优先选择强度高、坡度大的屋顶结构。

拓展阅读 4.1：日本新燃岳火山

位于日本鹿儿岛县与宫崎县交界处的新燃岳火山从 2011 年 1 月 26 日开始持续喷发，附近村庄和农场被厚厚的火山灰所覆盖，迫使日本当局提升了警戒级别，要求周围 1.2 mile（1 mile = 1.609 344 km）以内的居民迅速撤离，导致当地农作物受损，交通及民众日常生活受到影响。

根据其监控影像显示，新燃岳火山有喷发征兆，火山口有烟尘不断喷出，伴随大量火山灰与石块。2011 年 3 月 13 日（日本当地时间 17 时 45 分左右），日本气象厅官员说：新燃岳火山当天下午再次喷发，气象厅提醒火山周围居民注意碎石和火山灰。日本政府没有因 13 日的喷发而提升火山警戒级别，但采取了一系列预防措施保护人员安全，包括限制一切人员进入整个雾岛山区域。日本气象厅 13 日发布了火山喷发的消息，警告附近民众注意安全，但没有说明该火山喷发与 11 日东北部太平洋海域发生的地震及海啸是否存在地质活动关联。

该火山自 2011 年 1 月 26 日首次喷发后已喷发 6 次，新燃岳被雾笼罩已经持续了数天，喷烟高达 2 000 米，使得周围城市被蒙上了一层厚厚的火山灰。

日本位于太平洋板块和亚欧板块之间，自古以来，火山、地震等地质活动就比较频繁。由于处于火山地震带，火山喷发的原因不外乎地壳运动、岩浆活动频繁，此次火山喷发可能与日本 2011 年 3 月的大地震有关，如图 4.14 所示。

图 4.14　新燃岳火山

任务 4.4　崩塌与山崩

4.4.1　崩塌与山崩概述

崩塌：陡坡上的岩体或土体在重力作用下，突然向下崩落的现象。

崩塌的物质称为崩塌体。崩塌体为土质者，称为土崩；崩塌体为岩质者，称为岩崩；大规模的岩崩，称为山崩。崩塌可以发生在任何地带，山崩限于高山峡谷区内。崩塌体与坡体的分离界面称为崩塌面，崩塌面往往就是倾角很大的界面，如节理、片理、劈理、层面、破碎带等。崩塌体的运动方式为倾倒、崩落。崩塌体碎块在运动过程中滚动或跳跃，最后在坡脚处形成堆积地貌——崩塌倒石锥。

崩塌倒石锥结构松散、杂乱、无层理、多孔隙，由于崩塌所产生的气浪作用，使细小颗粒的运动距离更远一些，因而其在水平方向上有一定的分选性。

山崩是山坡上的岩石、土壤快速、瞬间滑落的现象，泛指组成坡地的物质，受到重力吸引，而产生向下坡移动的现象。暴雨、洪水或地震可以引起山崩。人为活动，如伐木和破坏植被，路边陡峭的开凿，或漏水的管道也能够引起山崩。有些山崩现象不是地震引发的，而是由于山石剥落受重力作用产生的。在雨后山石受润滑的情况下，也能引发山崩；而由于山崩，大地也会震动而引起地震。

山崩常在大雨之后发生，像台湾在台风后所发生的山崩多半是这个原因。解决山崩最好的办法就是植树造林。山坡上的树林有吸收水分、固著土壤的作用，可以防止山崩。山坡在遭到乱开发、滥伐树林后，破坏了原有森林的水土保持，更使山坡载重增加，如果不做好地质调查与宣泄雨水的排水工作，山崩就会有随时发生的可能，如图 4.15 所示。

图 4.15　山崩现象

4.4.2　崩塌与山崩的运动方式和特点

1. 崩塌与山崩的运动方式

崩塌块体的运动十分复杂，以滚动、跳跃、碰擦为主，其次为滑动，速度很快。据调查观察，崩塌块体在小于 25° 的斜坡上做减速运动，在 25°～30° 的坡面上做匀速运动，在大于 35° 的坡面上做加速运动。

山崩包括坠落、倾覆、滚动、滑动、流动和不易察觉的潜移。崩塌是陡峻山坡上岩块、土体在重力作用下，发生突然的急剧倾落的运动，多发生在大于 60° ~ 70° 的斜坡上。滑坡是指土体、岩块或堆积物在重力作用下沿坡作整体下滑运动的，滑动的岩块、土体称为滑动体，下滑的底面称为滑动面，多发生在坡度小于 40° ~ 50° 的缓斜坡上。崩塌和滑坡一般相伴而生，大块的崩塌体先发生，其破坏性主要是坠落形成的冲击力。崩塌后一般会产生较小规模的滑坡。崩塌的危害如图 4.16 ~ 4.18 所示。

图 4.16　崩塌对铁路线路造成的危害

图 4.17　山区崩塌对公路的破坏

图 4.18　崩塌对房屋建筑物的危害

2. 崩塌的特点与易发生崩塌的山体构造

（1）崩塌的速度快，发生猛烈。

（2）崩塌体的运动不沿固定的面或带发生。

（3）崩塌体在运动后，其原来的整体性遭到完全破坏。

（4）崩塌的垂直位移大于水平位移。

　　易发生崩塌的地段一般有：边坡岩体破碎的地段，极易产生崩塌；斜坡岩层中裂缝发育的地段，易形成滑坡、崩塌；岩石节理多方向完全发育的地段易于崩塌，如图 4.19 和图 4.20 所示。

图 4.19　斜坡岩层中裂缝发育引起的崩塌

图 4.20　岩石节理多方向完全发育引起的崩塌

4.4.3　崩塌滑坡导致的堰塞湖（海子）

1. 形成过程

（1）原有的水系。

（2）原有水系被堵塞物堵住。堵塞物可能是火山熔岩流，可能是地震活动等原因引起的山崩滑坡体，可能是泥石流，亦可能是其他的物质。

（3）河谷、河床被堵塞后，流水聚集并且往四周漫溢。

（4）储水到一定程度便形成堰塞湖，如图 4.21 所示。

图 4.21　崩塌滑坡形成的堰塞湖

2. 导致的危害

堰塞湖的堵塞物不是固定不变的，它们也会受冲刷、侵蚀、溶解、崩塌等。一旦堵塞物被破坏，湖水便漫溢而出，倾泻而下，形成洪灾，极其危险。堰塞湖是指地震等原因引起的山崩滑坡体，堵截河谷或河床后储水而形成的湖泊。灾区形成的堰塞湖一旦决口后果严重。伴随次生灾害时，堰塞湖的水位可能会迅速上升，随时可发生重大洪灾。堰塞湖一旦决口，会在下游形成洪峰，破坏性不亚于其他灾害。2008年5月12日的四川汶川特大地震，造成北川部分地区被堰塞湖水淹没，地震形成了大面积堰塞湖泊。四川汶川特大地震造成34处堰塞湖危险地带。水利部和四川省水利厅组成了抗震救灾水利部，认为地震所形成的33座堰塞湖目前暂无危险。并组织了"敢死队"，对每一个堰塞湖实施24小时监测，一旦出现发生溃坝的征兆，将立即发出预警，并及时疏散群众。参与水利部抗震救灾的专家、中国水科院徐博士认为，堰塞湖是天然形成的大坝，不属于人工建筑。90%以上的堰塞湖在一年之内都会发生溃坝、垮掉，但也有的保存了下来，比如四川的多采湖。从目前的堰塞湖来看，由于地震发生后，堆积体非常松散、不稳定，发生危险的可能性非常大。从历史来看，有的一天就可能垮掉。所以，目前我们第一步只是分析评估，采用各种方法如航拍效果图，然后用数据分析的方法提出危险的程度。第二步就是疏导分流，比如用炸药或人工挖开小口，用水泵和管子疏导。开小口的目的就是保证不变成大口，否则就人为溃坝了。此外，还要加固堰塞湖，避免溃坝，并根据事态发展疏散附近地区的居民。

3. 崩塌多发地区

由山崩滑坡所形成的堰塞湖多见于藏东南峡谷地区，且年代都很新近，如1819年在西姆拉西北，因山崩形成了长24~80 km、深122 m的湖泊。藏东南波密县的易贡错是在1990年由于地震影响暴发了特大泥石流堵截了乍龙湫河道而形成的，波密县的古乡错是1953年由冰川泥石流堵塞而成的（实则也属冰川湖），八宿县的然乌错是1959年暴雨引起山崩堵塞河谷形成的。台湾地震活动频繁，1941年12月，嘉义东北发生一次强烈地震，引起山崩，浊水溪东流被堵，在海拔高度580 m处溪流中，形成一道高100 m的堤坝，河流中断。10个月后，上游的溪水滞积起来，在天然堤坝以上形成了一个面积达6.6 km²，深160.0 m的堰塞湖。最新的堰塞湖是2008年5月12日汶川大地震导致的堰塞湖。

拓展阅读4.2：四川岷江山崩

四川省西北部的岷江上游，群山夹峙，水流湍急。这里的河岸又高又陡，到处崎岖不平。但是在松潘县城南边约120 km处，岷江东岸的半山间，却有一块沙石堆积的比较平坦的地盘，这在地质学中被称为阶地。它的面积只有2 km²左右，不过已足够修建一些房屋供来往旅客歇脚了。远在唐朝初年，这里已筑起了一座小城，取名翼城，明清后改名叠溪。叠溪城建成后，1300多年过去了，在这偏僻的地区，似乎是古城依旧、山川如昔，没有什么变化。其实，一场剧变已在酝酿，只是当时人们没有注意到罢了。1933年8月25日，叠溪出现了罕见的酷热，下午2点半，许多人还在家里吃午饭，突然地下发出隆隆的巨响，顿时平静的地面好像一条小船在风浪中颠簸。人在地上站立不稳了，匍匐也难前行；房屋也摇晃起来，顷刻成了瓦砾堆。附近的山上，只见沙石崩落、尘土飞扬，遮天蔽日。震动发生后3小时，才尘消雾散，但大地的面目已非旧观。只见叠溪古城东部已被滚落的山石掩埋，西部则连同那沙石构成的地基一起垮落到岷江之中，在岷江里拦腰筑起一座高达160 m的大坝。与此同时，北边的岷江上也堆起了两座这样形成的坝，很快形成了3个湖泊，岷江断流43天。到10月7日，才有江水漫过这天然堆成的石坝流走；又过了 2 天之后，靠近古城的这个坝溃决了，湖泊消失，但另外两个湖则至今犹存。叠溪古城对岸有个龙池山，山上有个湖就叫作龙池，是这里的名胜，现在也山崩湖涸，另是一番景象了。城北有一座走向东西，形象如蚕的蚕陵山，更沿山脊产生了一条断裂带，南降北升、上下错位，露出了北边那一半的断裂面，远在几千米之外都能看见。

 拓展阅读 4.3：帕米尔高原的山崩

1911 年 2 月 18 日夜间，强烈的地震在帕米尔高原上发生，靠近穆尔加布河的山崩塌了，筑起了大坝，大坝拦蓄着河水。新生的湖泊不断在扩大自己的范围，萨列兹村被淹没了，之后人们就把这个湖叫作萨列兹湖。现在它的面积已达到 50 km² 左右，最深的地方将近 500 m，湖水漫过大坝，流入巴尔坦格河，突然跌落，水力强大。据调查，如果在这里修建水电站，发电能力可以达到 10^6 kW。1897 年 6 月 12 日，印度东北部阿萨密大地震，使 32 km 长的山脊上的土石及森林一时崩落，裸露出里面白色的砂岩，在日光照射下，远处也能望见。中国东北的五大连池旧称乌得邻池，在五大连池市郊，地处白河上游，北距小兴安岭仅 30.0 km，系由老黑山和火烧山两座火山喷溢的玄武岩熔岩流堵塞白河，使水流受阻，形成彼此相连呈串珠状的 5 个小湖而得名。五大连池火山群的火山活动始于侏罗纪末至白垩纪初。据史料记载，最近的一次火山喷发，始于 1719 年（清康熙五十八年），而清《黑龙江外记》的记载则更详："墨尔根东南，一日地中忽出火，石块飞腾，声震四野，约数日火熄，其地遂呈池沼，此康熙五十八年事。"这次火山喷发，堵塞了白河，迫其河床东移，河流受阻形成了由石龙河贯穿成念珠状的 5 个湖泊。

4.4.4　崩塌的成因和预防

1. 崩塌形成的条件和影响因素

崩塌形成主要受地形地貌、地层岩性和地质构造的控制，崩塌的发生、发展和规模则受降雨、地下水、地震和列车振动、风化作用及人为因素的影响。

（1）地形坡度条件。

（2）峡谷陡坡常是发生崩塌落石的地段。

① 峡谷两岸的山坡地貌具有明显新构造运动的特征；

② 峡谷岸坡陡峻；

③ 在高陡的峡谷岸坡上，常具有与河流平行而张开的卸荷裂隙；

④ 峡谷岸坡基岩裸露，多为坚硬岩石。

（3）河曲凹岸常是崩塌落石集中的地点。

（4）山区冲沟岸坡、山坡陡崖也易产生崩塌。

发生崩塌最主要的原因是山坡上的岩石或土壤吸收了大量的水（比如由于暴雨或者融雪），导致岩石或土壤内部的摩擦力降低，土壤或岩石丧失其稳固性下滑。其他原因有：地震、其他地壳运动、风和霜冻造成的风化、由于垦荒和强烈的采矿造成的土壤和植被的破坏。

崩塌发生的可能性由以下因素决定：① 地表的吸水性和透水性；② 山坡的坡度；③ 是否有加固土壤稳定性的植被；④ 是否有易滑动（比如黏土）的土壤或岩石层。

造成山崩的人为因素很多。在山坡下面挖洞、开隧道、开矿，都会引起山崩；强烈的地震更会引起山崩，地震所引起的山崩规模较大，危害更严重；由于岩石风化、水蚀、暴风骤雨侵袭等原因，有时也会发生山崩。

2. 崩塌的预防与防治

崩塌是可以预防的。只要不随意挖洞、开矿，并采取措施，如在山上广泛地植树造林，对一些容易发生山崩的陡坡和危岩及早采取预防措施，可以减少山崩灾害。

对于一般容易发生崩塌的地段可以采用线路绕避、加固山坡和路堑边坡、修筑拦挡建筑物、清除危岩、做好排水工程等方法，如图 4.22～4.28 所示。

图 4.22　对崩塌体的支护

图 4.23　整体边坡 SNS 柔性防护网

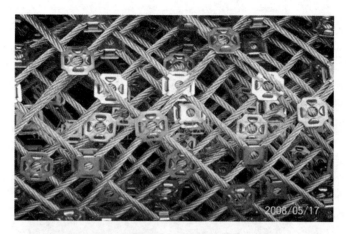

图 4.24　SNS 柔性防护网钢丝细部结构

图 4.25　柔性边坡拦截网

图 4.26　小型抗滑桩边坡防护

图 4.27　打钉式钢钎锚杆防护

图 4.28　支撑与植被综合防护

　　对于崩塌，主要应以采用"以防为主"的原则，具体为：对有可能发生大、中型崩塌的地段，应尽量避开；对可能发生小型崩塌或落石的地段，应视地形条件，进行技术经济比较，确定是绕避还是设置防护工程。

　　对于已经发生了崩塌的地段，其整治措施主要有以下几点：

　　（1）清除危岩、刷坡、削坡。

　　（2）支顶工程：支护、支顶。

　　（3）防护和加固工程：锚固、灌浆、镶补沟缝、挂网喷浆、钢索拉纤。

　　（4）拦截工程：落石平台、落石槽、拦石堤、拦石墙。

（5）遮挡工程：明洞、棚洞等。

（6）崩塌体地面的排水。

（7）植被防护。

3. 数字高程模型崩塌防护简介

假设有一个完美的坡面，则单一的山崩在这个坡面上将会有明确的坡顶和坡脚。由山崩边界上的最高点向上方沿着坡度最大方向延伸直到抵达山脊线位置，这点即为该山崩剖面上的"坡顶"。同理，由山崩边界上的最低点向下沿着坡度最大方向延伸直到抵达水系位置，这点即是该山崩的"坡脚"。这些步骤的具体做法和稜线及水系的自动提取方法相近，可以参考这些作业来进行（赖进贵，1995）。另外一个变通方式是，目前许多商业 GIS 软件（如 ArcView）已经可以自动提取水系。这部分工作也可以利用现成工具来先行提取水系（及稜线），作为坡顶和坡脚位置的参考指标。完成此项工作后，坡顶、山崩顶、山崩脚、坡脚等位置也就得以顺利产生，可以进一步提供其他位置参数的计算。

DEM 即数字高程模型（Digital Elevation Model），它是一定范围内规则格网点的平面坐标（X，Y）及其高程（Z）的数据集。它主要是描述区域地貌形态的空间分布，是通过等高线或相似立体模型进行数据采集（包括采样和量测），然后进行数据内插而形成的。DEM 资料的解析度对于地形计测的影响是一项关键因素，赖进贵（1996）针对坡度及坡向所进行的分析，验证了资料解析度对地形计测的影响。就现实状况而言，要以完全自动化的程序来产生山崩属性尚有其限制，地形资料的解析度即是最大的限制。目前，台湾地区的 DEM 资料是 40 m 的解析度，每一网格为 1 600 m²。对于小规模的山崩而言，要在这种 DEM 资料上抽取相关参数的困难度非常高。本研究区域内的 79 个山崩，面积小于 10 000 m²（约略等于 6 个网格）的就有 39 个。相对于这种规模的山崩现象，数值地形模型的精确度过于粗糙，要以自动化的方式来判断山崩位置有其局限。所幸，我国 20 m DEM 已经在生产中，部分县市和单位甚至有 4 m 解析度的 DEM。这些资料若能逐步开放，将提升地形计测自动化的可行性和可靠性。

任务 4.5　海　啸

4.5.1　海啸概述

海啸是由水下地震、火山爆发或水下塌陷和滑坡等大地活动造成的海面恶浪，并伴随巨响的现象。它是一种具有强大破坏力的海浪，是地球上最强大的自然力。

海啸的波长比海洋的最大深度还要大，在海底附近传播不受阻滞，不管海洋深度如何，波都可以传播过去。海啸在海洋的传播速度为 500～1 000 km/h，而相邻两个浪头的距离可能远为 500～650 km，它的这种波浪运动所卷起的海涛，波高可达数十米，并形成极具危害性的"水墙"。海底 50 km 以下出现垂直断层，里氏震级大于 6.5 级的条件下，最易引发破坏性海啸，如图 4.29 所示。

图 4.29　海啸

4.5.2　海啸的特点

海啸在西方语言中称为"tsunami"，词源自日语"津波"，即"港边的波浪"（"津"即"港"）。

目前，人类对地震、火山、海啸等突如其来的灾变，只能通过观察、预测来预防或减少它们所造成的损失，但还不能阻止它们的发生。

由地震引起的波动与海面上的海浪不同，一般海浪只在一定深度的水层波动，而地震所引起的水体波动是从海面到海底整个水层的起伏。此外，海底火山爆发、土崩及人为的水底核爆也能造成海啸；陨石撞击也会造成海啸，"水墙"可达 30 多米，而且陨石造成的海啸在任何水域都有机会发生，不一定在地震带，不过陨石造成的海啸可能千年才会发生一次。

海啸同风产生的浪或潮是有很大差异的。微风吹过海洋，泛起相对较短的波浪，相应产生的水流仅限于浅层水体。猛烈的大风能够在辽阔的海洋卷起高度为 3 m 以上的海浪，但也不能撼动深处的水。而潮汐每天席卷全球两次，它产生的海流跟海啸一样能深入海洋底部，但是海啸并非由月亮或太阳的引力引起，而是由海下地震推动所产生，或由火山爆发、陨星撞击或水下滑坡所产生。海啸波浪在深海的速度能够超过 700 km/h，可轻松地与波音 747 飞机保持同步。虽然速度快，但在深水中的海啸并不危险，较低的一次单个波浪在开阔的海洋中其长度可超过 750 km，这种作用产生的海表倾斜非常细微，以致这种波浪通常在深水中不经意间就过去了。海啸静悄悄地不知不觉地通过海洋，然而如果它出乎意料地出现在浅水中，则会达到灾难性的高度。

地震发生时，海底地层发生断裂，部分地层出现猛然上升或者下沉，由此造成从海底到海面的整个水层发生剧烈"抖动"。这种"抖动"与平常所见到的海浪大不一样。海浪一般只在海面附近起伏，涉及的深度不大，波动的振幅随水深衰减很快。地震引起的海水"抖动"则是从海底到海面整个水体的波动，其中所含的能量惊人。

海啸时掀起的狂涛骇浪，高度可达十几米至几十米不等，形成"水墙"。另外，海啸波长很大，可以传播几千千米而能量损失很小。由于以上原因，如果海啸到达岸边，"水墙"就会冲上陆地，对人类生命和财产造成严重威胁。

4.5.3　海啸的分类

海啸可分为 4 种类型，即由气象变化引起的风暴潮、火山爆发引起的火山海啸、海底滑坡引起的滑坡海啸和海底地震引起的地震海啸。中国地震局提供的材料说，地震海啸是海底发生地震时，海底地形急剧升降变动引起的海水强烈扰动，其机制有两种形式："下降型"海啸和"隆起型"海啸。

"下降型"海啸：某些构造地震引起海底地壳大范围的急剧下降，海水首先向突然错动下陷的空间涌去，并在其上方出现海水大规模积聚；当涌进的海水在海底遇到阻力后，即翻回海面产生压缩波，形成长波大浪，并向四周传播与扩散。这种下降型的海底地壳运动形成的海啸在海岸首先表现为异常的退潮现象。1960 年智利地震海啸就属于此种类型。

"隆起型"海啸：某些构造地震引起海底地壳大范围的急剧上升，海水也随着隆起区一起抬升，并在隆起区域上方出现大规模的海水积聚；在重力作用下，海水必须保持一个等势面以达到相对平衡，于是海水从波源区向四周扩散，形成汹涌巨浪。这种隆起型的海底地壳运动形成的海啸波在海岸首先表现为异常的涨潮现象。1983 年 5 月 26 日，日本海中部 7.7 级地震引起的海啸即属于此种类型。

4.5.4　海啸的预警

1. 海啸预警的物理基础

在大地震之后如何迅速、正确地判断该地震是否会激发海啸，这仍然是个悬而未决的科学问题。尽管如此，根据目前的认识水平，仍可通过海啸预警为预防和减轻海啸灾害作出一定的贡献。

海啸预警的物理基础在于地震波传播速度比海啸的传播速度快。地震纵波即 P 波的传播速度约为 6 ~ 7 km/s，比海啸的传播速度要快 20 ~ 30 倍，所以在远处，地震波要比海啸早到达数十分钟乃至数小时，具体数值取决于震中距和地震波与海啸的传播速度。例如：当震中距为 1 000 km 时，地震纵波大约 2.5 min 就可到达，而海啸则要 1 个多小时才到达。1960 年智利特大地震激发的特大海啸 22 h 后才到达日本海岸。

如能利用地震波传播速度与海啸传播速度的差别造成的时间差分析地震波资料，快速、准确地测定出地震参数，并与预先布设在可能产生海啸的海域中的压强计（不但应当有布设在海面上的压强计，更应当有安置在海底的压强计）记录相配合，就有可能作出该地震是否会激发海啸、海啸的规模有多大的判断。然后，根据实测水深图、海底地形图及可能遭受海啸袭击的海岸地区的地形地貌特征等相关资料，模拟计算海啸到达海岸的时间及强度，运用诸如卫星、遥感、干涉卫星孔径雷达等空间技术监测海啸在海域中传播的进程，采用现代信息技术将海啸预警信息及时传送给可能遭受海啸袭击的沿海地区的居民，并在可能遭受海啸袭击的沿海地区，开展有关预防和减轻海啸灾害的科技知识的宣传、教育、普及以及应对海啸灾害的训练和演习。这样，就有希望在海啸袭击时，拯救成千上万生命和避免大量的财产损失。

海啸预警具有可靠的物理基础，它不但在理论上是成立的，实际上也是可行的，并且已经有了成功的范例。例如：1946年，海啸给夏威夷的"曦嵝"（Hilo）市造成了严重的人员伤亡和财产损失。于是，1948年，美国便在夏威夷建立了太平洋海啸预警中心，从而有效避免了在那以后的海啸可能造成的损失。倘若印度洋沿岸各国在2004年印度洋特大海啸之前，能与太平洋沿岸国家一样建立起海啸预警系统，那么这次苏门答腊—安达曼特大地震引起的印度洋特大海啸，决不致造成如此巨大的人员伤亡和财产损失。

以上所述的海啸预警对于"远洋海啸"比较有效。但是，对于"近海海啸"（亦称"本地海啸"），即激发海啸的海底地震离海岸很近，如只有几十至数百千米的海啸，由于地震波传播速度与海啸传播速度的差别造成的时间差只有几分钟至几十分钟，海啸早期预警就比较难以奏效。为了在大地震之后能够迅速、正确地判断该地震是否激发海啸，减少误判与虚报，特别是"近海海啸"预警的误判与虚报，以提高海啸预警的水平，必须加强对海啸物理的研究。

2. 海啸的预警现象

根据现代板块结构学说的观点，智利是太平洋板块与南美洲板块相互碰撞的俯冲地带，处在环太平洋火山活动带上。这种特殊的地质结构，造成了智利处于极不稳定的地表之上。自古以来，这里火山不断喷发，地震连连发生，海啸频频出现，灾难时常降临。1960年5月21日凌晨开始，在智利的蒙特港附近海底，突然发生了世界地震史上罕见的强烈地震。大小地震一直持续到6月23日，在1个多月的时间内，先后发生了225次不同震级的地震。震级在7级以上的就有十几次，其中震级大于8级的有3次。

3. 海啸的预警系统

地震能引发海啸，因此海啸的预警信息要由地震监测系统提供。在全球地震多发地带如太平洋沿岸、印度洋沿岸都应该有完善的地震监测网络。

 拓展阅读4.4：史上5大致命海啸

第一名，2004年印度洋海啸。死亡人数：约22.6万。原因：海地地震。2004年12月26日，强达里氏9.1～9.3级的大地震袭击了印尼苏门答腊岛海岸，持续时间长达10分钟。此次地震引发的海啸甚至危及远在索马里的海岸居民，仅印尼就死亡16.6万人，斯里兰卡死亡3.5万人。印度、印尼、斯里兰卡、缅甸、泰国、马尔代夫和东非有200多万人无家可归，死亡22.6万人。此次灾难的地震死亡人数只排名第四，但海啸死亡人数却排名第一。

第二名，古希腊克里特火山爆发引发的海啸。死亡人数：10万或更多。原因：火山爆发。大约在公元前1500年，地中海的锡拉岛（现在也称为圣托里尼岛）海底火山爆发，产生了极大破坏力。根据美国国家海洋和大气局（NOAA）海啸研究中心的研究，此次火山爆发创造了历史记录中的第一个海啸。确切的死亡人数估计永远也不会知道，但地理证据表明，此次海啸淹没了克里特岛沿海地带 50 ft（合 15 m）。

第三名，葡萄牙里斯本大地震引发的海啸。死亡人数：60 000。原因：海底地震。1755 年 11 月，大西洋的大地震震动了葡萄牙的西南部。里斯本市因为此次地震以及并发的火灾而破产。与此同时，地震引发的海啸席卷了葡萄牙、西班牙、摩洛哥的沿海城镇。据估计，袭击里斯本的海浪高达 18 ft（合 6 m）。

第四名，1782 年的华南海啸。死亡人数：超过 4 万。原因：地震。此次灾难的历史记录不是很完全，但一本出版于 1964 年的俄语海啸目录认为，1782 年（乾隆四十七年）的台湾海啸死亡人数在 4 万以上，淹没岛上土地超过 75 mi（合 120 km）。

第五名，印尼火山爆发引起的海啸。死亡人数：36 000。原因：火山爆发。1883 年 8 月，印尼火山岛喀拉喀托的火山爆发是人类史上最厉害的一次。此次火山爆发，远在澳大利亚都能听见。火山爆发引发的海啸巨浪高达 130 ft（合 40 m）。根据美国地质勘探局（USGS）的报告，仅爪哇和苏门答腊岛，海浪就冲走 165 个村庄。海啸掀起的海浪直到远在 4 350 mi（合 7 000 km）的阿拉伯半岛才停息下来。

任务 4.6　岩溶和岩爆

4.6.1　岩溶概述

岩溶这个术语原先用于亚得里亚海达尔马提亚（Dalmatia）沿岸的石灰岩区岩溶，但经过推广，现已用于有类似现象的一切地区，亦译喀斯特（karst）。岩溶是地表水和地下水对可溶性岩石的长期溶蚀作用及形成的各种岩溶现象的总称。岩溶指可溶性岩石，特别是碳酸盐类岩石（如石灰岩、石膏等），受含有二氧化碳的流水溶蚀（有时还有沉积作用）而形成的地貌，往往呈奇特形状，有洞穴、石芽、石沟、石林、溶洞、地下河，也有峭壁。此种地貌地区，往往奇峰林立，通常指岩石裸露、草木不生，具有洞穴、落水洞、地下河而缺乏地表河流和湖泊的地区，是地下水对可溶性块状石灰岩溶蚀的结果。

中国岩溶地貌分布广泛，类型之多，为世界罕见。在中国，作为岩溶地貌发育的物质基础——碳酸盐类岩石（如石灰石、白云岩、石膏和岩盐等）——分布很广。据不完全统计，总面积达 200 万平方千米，其中裸露的碳酸盐类岩石面积约 130 万平方千米，约占全国陆地总面积的 1/7；埋藏的碳酸盐岩石面积约 70 万平方千米。碳酸盐岩石在全国各省区均有分布，但以桂、黔和滇东部地区分布最广，湘西、鄂西、川东、鲁、晋等地，碳酸盐岩石分布的面积也较广。

4.6.2　岩溶现象

1. 形成条件

岩溶现象分布在世界上极为零散的地区：法国的科斯（Causses）、中国的广西地区、墨西哥的犹加敦半岛以及美国的中西部、肯塔基州和佛罗里达州等地。促使岩溶发育的条件是：地表附近有节理发育的致密石灰岩；中等到较大的降雨量；地下水循环通畅。石灰岩在略有酸性的水中更易溶解，而这种水在自然界中广泛存在。雨水沿水平和垂直的裂缝渗透，将石灰岩溶解，并以溶液形式带走。沿节理发育的垂直裂隙逐渐加宽、加深，形成石骨嶙峋的地形。当雨水沿地下裂缝流动时，就不断使裂缝加宽、加深，直到终于形成洞穴系统或地下河道。

2. 形成过程

地表水在运动过程中对所经过的沉积物或岩石有着重要的侵蚀作用，既包括水动力作用下的碎屑物搬运，又包括水对岩石或沉积物的化学溶蚀作用，还包括碎屑物在搬运过程中的磨蚀作用。岩溶地貌就是地下水对碳酸盐岩侵蚀作用的结果，在水流作用下，形成陡峭的海岸、弯曲的沟壑、高高的冰蚀悬谷、气势磅礴的大峡谷。"滴水穿石"也是水的化学侵蚀作用的写照。

溶洞的形成是石灰岩地区地下水长期溶蚀的结果。石灰岩的主要成分是碳酸钙（$CaCO_3$），在有水和二氧化碳时发生化学反应生成碳酸氢钙[$Ca(HCO_3)_2$]，后者可溶于水，于是有空洞形成并逐步扩大。这种现象在亚德里亚海岸的岩溶高原上最为典型，所以常把石灰岩地区的这种地形笼统地称之为岩溶地形。

4.6.3 岩溶的分类

1. 地表岩溶形态

溶沟和石芽：地表水沿岩石表面流动，由溶蚀、侵蚀形成的许多凹槽称为溶沟，溶沟之间的突出部分叫石芽，如图 4.30 和图 4.31 所示。

图 4.30　石芽

图 4.31　石芽和溶沟

136

石林：这是一种高大的石芽，高达 20~30 m，密布如林，故称石林。它是由于石灰岩纯度高、厚度大，层面水平，在热带多雨条件下形成的。

峰丛、峰林和孤峰：峰丛和峰林是石灰岩遭受强烈溶蚀而形成的山峰集合体。其中，峰丛是底部基坐相连的石峰，峰林是由峰丛进一步向深处溶蚀、演化而形成的。孤峰是岩溶区孤立的石灰岩山峰，多分布在岩溶盆地中。

溶斗和溶蚀洼地：溶斗是岩溶区地表圆形或椭圆形的洼地，溶蚀洼地是由四周为低山、丘陵和峰林所包围的封闭洼地。若溶斗和溶蚀洼地底部的通道被堵塞，可积水成塘，大的可以形成岩溶湖。

落水洞、干谷和盲谷：落水洞是岩溶区地表水流向地下或地下溶洞的通道，它是岩溶垂直流水对裂隙不断溶蚀并随坍塌而形成的。在河道中的落水洞，常使河水全部汇入地下，使河水断流形成干谷或盲谷。

2. 地下岩溶形态

溶洞：又称洞穴，它是地下水沿着可溶性岩石的层面、节理或断层进行溶蚀和侵蚀而形成的地下孔道。溶洞中的岩溶形态主要有石钟乳、石笋、石柱、石幔、石灰华和泉华。

4.6.4　岩溶区的主要工程地质问题

由于岩溶的发育，致使桥梁、隧道和涵洞等工程地质条件大为恶化，因此在岩溶地区修建各类工程时，必须对岩溶进行工程地质研究，以预测和解决因岩溶而引起的各种工程地质问题。

在岩溶地区，由于地表覆盖层下有石芽溶沟，岩体内部有暗河、溶洞，建筑物的地基通常是很不均匀的。上覆土层还常因下部岩溶水的潜蚀作用而塌陷，形成土洞。土洞的塌陷作用常常是突然的，土洞出现的地区往往就是地下岩溶发育的区域。

根据岩溶发育的特点，岩溶地区可能遇到以下几类地基：

1. 石芽地基

由于地表岩溶作用，石灰岩表层溶沟发育。纵横交错的溶沟之间多残留有锥状或尖棱状的石芽，致使石灰岩基面高低不平，形成石芽地基。石芽间的溶沟常被土填充，因此强度较低、压缩性较高，易引起地基的不均匀沉降而影响建筑物的稳定性。

2. 溶洞地基

溶洞地基的稳定性取决于溶洞的规模、埋深及冲突情况。当溶洞的规模大、埋深浅、溶洞顶板承受不了建筑物的荷载时，就会使溶洞顶板坍塌、地基失稳。当建筑物地基直接遇到溶洞时，可视溶洞的规模及充填物情况，进行适当处理。规模小时，可采用清除或堵塞，或盖板跨越；规模大时，则不宜作为建筑物的地基。为了确保溶洞地基的稳定性，必须根据溶洞的规模、溶洞顶板岩层的性质确定洞穴离地面的安全深度，即溶洞顶板的安全厚度。当溶洞埋深大于安全厚度时，地基是稳定的；否则地基是不稳定，必须进行处理。

3. 土洞地基

在覆盖型岩溶地区，可溶岩的上覆土层中常常发育着空洞，一般叫土洞。当土洞顶板在建筑物荷载作用下失去平衡而产生下陷或塌落时，就会危及建筑物安全。由于土洞的形成与地表水和地下水的关系极为密切，土洞的处理首要措施是治水，然后根据具体情况，可采取以下方法处理：

（1）当土洞埋深较浅时，可采用挖填和梁板跨越。

（2）对直径较小的埋深土洞，因其稳定性好，危害性小，故可不处理洞体，而仅在洞顶上部采取梁板跨越。

（3）对直径较大的埋深土洞，可采取顶部钻孔灌砂（砾）或灌碎石混凝土以充填空间。

4.6.5　岩溶塌陷的防治

岩溶塌陷是指在岩溶地区，下部可溶岩层中的溶洞或上覆土层中的土洞，因自身洞体扩大或在自然与人为因素影响下，顶板失稳产生塌落或沉陷的统称。

岩溶塌陷的形式可分为基岩塌陷和上覆土层塌陷两种，在岩溶塌陷防治工作中，必须采取预防和治理相结合的防治措施。

1.　控水措施

（1）地表水防水措施：防地表水进入塌陷区。可以采取：

① 清理疏通河道，加速泄流，减少渗漏；

② 对漏水的河、库、塘铺底防漏或人工改道；

③ 严重漏水的洞穴用黏土、水泥灌注填实。

（2）地下水控水措施。

根据水资源条件，规划地下水开采层位、开采强度、开采时间，合理开采地下水，加强动态监测。危险地段对岩溶通道进行局部注浆或帷幕灌浆处理。

2.　工程加固措施

（1）清除填堵法：用于相对较浅的塌坑、土洞。

（2）跨越法：用于较深大的塌坑、土洞。

（3）强夯法：用于消除土体厚度小、地形平坦的土洞。

（4）钻孔充气法：设置通风调压装置，破坏岩溶封闭条件，减小冲爆塌陷发生的机会。

（5）灌注填充法：用于埋深较深的溶洞。

（6）深基础法：用于深度较大、不易跨越的土洞，常用桩基。

（7）旋喷加固法：浅部用旋喷桩形成一"硬壳层"（厚 $10\sim20$ m 即可），其上再设筏板基础。

3.　非工程性防治措施

（1）开展岩溶地面塌陷的风险评价。

（2）开展岩溶地面塌陷的试验研究，找出临界条件。

（3）增强防灾意见，建立防灾体系。

岩溶塌陷的防治尽管难度较大，但只要因地制宜地采取综合的措施，岩溶塌陷灾害是完全可以防治的。

4.6.6　中国的岩溶地貌

1. 中国岩溶的成因

中国现代岩溶是在燕山运动以后准平原的基础上发展起来的。第三纪时，华南为热带气候，峰林开始发育；华北则为亚热带气候，至今在晋中山地和太行山南段的一些分水岭地区还遗留有缓丘-洼地地貌。但当时长江南北却为荒漠地带，是岩溶发育很弱的地区。新第三纪时，中国季风气候形成，奠定了现今岩溶地带性的基础，华南保持了湿热气候，华中变得湿润，岩溶发育转向强烈。尤其是第四纪以来，地壳迅速上升，岩溶地貌随之迅速发育，类型复杂多样。随冰期与间冰期的交替，气候带频繁变动，但在交替变动中气候带有逐步南移的特点。华南热带峰林的北界达南岭、苗岭一线，在湖南道县为北线 25°40′，在贵州为北纬 26°左右。这一界线较现今热带界线偏北约 3～4 个纬度，可见峰林的北界不是在现代气候条件下形成的。中国东部气温和雨量虽是向北渐变，但岩溶地带性的差异却非常明显。这是因为受冰期与间冰期气候的影响，间冰期时中国的气温和雨量都较高，有利于岩溶发育；而冰期时寒冷少雨，强烈地抑制了岩溶的发育，但越往热带其影响越小。热带峰林区域保持了峰林得以断续发育的条件，而从华中向东北则影响越来越大，岩溶作用的强度向北迅速降低，使类型发生明显的变化。广大的西北地区，从第三纪以来均处于干燥气候条件下，是岩溶几乎不发育的地区。

2. 中国岩溶的特征

中国岩溶具有地带性特征。中国东部岩溶地貌呈纬度地带性分布，自南而北为热带岩溶、亚热带岩溶和温带岩溶。中国西部由于受水分的限制或地形的影响，属干旱地区岩溶（西北地区）和寒冻高原岩溶（青藏高原）。

（1）热带岩溶以峰林-洼地为代表，分布于桂、粤西、滇东和黔南等地。地下洞穴众多，以溶蚀性拱形洞穴为主。地下河的支流较多，流域面积大，故称地下水系，其平均流域面积为 160 km²，最大的地苏地下河流域面积达 1 000 km²。地表发育了众多洼地，峰丛区域平均每平方千米达 2.5 个，洼地间距为 100～300 m，正地形被分割破碎，呈现峰林-洼地地貌。峰林的坡度很陡，一般大于 45°。峰林又可分为孤峰、疏峰和峰丛等类型，奇峰异洞是热带岩溶的典型特征。

中国热带海洋的珊瑚礁是最年轻的碳酸盐岩，大多形成于晚更新世和全新世。高出海面仅几米至 10 余米，发育了大的洞穴和天生桥、滨岸溶蚀崖及溶沟、石芽等，构成礁岛的珊瑚礁多溶孔景观。

（2）亚热带岩溶地貌以缓丘-洼地（谷地）为代表，分布于秦岭淮河一线以南。地下河较热带多而短小，平均流域面积小于 60 km²；洼地较少，每平方千米仅为 1 个左右，且从南向北减少，相反，干谷的比例却迅速增加。正地形不很典型，主要为馒头状丘陵，其坡度一般为 25° 左右；洞穴数量较热带大为减少，以溶蚀裂隙性洞穴居多，溶蚀型拱状洞穴在亚热带岩溶的南部较多。

（3）温带岩溶以岩溶化山地干谷为代表，地下洞穴虽有发育，一般都为裂隙性洞穴，其规模较小。岩溶泉较为突出，一般都有较大的汇水面积和较大的流量，如趵突泉和娘子关泉等。这一带中洼地极少，干谷众多。正地形与普通山地类同，唯山顶有残存的古亚热带发育的缓丘-洼地和缓丘-干谷等地貌。强烈下切的河流形成峡谷，局部地区，如拒马河两岸有类峰林地貌。

（4）干旱地区岩溶现象发育微弱，仅在少数灰岩裂隙中有轻微的溶蚀痕迹。有些裂隙被方解石充填，地下溶洞极少，已不能构成渗漏和地基不稳的因素。

（5）寒冻高原岩溶。青藏高原岩溶处于冰缘作用下，冻融风化强烈，岩溶地貌颇具特色，常见的有冻融石丘、石墙等，其下部覆盖冰缘作用形成的岩屑坡。山坡上发育有很浅的岩洞，还可见到一些穿洞，偶见洼地。

3. 中国岩溶的开发利用

岩溶地区地表异常缺水和多洪灾，对农业生产影响很大。但地下水蕴藏丰富，径流系数在热带岩溶区域为 50%～80%，亚热带岩溶区域为 30%～40%，温带为 10%～20%。在华北一些石灰岩分布地区，地下水在山前以泉的方式流出，如北京玉泉山的泉水、河南辉县的百泉、山西太原的晋祠泉、山西平定县的娘子关泉和济南的趵突泉等。合理开发利用岩溶泉，对工农业的发展有重要意义。在南方多地下河，引岩溶泉堵地下河、钻井提水等方法可解决工农业用水。地下河纵剖面呈阶梯状，有丰富的水能资源，可以筑坝发电，如云南丘北六郎洞水电站，是中国第一座利用地下河的水电站。湘、黔也利用这种优越条件建造了多座 400 kW 以上的地下水电站。岩溶地区的地下洞穴，常造成水库渗漏，是坝体、交通线和厂矿建筑等产生不稳定的因素。研究和探测地下洞穴的分布、及时采取措施，是岩溶地区建设成功的关键。岩溶地区有丰富的矿床，如石灰岩、白云岩、大理石、石膏和岩盐等。在岩溶剥蚀面上和洼地中沉积有铝土矿，古溶洞和裂罅中沉积有铅、锌、硫化物、汞等砂矿体。地下溶洞也是富集石油和天然气的良好场所，华北地区的一些油田就位于岩溶区域。有些溶洞还可作地下厂址和地下仓库。

需要极其注意：岩溶的基本水源是渗透水，所取水内可能含有危害较大的元素，并且在水源补充的时候，很容易将危害性元素（成分）带入地下水体结构中。随着地下水体的流动和渗透，地下水体较容易被整体污染，其治理难度较地表径流可能就超乎想象了。

 拓展阅读 4.5：中国南方岩溶

岩溶即岩溶地貌，是发育在以石灰岩和白云岩为主的碳酸盐岩上的地貌。中国岩溶有面积大、地貌多样、典型、生物生态丰富等特点。

中国南方岩溶面积占整个中国岩溶面积的 55%，是我国政府 2006 年申报世界自然遗产的唯一项目，由云南石林的剑状、柱状和塔状岩溶，贵州荔波的森林岩溶，重庆武隆的以天生桥、地缝、天洞为代表的立体岩溶共同组成，形成于 50 万年至 3 亿年间，总面积达 1 460 km²，其中提名地（核心区）面积 480 km²，缓冲区面积 980 km²。这一区域集中了中国最具代表性的岩溶地形地貌区域，其中很多景点享誉国内外：云南石林以"雄、奇、险、秀、幽、奥、旷"著称，被称为"世界岩溶的精华"；贵州荔波是布依族、水族、苗族和瑶族等少数民族聚集处，曾入选"中国最美十大森林"。

中国南方岩溶在地质地貌、生物生态、美学、民族文化等方面的世界价值（突出普遍价值）长期以来得到了国内外的广泛重视和认同。中国南方岩溶申报自然遗产得到了中国政府和世界自然资源保护联盟的支持。

4.6.7　岩爆概述

　　岩爆，也称冲击地压，它是一种岩体中聚积的弹性变形势能在一定条件下的突然猛烈释放，导致岩石爆裂并弹射出来的现象。轻微的岩爆仅有剥落岩片，无弹射现象；严重的可测到 4.6 级的震级，烈度为Ⅶ~Ⅷ度，使地面建筑遭受破坏，并伴有很大的声响。岩爆可瞬间突然发生，也可以持续几天到几个月。发生岩爆的条件是岩体中有较高的地应力，并且超过了岩石本身的强度，同时岩石具有较高的脆性和弹性。在这种条件下，一旦由于地下工程活动破坏了岩体原有的平衡状态，岩体中积聚的能量导致岩石破坏，并将破碎岩石抛出，如图 4.32 所示。

图 4.32　岩　爆

4.6.8　岩爆的构造和特点

　　岩爆大都发生在褶皱构造的坚硬岩石中。岩爆与断层、节理构造密切相关。当掌子面与断裂或节理走向平行时，极容易触发岩爆。岩体中节理密度和张开度对岩爆有明显的影响。掌子面岩体中有大量岩脉穿插时，也可能发生岩爆。

　　岩爆的特点：

　　（1）岩石以砂岩为主，坚硬干燥，在未发生岩爆前，无明显的征兆，虽经过仔细寻找，并无空响声。一般认为不会掉落石块的地方，会突然发生岩石爆裂声响，石块一般应声而下。

　　（2）岩爆发生的地点多在新开挖的掌子面及距离掌子面 1~3 倍洞径范围内，也有个别距新开挖工作面较远。

　　（3）岩爆时围岩破坏的规模，小者几厘米厚，大者可达数吨重。小者形状常呈中间厚、周边薄、不规则的鱼鳞片状脱落，脱落面多与岩壁平行。

　　（4）岩爆时围岩的破坏过程一般为：新鲜坚硬岩体均先产生声响，伴随片状剥落的裂隙出现，裂隙一旦贯通就产生剥落或弹出。这属于表部岩爆。

（5）由于爆破震动影响，造成开挖洞段应力重新分布，较大面积岩爆爆落出的小块鱼鳞片状碎屑甚至堵塞整个巷道。

4.6.9 岩爆产生的原因

岩爆一般是在硬脆岩体高地应力地区的硐室开挖过程中发生的，其产生的主要原因有：

（1）近代构造活动山体内地应力较高，岩体内储存着很大的应变能。

（2）围岩新鲜完整，裂隙极少或仅有隐裂隙，属坚硬脆性介质，能够储存能量，而其变形特性属于脆性破坏类型，应力解除后，回弹变形很小。

（3）具有足够的上覆岩体厚度，一般均远离沟谷切割的卸荷裂隙带，埋藏深度多大于200 m。

（4）无地下水，岩体干燥。

（5）开挖断面形状不规则，造成局部应力集中。

（6）在溶孔较多的岩层里，一般不会发生岩爆。

4.6.10 岩爆的现场预测预报

1. 地形地貌分析法及地质分析法

认真查看地形地貌，对该区的地形情况有一个总体的认识，在高山峡谷地区，谷地为应力高度集中区。另外，根据地质报告资料初步确定辅助洞施工期间可能遇到的地应力集中和地应力偏大的地段。

依据地质理论，分析该地区所处的活动情况及地貌特征。在地壳运动的活动区有较高的地应力，在地区上升剧烈、河谷深切、剥蚀作用很强的地区，自重应力也较大。

2. AE 法（声发射法）

AE 法主要利用岩石临近破坏前有声发射现象这一结果，通过声波探测器对岩石内部的情况进行检测。该方法的基本参量是能率 E 和大事件数频度 N，它们在一定程度上反映出岩体内部的破裂程度和应力增长速度。这种预报方法是最直接的，也是最有效的。

3. 钻屑法（岩芯饼化法）

这种方法是通过对岩石钻孔进行的，可在进行超前预报钻孔的同时，对钻出的岩屑和取出的岩芯进行分析。对强度较低的岩石，根据钻出岩屑体积大小与理论钻孔体积大小的比值来判断岩爆趋势。在钻孔过程中，有时还可以根据爆裂声、摩擦声和卡钻现象等辅助信息来判断岩爆发生的可能性。

4.6.11 岩爆的八大防治措施

（1）在施工前，要针对已有勘测资料，首先进行概念模型建模及数学模型建模工作。通过三维有限元数值运算、反演分析以及对隧道不同开挖工序的模拟，初步确定施工区域地应力的数量级以及施工过程中哪些部位及里程容易出现岩爆现象，为施工中岩爆的防治提供初步的理论依据。

（2）在施工过程中，加强超前地质探测，预报岩爆发生的可能性及地应力的大小。采用上述超前钻探、声反射、地温探测方法，同时利用隧道内地质编录观察岩石特性，综合运用几种方法判断可能发生岩爆高地应力的范围。

（3）打设超前钻孔转移隧道掌子面的高地应力或注水降低围岩表面张力。超前钻孔可以利用钻探孔，在掌子面上利用地质钻机或液压钻孔台车打设，钻孔直径为 45 mm，每循环可布置 4~8 个孔，深度为 5~10 m，必要时也可以打设部分径向应力释放孔。钻孔方向应垂直岩面，间距数十厘米，深 1~3 m。必要时，若预测到的地应力较高，可在超前钻孔中进行松动爆破或将完整岩体用小炮震裂，或向孔内压水，以避免应力集中现象的出现。

（4）在施工中应加强监测工作，通过对围岩和支护结构的现场观察，观察辅助洞拱顶下沉、两维收敛以及锚杆测力计、多点位移计读数的变化，可以定量化地预测滞后发生的深部冲击型岩爆，用于指导开挖和支护的施工，以确保安全。

（5）在开挖过程中采用"短进尺、多循环"的方法，同时利用光面爆破技术，严格控制用药量，以尽可能减少爆破对围岩的影响并使开挖断面尽可能规则，减小局部应力集中发生的可能性。

（6）在岩爆地段的开挖进尺严格控制在 2.5 m 以内。此外，还需加强施工支护工作。支护的方法是在爆破后立即向拱部及侧壁喷射钢纤维或塑料纤维混凝土，再加设锚杆及钢筋网，必要时还要架设钢拱架和打设超前锚杆进行支护。

（7）衬砌工作要紧跟开挖工序进行，以尽可能减少岩层暴露的时间，减少岩爆的发生和确保人身安全，必要时可采取跳段衬砌。

（8）同时，应准备好临时钢木排架等，在听到爆裂响声后，立即进行支护，以防发生事故。发生岩爆的地段，可采取在岩壁切槽的方法来释放应力，以降低岩爆的强度。

任务 4.7　雪　崩

4.7.1　雪崩概述

积雪的山坡上，当积雪内部的内聚力抗拒不了它所受到的重力拉引时，便向下滑动，引起大量雪体崩塌，人们把这种自然现象称作雪崩。也有的地方把它叫作"雪塌方""雪流沙"或"推山雪"。雪崩，每每是从宁静的、覆盖着白雪的山坡上部开始的。突然间，咔嚓一声，勉强能够听见的这种声音告诉人们这里的雪层断裂了。先是出现一条裂缝，接着，巨大的雪体开始滑动。雪体在向下滑动的过程中，迅速获得速度，于是，雪崩体变成一条几乎是直泻而下的白色雪龙，如腾云驾雾般，呼啸着并声势凌厉地向山下冲去。

雪崩是一种所有雪山都会有的地表冰雪迁移过程，它们不停地从山体高处借重力作用顺山坡向山下崩塌，崩塌时速度可达 20~30 m/s。随着雪体的不断下降，速度也会突飞猛涨，一般 12 级风的风速为 20 m/s，而雪崩将达到 97 m/s，速度可谓极大，具有突然性、运动速度快、破坏力大等特点。它能摧毁大片森林，掩埋房舍、交通线路、通信设施和车辆，甚至能堵截河流，发生临时性的涨水。同时，它还能引起山体滑坡、山崩和泥石流等可怕的自然现象。因此，雪崩被人们列为积雪山区的一种严重自然灾害，如图 4.33 所示。

图 4.33　雪崩景象

4.7.2　雪崩的分类

雪崩分湿雪崩（又称块雪崩）、干雪崩（又称粉雪崩）两种。它们的形成和发生有不同的地貌和气候条件。

1. 湿雪崩

湿雪崩也许是最危险的，它一般发生于一场降水以后数天，因表面雪层融化又渗入下层雪中并重新冻结，形成了"湿雪层"。在冬天或春天，下雪后温度会持续快速升高，这使新的湿雪层不可能很容易就吸附于密度更小的原有的冰雪上，于是便向下滑动，产生雪崩。湿雪崩都是块状的，速度较慢、重量大、质地密，在雪坡上像墨渍似的，越变越大，因此摧毁力也强。这种块雪崩的形成区通常在坡度稍缓的雪坡上，因为要在陡坡上的粉雪（松散的雪）几乎崩完后，才会轮到相对的缓坡，发生块雪崩。它的下滑速度比空降雪崩更慢，沿途带起树木和岩石，产生更大的雪砾。但如果卷入块状的雪崩体中，就绝不会像遇到干雪崩那样幸运了；而且它一旦停止下来就会立即凝固，往往令抢救工作十分困难。

2. 干雪崩

干雪崩夹带大量空气，因此它会像流体一样。这种雪崩速度极高，它们从高山上飞腾而下，转眼吞没一切，甚至在冲下山坡后再冲上对面的高坡。一般而言，大雪刚停，山上的雪还没来得及融化，或在融化的水又渗入下层雪中再形成冻结之前，这时的雪是"干"的，也是"粉"的。当此种雪发生雪崩时，气浪很大，底层也容易生成气垫层。探险队遭遇此类雪崩时，人可以被裹入雪崩体中并随雪崩飞泻而下。但是，干雪崩和粉雪崩对探险者致命的威胁相对较小。

3. 雪板雪崩

不稳定且致命的雪板通常位于 30°～45° 的开放坡面上——看起来很好的路线。通常由于重力的作用引发，发出"砰"的声音，同时破碎，并有很大可能裹挟着受害者。雪板雪崩也可能由自然因素引发，扫过数千尺，甚至经过平坦的路线。避免的方法就是大雪后待几天，让雪层之间冻结实再在上面行走（但危险的雪板仍可能存在很长时间）。走路的时候注意空洞的"砰砰"声，这是不结实雪层的信号。

4. 松雪塌陷

松雪塌陷通常位于更陡峭的路线上，这种路线雪板留不住。这种雪崩是可预测的，开始下雪后雪坡就会崩陷。这种雪崩比较小，但是大的也很危险。最好的防范方法是：一旦看起来要下雪，就离开这种陡峭路线；如果下雪时在峡谷里或陡峭的坡面上，就在有遮蔽的地方设保护，并且爬到雪流走的主要通道那一面。

5. 湿雪下滑

湿雪下滑是湿且重的表层雪崩，发生在春夏解冻或夏天的大风雪之后，相对容易预测。由于日照或 0° 以上的气温使雪变暖，这种雪崩一般发生在 30° 以上的雪坡，特别是夜间的雪没有被冻住时，发生的可能性更大。湿雪下滑通常由于攀登者引发，由一点向下成三角形扇面发生。一般是下方的人被扫走，下方人比上方引发雪崩的人处境更危险。避免湿雪下滑就要夜里攀登，上午之前离开雪坡。如果穿过一个可疑的坡面，记得保护下方的人。

6. 冰　崩

冰崩包括冰塔和冰壁崩塌，通常由于中午较热或冰川运动引发。它可能引发下方雪坡的大规模雪板雪崩，从而导致整面山体的巨大雪崩。人们还无法预料冰崩的时间和规模，但是通过长时间的观察可以大概预测这座山的冰崩的情况。如果要从看来不稳定的冰塔或悬冰川下通过时，速度要快，因为这种路线极度危险！

4.7.3　雪崩的发生

造成雪崩的原因主要是山坡积雪太厚。积雪经阳光照射以后，表层雪溶化，雪水渗入积雪和山坡之间，从而使积雪与地面的摩擦力减小；与此同时，积雪层在重力作用下，开始向下滑动，积雪大量滑动造成雪崩。此外，地震运动、踩裂雪面也会导致积雪下滑造成雪崩。

雪崩常常发生于山地。有些雪崩是在特大雪暴中产生的，但常见的是发生在积雪堆积过厚，超过了山坡面的摩擦阻力时。雪崩的原因之一是在雪堆下面缓慢地形成了深部"白霜"，这是一种冰的六角形杯状晶体，与我们通常所见的冰碴相似。这种白霜的形成是因为雪粒的蒸发，它们比上部的积雪要松散得多，在地面或下部积雪与上层积雪之间形成一个软弱带，当上部积雪开始顺山坡向下滑动时，这个软弱带起着润滑的作用，不仅会加快雪下滑的速度，还会带动周围没有滑动的积雪。

人们可能察觉不到，其实在雪山上一直都进行着一种较量：重力一定要将雪向下拉，而积雪的内聚力却希望能把雪留在原地。当这种较量达到高潮的时候，哪怕是一点点外界的力量，比如动物的奔跑、滚落的石块、刮风、轻微地震动，甚至只是在山谷中大喊一声，只要压力超过了将雪粒凝结成团的内聚力，就足以引发一场灾难性雪崩。例如刮风，风不仅会造成雪的大量堆积，还会引起雪粒凝结，形成硬而脆的雪层，致使上面的雪层可以沿着下面的雪层滑动，发生雪崩。

然而，除了山坡形态，雪崩在很大程度上还取决于人类活动。据专家估计，90%的雪崩都由受害者或者他们的队友造成，这种雪崩被称为"人为休闲雪崩"。滑雪、徒步旅行或其他冬季运动经常会在不经意间成为雪崩的导火索。而人被雪堆掩埋后，半个小时不能获救的话，生还的希望就很渺茫了。我们经常会看到这样的报道，说某某人在滑雪时遭遇雪崩，不幸遇难。但那时，雪崩到底是主动伤人，还是在人的运动影响下迫不得已发生，就不得而知了。

4.7.4　雪崩发生的规律

雪崩的发生是有规律可循的。大多数的雪崩都发生在冬天或者春天降雪非常大的时候。尤其是暴风雪爆发前后，这时的雪非常松软，黏合力比较小，一旦一小块被破坏了，剩下的部分就会像一盘散沙或是多米诺骨牌一样，产生连锁反应而飞速下滑。春季，由于解冻期长，气温升高时，积雪表面融化，雪水就会一滴一滴地渗透到雪层深处，让原本结实的雪变得松散起来，大大降低了积雪之间的内聚力和抗断强度，使雪层之间很容易产生滑动。雪崩的严重性取决于雪的体积、温度、山坡走向，尤其重要的是坡度。最可怕的雪崩往往产生于倾斜度为 25°~50° 的山坡。如果山势过于陡峭，就不会形成足够厚的积雪，而斜度过小的山坡也不太可能产生雪崩。

和洪水一样，雪崩也是可重复发生的现象，也就是说，如果在某地发生了雪崩，完全有可能不久后它又卷土重来，有可能每下一场雪、每一年或是每个世纪都在同一地点发生一次雪崩。这一切都取决于山坡的地形特点和某些气候因素。

雪崩发生次数的多少跟气候和地形也很有关系。天山中部冬季积雪和雪崩经常阻断山区公路，而念青唐古拉山和横断山地经常发生的雪崩是现代冰川发育的重要来源之一。在这种地区，选择合适的登山时间就比较苛刻。与此同时，在我国西部靠近内陆的昆仑山、唐古拉山、祁连山等山地，降水量比较少，没有明显的旱、雨季之分，雪崩可能也就比较少，合适的登山时间也就比较宽裕。另外，这些内陆山地相对高度较低，一般都在 1 000~1 500 m，故山地的坡度也比较缓和。而喜马拉雅山、喀喇昆仑山相对高度在 3 000~4 000 m，甚至为 5 000~6 000 m，故山地坡度较陡，发生雪崩的可能性和雪崩的势能也就更大。

雪崩的发生还有空间和时间上的规律。就中国高山而言，西南边界上的高山如喜马拉雅山、念青唐古拉山以及横断山地，因主要受印度洋季风控制，除有雨季（5—10月）和旱季（11—次年4月）之分外，全年降水都比较丰富，高山上部得到的冬春降雪和积雪也比较多，故易发生雪崩。此外，天山山地、阿尔泰山地，因受北冰洋极地气团的影响，冬春降水也比较多，所以这个季节雪崩也比较多。

4.7.5　雪崩的形成和发展过程

雪崩的形成和发展可分为三个区段，即形成区、通过区、堆积区。

1. 形成区

雪崩的形成区大多在高山上部、积雪多而厚的部位，比如高高的雪檐、坡度超过 50°~ 60° 的雪坡，悬冰川的下端等地貌部位，都是雪崩的形成区。

2. 通过区

雪崩的通过区紧接在形成区的下面，常是一条从上而下直直的 U 形沟槽。由于经常有雪崩通过，尽管被白雪覆盖，槽内仍非常平滑，基本上没有大的起伏或障碍物。通过区长可达几百米，宽 20~30 m 或稍大一些，但不会太宽，否则滑下的冰雪就不会很集中，形成不了大的雪崩。

3. 堆积区

堆积区同样是紧接在形成区的下面，是在山脚处因坡度突然变缓而使雪崩体停下来的地方，从地貌形态上看，堆积物一般呈半圆锥形分布。其堆积物的粒径从圆锥的中心向圆锥外围直到圆锥的最外围，按由大到小的形式分布。堆积物一般是松散的结构，其间隙较大，土层也较松散。

4.7.6 雪崩的危害和预防急救

1. 雪崩危害

在高山探险遇到的危险中，雪崩造成的危害是最为经常、惨烈的，常常造成"全军覆没"。因雪崩遇难的人要占全部高山遇难的 1/3~1/2。但是，探险者遭遇雪崩的地理位置不同，危险性也不一样。如果所遇雪崩处正是雪崩的通过区，危险就要小一些；如果被雪崩带到堆积区，则生还的概率就很小了。雪崩摧毁森林和度假胜地，也会给当地的旅游经济造成非常大的影响。大型雪崩会掩埋山下居民的房屋，甚至活埋当地居民。

2. 预防急救

（1）对一些危险区域发射炮弹，实施爆炸，提前引发积雪还不算多的雪崩，设专人监视并预报雪崩等。例如：阿尔卑斯山周边国家、挪威、冰岛、日本、美国以及加拿大等发达国家都在容易发生雪崩的地区成立了专门组织，设有专门的监测人员，探察它形成的自然规律及预防措施。

（2）遵守雪崩高危区的活动原则：降雪、吹雪、大雾、刮暖风时或其后两天，行人车辆不要进入雪崩高危区作业，行走在山脊上比山谷里安全；北向山坡的雪易在冬季滑塌，南向山坡的雪易在春暖的时候滑塌；要严密观察雪崩先兆，提高警惕，以防万一。

（3）脚下一旦发生雪崩，要赶紧向侧方猛冲，逃离崩塌的雪流，或抓住树木、岩石或用冰镐扎入深雪层固定身体，尽量要使自己和伙伴不被冲走；一旦卷入雪流，口要紧闭，头朝山顶，四肢用力划动，力求能处在雪流表面；雪流停止时，两臂交叉胸前，尽量露出口鼻与胸廓运动（呼吸）所需要的范围；万一遭雪埋，挣扎几乎无用，唯一的作为是尽量保存体能，待到有望时大声呼叫。

 拓展阅读 4.6：雪崩

2012 年 2 月 11 日，科索沃与马其顿和阿尔巴尼亚三方交界处的莱斯特里察村发生雪崩。

截止到 2 月 12 日，这次雪崩已造成 10 人丧生。

2012 年 2 月 17 日，43 岁的荷兰王子约翰·弗里索在奥地利西部小镇莱希滑雪时，遭遇雪崩被活埋约 20 分钟。弗里索王子被解救出来时，已失去意识。2 月 18 日，荷兰政府发表声明称，弗里索目前（2 月 18 日）正在医院接受抢救，生命尚在危险中。

2012 年 2 月 20 日，美国华盛顿州史蒂文斯·帕斯滑雪场（Stevens Pass）附近发生雪崩，导致 3 人死亡，8 人失踪。史蒂文斯·帕斯滑雪场距离西雅图市 130 km，是华盛顿州最受欢迎的户外娱乐场所之一。

2012 年 3 月 3 日，20 多名滑雪爱好者前往中国黑龙江省五常市大秃顶子山滑雪，意外遭遇雪崩，一位编号为"007"的申姓滑雪者死亡。该名遇难者为中国滑雪史上遭遇雪崩第一人。

2012 年 3 月 6 日，阿富汗东北部山区 3 座偏远村庄遭遇雪崩，截至 3 月 6 日已确认 42 人死亡。

任务 4.8　地　震

4.8.1　地震概述

地震（earthquake）又称地动、地震动，是地壳在内外应力作用下，集聚的构造应力突然释放，产生震动弹性波，从震源向四周传播引起的地面颤动。

地球可分为三层：中心层是地核，主要由铁元素组成；中间是地幔；外层是地壳。地震一般发生在地壳之中。地壳内部在不停地变化，由此而产生力的作用（即内力作用），使地壳岩层变形、断裂、错动，于是便发生地震。超级地震指的是震波极其强烈的大地震，其发生次数占总地震的 7%～21%，破坏程度是原子弹的数倍，所以超级地震影响十分广泛，十分具有破坏力。

地震，是地球内部发生的急剧破裂产生的震波，在一定范围内引起地面震动的现象。地震就是地球表层的快速震动，在古代又称为地动。它就像海啸、龙卷风、冰冻灾害一样，是地球上经常发生的一种自然灾害。大地震动是地震最直观、最普遍的表现。在海底或滨海地区发生的强烈地震，能引起巨大的波浪，称为海啸。地震是极其频繁的，全球每年发生地震约 550 万次。地震常常造成严重的人员伤亡，能引起火灾、水灾、有毒气体泄漏、细菌及放射性物质扩散，还可能造成海啸、滑坡、崩塌、地裂缝等次生灾害。

地震波发源的地方，叫作震源（focus）。震源在地面上的垂直投影，即地面上离震源最近的一点，称为震中，它是接受震动最早的部位。震中到震源的深度叫作震源深度。通常将震源深度小于 60 km 的叫浅源地震，深度在 60～300 km 的叫中源地震，深度大于 300 km 的叫深源地震。对于同样大小的地震，由于震源深度不一样，对地面造成的破坏程度也不一样。震源越浅，破坏越大，但波及范围也越小，反之亦然。

破坏性地震一般是浅源地震，如 1976 年唐山地震的震源深度为 12 km。破坏性地震的地面震动最烈处称为极震区，极震区往往也就是震中所在的地区。

观测点距震中的距离叫震中距。震中距小于 100 km 的地震称为地方震，在 100 ~ 1 000 km 的地震称为近震，大于 1 000 km 的地震称为远震，其中，震中距越大的地方受到的影响和破坏越小。

地震所引起的地面震动是一种复杂的运动，它是由纵波和横波共同作用的结果。在震中区，纵波使地面上下颠动，横波使地面水平晃动。由于纵波传播速度较快，衰减也较快，横波传播速度较慢，衰减也较慢，因此离震中较远的地方，往往感觉不到上下跳动，但能感觉到水平晃动。

当某地发生一个较大地震的时候，在一段时间内，往往会发生一系列的地震。其中，最大的一个地震叫作主震，主震之前发生的地震叫前震，主震之后发生的地震叫余震。

地震具有一定的时空分布规律。从时间上看，地震有活跃期和平静期交替出现的周期性现象。从空间上看，地震的分布呈一定的带状，称地震带。就大陆地震而言，主要集中在环太平洋和地中海—喜马拉雅两大地震带。环太平洋地震带几乎集中了全世界 80% 以上的浅源地震（0 ~ 60 km），全部的中源地震（60 ~ 300 km）和深源地震（>300 km），所释放的地震能量约占全部能量的 80%。地震术语如图 4.34 所示。

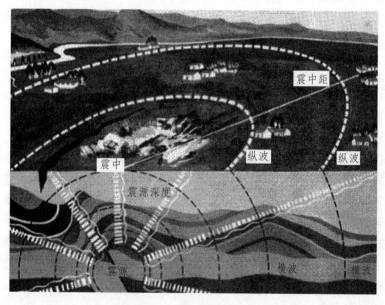

图 4.34　地震术语示意图

4.8.2　地震的成因和类型

地震分为天然地震和人工地震两大类。此外，某些特殊情况下也会产生地震，如大陨石冲击地面（陨石冲击地震）等。引起地球表层震动的原因很多，根据地震的成因，可以把地震分为以下几种：

1. 构造地震

由于地下深处岩石破裂、错动，把长期积累起来的能量急剧释放出来，以地震波的形式向四面八方传播出去，到地面引起的房摇地动称为构造地震。这类地震发生的次数最多，破坏力也最大，占全世界地震的 90% 以上。

2. 火山地震

由于火山作用，如岩浆活动、气体爆炸等引起的地震称为火山地震。只有在火山活动区才可能发生火山地震，这类地震只占全世界地震的 7% 左右。

3. 塌陷地震

由于地下岩洞或矿井顶部塌陷而引起的地震称为塌陷地震。这类地震的规模比较小，次数也很少，即使有，也往往发生在溶洞密布的石灰岩地区或大规模地下开采的矿区。

4. 诱发地震

由于水库蓄水、油田注水等活动而引发的地震称为诱发地震。这类地震仅仅在某些特定的水库库区或油田地区发生。

5. 人工地震

地下核爆炸、炸药爆破等人为引起的地面震动称为人工地震。人工地震是由人为活动引起的地震，如工业爆破、地下核爆炸造成的震动，在深井中进行高压注水以及大水库蓄水后增加了地壳的压力，有时也会诱发地震。

4.8.3　地震前兆

地震前兆指地震发生前出现的异常现象，包括井水、泉水等。主要异常有发浑、冒泡、翻花、升温、变色、变味、突升、突降、井孔变形、泉源突然枯竭或涌出等。人们总结了震前井水变化的谚语：井水是个宝，地震有前兆；无雨泉水浑，天干井水冒；水位升降大，翻花冒气泡；有的变颜色，有的变味道。许多动物的某些器官感觉特别灵敏，它能比人类提前知道一些灾害事件的发生，如海洋中水母能预报风暴，老鼠能事先躲避矿井崩塌等。至于在视觉、听觉、触觉、振动觉、平衡觉器官中，哪些起主要作用，哪些又起辅助判断作用，对不同的动物可能有所不同。伴随地震而产生的物理、化学变化（振动、电、磁、气象、水氡含量异常等），往往能使一些动物的某种感觉器官受到刺激而发生异常反应。地震前动物的异常表现有牛、马、驴、骡等惊慌不安、不进厩、不进食、乱闹乱叫、打群架、挣断缰绳逃跑、蹬地、刨地、行走中突然惊跑。

4.8.4　地震现象

地震发生时，最基本的现象是地面的连续震动，主要特征是明显的晃动。

极震区的人在感到大的晃动之前，有时首先感到上下跳动。这是因为地震波从地内向地面传来，纵波首先到达的缘故。横波接着产生大振幅的水平方向的晃动，这是造成地震灾害的主要原因。1960 年智利大地震时，最大的晃动持续了 3 分钟。地震造成的灾害首先是破坏房屋和建筑物，如 1976 年中国河北唐山地震中，70% ~ 80% 的建筑物倒塌，人员伤亡惨重。

地震对自然界景观也有很大影响，最主要的后果是地面出现断层和地震裂缝。大地震的地表断层常绵延几十至几百千米，往往具有较明显的垂直错距和水平错距，能反映出震源处的构造变动特征（如浓尾大地震、旧金山大地震）。但并不是所有的地表断裂都直接与震源的运动相联系，它们也可能是由于地震波造成的次生影响。特别是地表沉积层较厚的地区，坡地边缘、河岸和道路两旁常出现地裂缝，这往往是由于地形因素，在一侧没有依托的条件下晃动使表土松垮和崩裂。地震的晃动使表土下沉，浅层的地下水受挤压会沿地裂缝上升至地表，形成喷沙冒水现象。大地震能使局部地形改观，或隆起，或沉降，还会使城乡道路坼裂、铁轨扭曲、桥梁折断。而在现代化城市中，地下管道破裂和电缆被切断又会造成停水、停电和通信受阻，煤气、有毒气体和放射性物质泄漏可导致火灾和毒物、放射性污染等次生灾害。在山区，地震还能引起山崩和滑坡，常造成掩埋村镇的惨剧。崩塌的山石堵塞江河，在上游形成地震湖。1923 年日本关东大地震时，神奈川县发生泥石流，顺山谷下滑，远达 5 km。

4.8.5　地震震级和地震烈度

目前衡量地震规模的标准主要有震级和烈度两种。

1. 地震震级

地震震级是根据地震时释放的能量大小而定的。一次地震释放的能量越多，地震震级越大。一次地震所释放的能量是固定的，所以无论在任何地方测定都只有一个震级。地震释放能量大小可根据地震波记录图的最高振幅来确定。由于远离震中波动要衰减，不同地震仪的性能不同，记录的波动振幅也不同，所以必须以标准地震仪和标准震中距的记录为准。按李希特-古登堡的最初定义，震级（M）是距震中 100 km 的标准地震仪（周期为 0.8 s，阻尼比为 0.8，放大倍率为 2 800 倍）所记录的以 μm 表示的最大振幅 A 的对数数值，即

$$M = \lg A$$

古登堡和李希特根据观测数据，求得震级 M 与能量 E 之间有如下关系：

$$\lg E = 11.8 + 1.5M$$

目前，人类有记录的震级最大的地震是 1960 年 5 月 22 日智利发生的 9.5 级地震，所释放的能量相当于一颗 1 800 万吨炸药量的氢弹，或者相当于一个 100 万千瓦的发电厂 40 年的发电量。"5·12"汶川地震所释放的能量大约相当于 90 万吨炸药量的氢弹，或 100 万千瓦的发电厂 2 年的发电量。

现今国际上一般采用美国地震学家查尔斯·弗朗西斯·芮希特和宾诺·古腾堡（Beno Gutenberg）于 1935 年共同提出的震级划分法，即现在通常所说的里氏地震规模。里氏规模是地震波最大振幅以 10 为底的对数，并选择距震中 100 km 的距离为标准。里氏规模每增强一级，释放的能量约增加 32 倍，相隔两个震级其能量相差 1 000（≈32×32）倍。

小于里氏规模 2.5 的地震，人们一般不易感觉到，称为小震或者是微震；里氏规模 2.5 ~ 5.0 的地震，震中附近的人会有不同程度的感觉，称为有感地震，全世界每年大约发生十几万次；大于里氏规模 5.0 的地震，会造成建筑物不同程度的损坏，称为破坏性地震。里氏规模 4.5 以上的地震可以在全球范围内监测到。

2. 地震烈度

同样大小的地震，造成的破坏不一定是相同的；同一次地震，在不同的地方造成的破坏

也不一样。为了衡量地震的破坏程度，科学家又"制作"了另一把"尺子"——地震烈度。在中国地震烈度表（表 4.1）上，对人的感觉、一般房屋震害程度和其他现象作了描述，可以作为确定烈度的基本依据。影响烈度的因素有震级、震源深度、距震源的远近、地面状况和地层构造等。

表 4.1　中国地震烈度表

烈度	人的感觉/ 一般房屋震害程度	其他现象
1 度	无感	仅仪器能记录到
2 度	微有感	特别敏感的人在完全静止中有感
3 度	少有感	室内少数人在静止中有感，悬挂物轻微摆动
4 度	多有感	室内大多数人、室外少数人有感，悬挂物摆动，不稳器皿作响
5 度	惊醒	室外大多数人有感，家畜不宁，门窗作响，墙壁表面出现裂纹
6 度	惊慌	人站立不稳，家畜外逃，器皿翻落，简陋棚舍损坏，陡坎滑坡
7 度	房屋损坏	房屋轻微损坏，牌坊、烟囱损坏，地表出现裂缝及喷沙冒水
8 度	建筑物被破坏	房屋多有损坏，少数破坏路基塌方，地下管道破裂
9 度	建筑物普遍被破坏	房屋大多数破坏，少数倾倒，牌坊、烟囱等崩塌，铁轨弯曲
10 度	建筑物普遍被摧毁	房屋倾倒，道路毁坏，山石大量崩塌，水面大浪扑岸
11 度	毁灭	房屋大量倒塌，路基堤岸大段崩毁，地表产生很大变化
12 度	山川易景	一切建筑物普遍毁坏，地形剧烈变化，动植物遭毁灭

一般情况下，仅就烈度和震源、震级间的关系来说，震级越大震源越浅，烈度也越大。一般来讲，一次地震发生后，震中区的破坏最重，烈度最高；这个烈度称为震中烈度。从震中向四周扩展，地震烈度逐渐减小。所以，一次地震只有一个震级，但它所造成的破坏，在不同的地区是不同的。也就是说，一次地震，可以划分出好几个烈度不同的地区。这与一颗炸弹爆后，近处与远处破坏程度不同道理一样。炸弹的炸药量，好比是震级；炸弹对不同地点的破坏程度，好比是烈度。

4.8.6　地震分布

1. 时间分布

地震活动在时间上具有一定的周期性。这表现为在一定时间段内地震活动频繁、强度大，称为地震活跃期；而另一时间段内地震活动相对来讲频率少、强度小，称为地震平静期。

2. 地理分布

地理分布即地震带，地震的地理分布受一定的地质条件控制，具有一定的规律。地震大多分布在地壳不稳定的部位，特别是板块之间的消亡边界，会形成地震活动活跃的地震带。全世界主要有三个地震带：

一是环太平洋地震带，包括南、北美洲太平洋沿岸、阿留申群岛、堪察加半岛、千岛群岛、日本列岛，经中国台湾再到菲律宾转向东南直至新西兰，是地球上地震最活跃的地区，集中了全世界 80% 以上的地震。本带处于太平洋板块和美洲板块、亚欧板块、印度洋板块的消亡边界，南极洲板块和美洲板块的消亡边界上。

二是欧亚地震带，大致从印度尼西亚西部、缅甸经中国横断山脉、喜马拉雅山脉，越过帕米尔高原，经中亚细亚到达地中海及其沿岸。本带位于亚欧板块和非洲板块、印度洋板块的消亡边界上。

三是中洋脊地震带，包含延绵世界三大洋（即太平洋、大西洋和印度洋）和北极海的中洋脊。中洋脊地震带仅含全球约 5% 的地震，此地震带的地震几乎都是浅层地震。

中国地震主要分布在五个区域（台湾地区、西南地区、西北地区、华北地区、东南沿海地区）和 23 条大小地震带上。

4.8.7　地震效应

1. 地震力效应

地震可使建（构）筑物受到一种惯性力的作用，这种力为地震力。当建筑物经受不住这种地震力的作用时，建（构）筑物将会发生变形、开裂，甚至倒塌。

地震时，地震加速度是有方向的。考虑到建筑物垂直向和水平向的刚度不同，在许多情况下，特别是高层建（构）筑物，水平向刚度比垂直向刚度小得多，因而建（构）筑物的损毁主要是由水平分力造成，故一般在抗震设计中，都必须考虑水平向地震力的影响。

2. 地震破裂效应

在震源处，地震能量以地震波的形式形成并向周围的地层传播，引起相邻的岩石振动，这种振动具有很大的能量，它以作用力的方式作用于岩石上。当这些作用力超过了岩石的强度时，岩石就要发生突然破裂和位移，形成断层和地裂缝，引起建筑物变形和破坏，这种现象称为地震破裂效应。

3. 地震液化效应

疏松的粉细砂土被水饱和，在受到地震震动时，砂体达到液化状态，砂土层完全丧失抗剪强度和承载能力。

4. 地震激发地质灾害的效应

强烈的地震作用能激发斜坡上岩土体松动、失稳，发生滑坡和崩塌等不良地质现象。如果震前久雨，则更易发生。在山区，地震激发的滑坡和崩塌往往是巨大的，它们可以摧毁房屋和道路交通，甚至整个村庄也能被掩埋，并因崩塌和滑坡而堵塞河道，使河水淹没两岸村镇和道路。

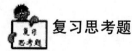 复习思考题

基本习题：

1. 产生滑坡的主要条件是什么？影响滑坡强度的因素有哪些？如何建立滑坡的预防体制？

2. 泥石流的分类及诱发因素有哪些？如何通过工程措施预防泥石流？

3. 简述火山喷发的现象、火山喷发的分类和阶段。

4. 什么叫岩溶，其发育的基本条件有哪些？

5. 什么叫地震，自然地震按其成因可分为哪几种？

6. 何谓地震震级，震级如何确定？

7. 地震的破坏效应表现在哪些方面？

兴趣、拓展与探索习题：

1. 请搜集资料，用图文并茂的方式说明"目前人们对于地震还没有准确预测办法的原因，结合地震产生的原理试分析推测如何能有效地预报地震"。

2. 请搜集资料，用图文并茂的方式说明"2011 年 3 月，日本地震引发的海啸产生的海浪高约 20 m，海浪奔向海岸边的速度约 600 km/h，其巨大的冲击能量使日本遭受了严重的损失。结合地震和海啸的相关知识，分析推测海啸巨大的能量是如何形成的。"

项目 5　河流与地貌

项目描述

本项目主要讲述了地球表面水系的组成和分布，大气降水循环的过程，自然界水系的相互作用和平衡规律，地面水系的形成和发展规律，水资源与保护及其相关案例，河流、河谷地貌的组成、特点及地质作用，河流阶地的选线原则，在河流阶地区域进行建筑物、生活区建设的注意事项等内容。

教学目标

1. 知识目标

通过本项目的学习，学生一般应了解和认识：

（1）自然界水系的循环规律。

（2）河流的河谷要素。

（3）河流与地貌的关系。

2. 能力与素质目标

通过学习，学生应能够分析河流水系的发展规律和特点，能够掌握线路沿河流阶地走线的原则以及在河流阶地区域进行工程施工的注意事项。作为工程技术人员，要尊重大自然、热爱大自然，施工中自觉保护河流自然环境、节约用水，防止水土流失及水源污染等事件的发生，力争做到使河流地貌的自然环境得到可持续发展。

任务 5.1　地表水

5.1.1　地表水的概念与分类

1. 地表水的定义

地表水（surface water）是指存在于地壳表面、暴露于大气中的水，是河流、冰川、湖泊、沼泽四种水体的总称，亦称"陆地水"。它是人类生活用水的重要来源之一，也是各国水资源的主要组成部分。随着全球环境的变化，水资源已经日趋紧张。水资源已经成为 21 世纪各国争夺的主要目标之一。西南地区地表水如图 5.1 所示。

图 5.1　西南地区地表水

2. 地表水的分类

（1）河流地表水。

中国大小河流的总长度约为 42 万千米，径流总量达 27 115 亿立方米，占全世界径流量的 5.8%。中国的河流数量虽多，但地区分布却很不均匀，全国径流总量的 96% 都集中在外流流域，面积占全国总面积的 64%，内陆流域径流量仅占全国径流总量 4%，面积占全国总面积的 36%。冬季是中国河川径流的枯水季节，夏季则是丰水季节。

（2）冰川地表水。

中国冰川的总面积约为 5.65 万平方千米，总储水量约 29 640 亿立方米，年融水量达 504.6 亿立方米，多分布于江河源头。冰川融水是中国河流水量的重要补给来源，对西北干旱区河流水量的补给影响尤大。中国的冰川都是山岳冰川，可分为大陆性冰川与海洋性冰川两大类，其中，大陆性冰川约占全国冰川面积的 80% 以上。

（3）湖泊地表水。

中国湖泊的分布很不均匀，1 平方千米以上的湖泊有 2 800 余个，总面积约为 8 万平方千米，多分布于青藏高原和长江中下游平原地区。其中，淡水湖泊的面积为 3.6 万平方千米，占总面积的 45% 左右。此外，中国还先后建成了人工湖泊和各种类型水库共计 8.6 万余座。

（4）沼泽地表水。

中国沼泽的分布很广，仅泥炭沼泽和潜育沼泽两类面积即达 11.3 万余平方千米，三江平原和若尔盖高原是中国沼泽最集中的两个区域。中国大部分沼泽分布于低平而丰水的地段，土壤潜在肥力高，是中国进一步扩大耕地面积的重要对象，如图 5.2 所示。

图 5.2　沼泽地区

5.1.2　地表水与水系的循环

1. 地球水系统

地球表面 3/4 的面积被海洋、冰层、湖泊、沼泽及江河覆盖。大陆表层岩石和土壤的空隙中也充填有大量地下水。大气对流层中飘浮着大量的水气和雨、雪微粒。这些水体共同构成一个连续而不规则的圈层，称为水圈。水圈的质量约为 1.44×10^{18} t，是地球总质量的近 1/4 000。

海洋水、地下水、地表水（河流）、大气水共同构成了地球水系统。海洋水、地下水、地表水（河流）、大气水相互之间时刻不断地进行着交换，它们之间相互补充、相互影响。海洋水、地下水、地表水（河流）、大气水之间水量的关系如图 5.3 所示。

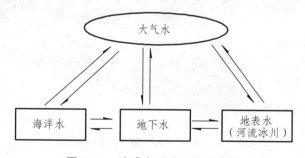

图 5.3　地球水系统组成示意图

2. 地球水系统循环的动力

海洋水、陆地水和大气水随时随地都通过相变和运动进行着大规模的交换，这种交换过程称为地球水分循环。而促使它们循环的主要动力就是太阳能（太阳光线的照射），其次是地球的重力势能和地形结构（地面对水产生压力）。地球水系统循环如图 5.4 所示。

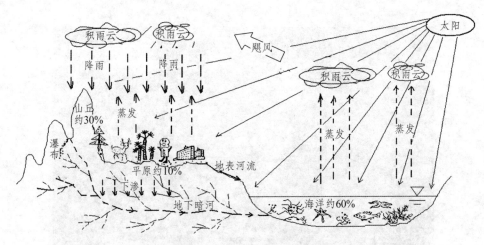

图 5.4　大气降水循环示意图

3. 地球水系统循环平衡的特点

全球每年水分的总蒸发量和总降水量均为 500 000 km³。全球海洋的总蒸发量约为 430 000 km³，总降水量大约为 390 000 km³。蒸发量比降水量多支出的大约 40 000 km³ 水以水蒸气形式输送到大陆上空。

陆地上的降水量比蒸发量多大约 40 000 km³，其中有一部分渗入地下补给地下水，一部分暂存于湖泊中，一部分被植物吸收，多余部分最后以河川径流形式回归海洋，从而完成海陆之间的水量平衡。地球水系统循环平衡示意图如图 5.5 所示。

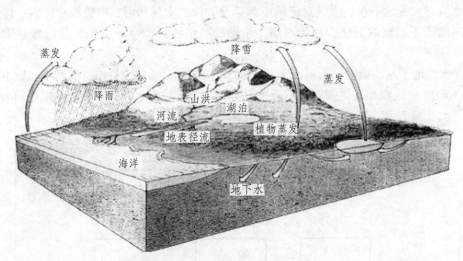

图 5.5　地球水系统循环平衡示意图

5.1.3　地表水的合理使用

1. 地表水与地下水的合理使用

为促进一个流域、地区或灌区的水资源供需平衡，须对地表水和地下水进行合理的统一开发利用和管理。在农田灌溉中，联合运用的主要形式是井渠结合。有些地区修建了大规模的引水、调水工程，与原有的井灌区联成一个系统；而在一些大型自流灌区，由于地表水资源不足，又在灌区进行了机井建设。美国加利福尼亚州的中央河谷、巴基斯坦的印度河平原、印度的恒河平原和中国的黄淮海平原，都是大面积地表水和地下水联合运用的地区。

2. 合理使用的优点

（1）调蓄地表径流。利用含水层的蓄水功能，蓄存丰水时期的多余地表水量，供枯水时期使用。

（2）改善地下水质。调蓄地表径流水量，对含盐量较高的地下水可以起到稀释作用。巴基斯坦和以色列的一些灌区，曾采用这样的方法减少地下水的含盐量。中国黄淮海平原的黑龙港地区，对浅层矿化地下水也进行过"抽咸换淡"。在荷兰，有些地方还把夏天温度较高的水回灌地下，到冬天抽出灌溉对水温要求较高的温室花卉和蔬菜。

（3）调控地下水位。大型水库和灌区的修建，增加了对地下水的补给，引起地下水位升高，导致灌溉土地渍涝和次生盐碱化。在这些地区，开采利用地下水可降低地下水位，配合地面排水，进行旱、涝、盐碱综合治理；但地下水超量开采会引起地下水位下降，使水井建设费用和抽水费用增加。长期超采会形成大面积地下水位降落漏斗，招致地面沉陷和滨海地区海水入侵等危害。在这种情况下可引进地表水，以减少地下水开采量，并对地下水进行回灌，以调控地下水位。

3. 地表水水质的保护

地表水是人类生活用水的重要来源之一，也是各国水资源的主要组成部分。随着地球"温室效应"的发展和人口的增长，地表水的数量、覆盖面积在逐年减少，而地表水的污染程度却在逐年增加。据统计资料分析表明，世界上大约有 1/6 的人得不到安全洁净的饮用水。

因此，我国已对地表水进行了立法保护。对于工矿企业、居民生活所排出的污水必须进行净化处理后才可排入地表水河流。尤其是铁路、公路等的建设和施工企业，一般工作在地表水的上游，应该更加注重对水质的保护。

地表淡水按储量计算基本上能够满足人类的生活和生产需求。然而，地表淡水的分布却很不均匀。相对于非洲和亚洲，欧洲和美洲的人均淡水水资源要丰富很多。其中，在人口只有不到 3 亿的美国和加拿大之间，就储存着世界上最大的淡水湖。

 拓展阅读 5.1：世界最大的淡水湖群

世界上无与伦比的淡水湖群——五大湖，是分布在美国东北部与加拿大接壤地区的 5 个相连大湖的总称。它们从上游至下游依次为苏必利尔湖、密歇根湖、休伦湖、伊利湖和安大略湖，总面积达 24.52 万平方千米，烟波浩渺、一望无际，因而获得了"北美大陆地中海"的称号。除伊利湖外，其余 4 个湖湖地均低于海平面，其中，安大略湖湖地在海平面以下 150 m。湖水平均深度为 99 m，超过北海（94 m）；总蓄水量达 24 458 km³，占全世界淡水总量的 1/5，约相当于北美洲最大河流密西西比河年径流量的 40 倍，占美国湖泊和水库供应淡水总量的 90% 左右。湖面由西向东逐级降低，最后由安大略湖汇经圣劳伦斯河注入大西洋，位于最上游的苏必利尔湖为世界上最大的淡水湖，面积达 8.24 万平方千米，蓄水量为五大湖的一半以上，如图 5.6 和图 5.7 所示。

图 5.6 世界最大的淡水湖——苏必利尔湖

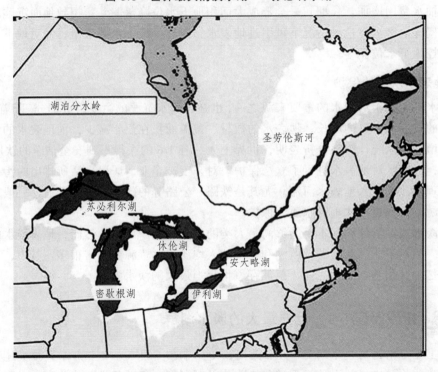

图 5.7 五大湖与圣劳伦斯湾

　　苏必利尔湖是北美洲五大湖最西北和最大的一个，也是世界最大的淡水湖，是世界仅次于里海的第二大湖。湖东北面为加拿大，西南面为美国。湖面东西长 616 km，南北最宽处为 257 km，湖面平均海拔 180 m，水面积 82 103 km²，最大深度为 405 m，蓄水量为 1.2 万立方千米；有近 200 条河流注入湖中，以尼皮贡和圣路易斯河为最大。湖中主要岛屿有罗亚尔岛（美国国家公园之一）、阿波斯特尔群岛、米奇皮科滕岛和圣伊尼亚斯岛，沿湖多林地，风景秀丽，人口稀少。苏必利尔湖水质清澈，湖面多风浪，湖区冬寒夏凉，季节性渔猎和旅游为当地娱乐业主要项目。该湖蕴藏有多种矿物，有很多天然港湾和人工港口，主要有加拿大的桑德贝和美国的塔科尼特等，全年通航期为 8 个月。该湖 1622 年为法国探险家发现，湖名取自法语，意为"上湖"。

 拓展阅读 5.2：世界上蓄水量最大的淡水湖

贝加尔湖是亚欧大陆上最大的淡水湖，也是世界上最深和蓄水量最大的湖，最深处达 1 620 m，总蓄水量为 23 600 km³，相当于北美洲五大湖蓄水量的总和，约占全球淡水湖总蓄水量的 1/5。在我国古书上，这里称为"北海"，是我国古代北方少数民族的主要活动地区，汉代苏武牧羊的故事即发生在此处。

地下水冲出地面或山上积雪的融化形成了地表水，在地表的高差和地球重力的作用下，地表水流动形成河流。地表水大多是淡水，它们是地表生物圈维持生命的基础，尤其人类的生活和工农业发展更是离不开水的支持。但是，随着全球气候变化（变暖）和环境的恶化，地表水资源正变得日益紧张，对地表水资源的争夺也随即展开。下面的案例就说明了我们国家和印度在湄公河上对水资源的需求。

案例阅读 5.1：中国巨型水利工程——南水北调水利工程简介

水是生命的源泉，是不可替代的宝贵资源，也是社会经济发展和保护生态环境必不可少的重要因素，没有水也就没有人类社会的发展和存在。我国多年平均水资源总量为 28 124 亿立方米，其中河川径流量为 27 115 亿立方米，居世界第 6 位。但人均占有水资源量仅为世界人均占有量的 1/4，居世界第 109 位。我国水资源的自然分布呈现南方水多、北方水少、时空分布不均的特点，北方水资源严重短缺，为适应缺水地区的社会经济发展，必须对水资源进行合理调配。南水北调工程是我国优化配置水资源的重大举措，是解决华北、西北地区缺水的一项战略性基础设施工程，如图 5.8 和图 5.9 所示。

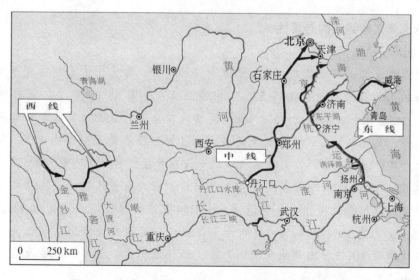

图 5.8　南水北调水利工程西线、中线、东线线路图

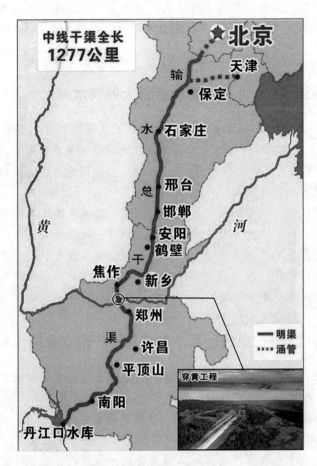

图 5.9　南水北调水利工程中线干线工程图
（资料来源：国务院南水北调工程建设委员会办公室）

1. 南水北调工程建设的必要性

（1）我国水资源自然分布不均。

我国水资源分布，具有南方水多、北方水少的特点，与生产力布局不相适应。长江流域及其以南的河川径流量占全国的 83%，耕地面积占全国 38%。其中，长江流域年径流量为 9 513 亿立方米，占全国的 35%，耕地面积只占全国的 25%，人均和亩均水量均超过全国平均水平，属丰水区；淮河流域及其以北地区的年径流量占全国的 17%，耕地面积占全国的 62%，其中黄河、淮河、海河 3 大流域和胶东地区的河川径流量为 1 573 亿立方米，约占全国的 6%，耕地面积却占全国的 40%，人均和亩均水量远低于全国平均水平，属缺水区，尤以海河流域更为突出，年径流量只有 264 亿立方米，不足全国的 1%，而人口和耕地却分别占全国的 10% 和 12%，缺水十分严重。与海河流域相比，长江流域的人均水量是海河流域的近 10 倍，亩均水量为 17 倍。江、淮、黄、海 4 大流域及全国的人均、亩均水量见表 5.1。

162

表 5.1　全国及江、淮、黄、海流域人均、亩均水量（1990 年）

区　域	陆地总面积 （万平方千米）	耕地面积 （亿亩）	人口 （亿人）	年径流量 （亿立方米）	地下水量 （亿立方米）	重复水量 （亿立方米）
全　国	960	14.36	11.43	27 115	8 288	7 279
长江流域	180	3.55	3.97	9 513	2 464	2 363
淮河流域	26.9	1.79	1.45	621	393	173
黄河流域	75.2	1.83	0.96	580	405	323
海河流域	31.9	1.69	1.16	264	265	131

区　域	水资源总量 （亿立方米）	人均地表水量 （立方米·人⁻¹）	亩均地表水量 （立方米·亩⁻¹）	人均水量 （立方米·人⁻¹）	亩均水量 （立方米·亩⁻¹）
全　国	28 124	2 372	1 888	2 460	1 958
长江流域	9 614	2 396	2 680	2 422	2 708
淮河流域	841	428	347	580	470
黄河流域	662	604	317	690	362
海河流域	398	228	156	343	236

注：① 1 亩 = 666.67 m²。

　　我国北方缺水不仅因为水资源少，还因为河川径流的年际变化很大，年径流最大与最小的比值，南方为 2～4，北方为 3～8，淮河为 15，海河则高达 20。更为严重的是连续丰水年和连续枯水年的交替发生。黄河出现过连续 11 年枯水年（1922—1932 年），平均年径流量只有多年平均量的 70%；海河出现过连续 8 年枯水年（1980—1987 年），平均年径流量只有多年平均量的 57%；淮河也有类似现象。华北地区降雨受季风影响，7、8 两月的降雨量占全年的 50%～60%，且多以暴雨形式出现，调蓄困难，可利用的径流不多，造成汛期常常发生洪涝灾害，非汛期却又严重缺水。

　　（2）北方缺水的影响越来越严重。

　　华北和西北地区，幅员辽阔、地势平坦、光热资源充足、矿产资源丰富，是我国重要的能源、原材料和重化工基地，农牧业生产和土地开发潜力很大，在我国社会、经济中占有十分重要的地位。但该地区水资源严重不足，已成为制约社会、经济发展的关键因素。由于水资源长期供不应求，已产生了一系列社会、经济与环境问题，且日趋严重。

　　① 因缺水影响工农业生产和人民的正常生活。20 世纪 80 年代初期，连续干旱使得京、津和京广铁路沿线许多大中城市的部分工厂因缺水而停产，经济损失很大。城市居民生活不得不实行定时、定量、低压供水。不少地区因缺水限制能源、原材料和化工等耗水较多的工业发展。一些拟建项目因缺水而举棋不定或被迫另择建设地点。一些地区为保证城市供水不得不挤占农业灌溉用水，不仅使农业生产受到很大影响，而且加剧了地区之间、工农业之间的矛盾，影响了社会安定。

　　② 因缺水被迫大量超采地下水。早在 20 世纪 80 年代中期，华北平原与胶东地区的地下水开发利用程度就已经很高，但为了经济发展的需要，这些地区在地表水资源严重匮乏的

情况下，不得不对地下水资源进行超量开采，因而造成大面积地下水漏斗区。深层地下水位的下降，造成了北京、天津、沧州、衡水等城市地面沉降，使建筑物、堤防发生裂缝。胶东烟台、潍北等地，地下水位已下降至海平面以下，导致海水浸入淡水含水层。

③ 一些缺水严重的地区，长期开采饮用有害的深层地下水，使氟骨病和甲状腺病等地方病蔓延，人民健康受到严重威胁。许多地方大量污水未经处理就重复使用，造成环境恶化和农副产品被污染。

（3）实施南水北调势在必行。

京、津、华北等地区水资源短缺，要解决这些地区的缺水问题，必须贯彻开源与节流并重的方针，大力推广节水措施。20世纪80年代以来，华北等地区积极采取加强节约用水管理、限制高耗水工业发展、地下水回灌、污水利用以及兴修水利设施和加强水资源的调配等一系列措施，取得了显著成效。1987年，北京、天津水的重复利用率已分别达到77.6%和72.5%，接近发达国家的水平（1985年日本为74%，美国为87%）。人均生活用水量不仅低于发达国家水平，而且也低于国内南方大城市的水平（1993年北京、天津人均生活用水量分别为85.6 m³和45 m³，同期上海为87.3 m³、武汉为112. m³、广州为187.6 m³）。因此，进一步挖掘当地水源和节水潜力是有限的。随着人口增长、工农业生产和城市发展，用水量不断增加，供需矛盾日益突出。据当时初步测算，到2000年，南水北调工程供水区年缺水量将超过200亿 m³。为从根本上缓解我国北方水资源紧缺的矛盾，除进一步研究和搞好全面节约用水、挖掘当地各种水源潜力外，尽快实施从邻近的长江流域丰水区调水是十分必要的紧迫任务。

2. 南水北调工程的总体布局

经多年的勘测、规划、研究，按照长江与北方缺水区之间的地形、地质状况，分别在长江下游、中游和上游规划了3条调水线路，形成了南水北调东线、中线和西线的总体规划布局。3条调水线路有各自的主要任务和供水范围，可互相补充，不能互相代替。

（1）东线调水工程。

从长江下游扬州附近抽引长江水，利用和扩建京杭大运河逐级提水北送，经洪泽湖、骆马湖、南四湖和东平湖，在位山附近穿过黄河后可自流，经位临运河、南运河到天津。输水主干线长1 150 km，其中黄河以南660 km，黄河以北490 km。全线最高处东平湖蓄水位与抽江水位之差为40 m，共建13个梯级泵站，总扬程65 m。

东线工程的供水范围是黄淮海平原东部地区，包括苏北、皖北、山东、河北黑龙港和运东地区、天津市等，主要任务是供水，并兼有航运、防洪、除涝等综合利用效益。

江苏省于1961年开始建设江都泵站，经不断扩建延伸，现江苏江水北调工程向北调水能力为：抽江400 m³/s，年抽江水量约33亿立方米，可送水到南四湖30 m³/s，水量2亿～4亿立方米，抽水泵站装机容量为14万千瓦。东线调水工程可在此基础上，逐步扩大调水规模，并向北延伸。工程规划的总规模为抽江流量1 000 m³/s，年供水量186亿 m³，其中，过黄河400 m³/s，90亿立方米；抽水泵站总装机容量为88万千瓦，年平均用电量35亿千瓦时。根据受水区供需水量预测，规划的工程规模拟分3步实施，详见表5.2。

164

表 5.2 南水北调工程特性指标

线路	供水范围	工程分期	线路长度（km）	调水规模 流量（m³·s⁻¹）	调水规模 水量（亿立方米）	调水方式 抽水扬程（m）	调水方式 自流落差（m）	输水方式	年用电量（亿千瓦时）
东线	黄、淮、海平原东部地区	第一期	660	500	70	65		扩建京杭运河	8.5
		第二期	1 150	700	118	65			20
		第三期	1 150	1 000	186	65			35
中线	京、津、冀、豫、鄂	第一期	1 390	350	75		100	立交渠道	
		第二期	1 390	630	145				
		第三期	1 390	800	220				
西线	青、甘、宁、内蒙古、陕、晋	第一期①	131		45	458	自流	隧洞	71
		第二期②	288.7		145				
		第三期③	29.8		195				

注：① 坝高 175 m，雅砻江；② 坝高 302 m，通天河；③ 坝高 296 m，大渡河。

（2）中线调水工程。

从汉江丹江口水库引水，输水总干渠自陶岔渠首闸起，沿伏牛山和太行山山前平原、京广铁路西侧，跨江、淮、黄、海 4 大流域，自流输水到北京、天津，输水总干渠长 1 246 km，天津干渠长 144 km。

中线工程的供水范围是北京、天津、华北平原及沿线湖北、河南两省部分地区，主要任务是城市生活和工业供水，兼顾农业及其他用水，输水总干渠不结合通航。

汉江是中线调水工程的水源地。汉江流域多年平均天然径流量为 591 亿立方米，目前流域内各种用水的实际耗水量为 37 亿立方米，仅占 6%，水量较为丰富，有余水可北调。丹江口水库多年平均天然入库径流量为 409 亿立方米，约占全流域 70%。现水库已建成初期规模，发挥了防洪、发电、灌溉、航运等效益，也初步具备了调水条件。按原规划完建后期工程后，可提高汉江中下游防洪标准，增大北调水量。可行性研究阶段，考虑调水和汉江中下游提高防洪标准的需要，推荐加高丹江口大坝至后期规模，近期先实施汉江中下游局部补偿，调水 145 亿立方米，最终实施中下游全面治理，调水 220 亿立方米。中线工程分期实施方案见表 5.2。

（3）西线调水工程。

西线调水工程从长江上游干支流调水入黄河上游，引水工程拟定在通天河、雅砻江、大渡河上游筑坝建库，采用引水隧洞穿过长江与黄河的分水岭巴颜喀拉山入黄河。年平均调水量为 145 亿～195 亿立方米，其中通天河为 55 亿～11 亿立方米，雅砻江为 40 亿～45 亿立方米，大渡河为 50 亿立方米。西线工程的供水范围包括青海、甘肃、宁夏、内蒙古、陕西和山西六省（区），主要任务是补充黄河水资源的不足和解决西北地区、华北西部地区工农牧业生产和城乡人畜用水。

根据引水坝址与黄河之间的地形、地质条件，多年来研究了许多不同工程规模和自流、抽水不同的引水方式。西线调水工程地处海拔 3 000～4 500 m，由于长江上游各引水河段的水面高程较调入黄河的水面高程低 80～450 m，因此，西线调水工程需要修建高坝和开挖超长隧洞，筑坝高度为 175～300 m，隧洞长度为 30～160 km。西线工程分期实施意见见表 5.2。

3. 南水北调工程的综合效益

南水北调东、中、西三线工程全部实施后，多年平均调引长江水 500 亿～600 亿立方米。这将缓解华北、西北地区水资源紧缺的矛盾，促进调入地区的社会经济发展，改善城乡居民的生活供水条件，产生巨大的社会、经济与环境效益。

（1）社会效益。

供水区内，首都北京是全国的政治、经济和文化中心，天津是华北最大的工业基地与重要的外贸港口，河北、河南则处于承东启西的华北经济圈，山东是高速发展的经济大省，西北地区和华北西部地区是我国的能源、原材料和重化工基地。纵横供水区内的京广、陇海、京浦、焦枝、京九、兰新等铁路沿线有众多的工业城镇，是我国生产力布局的重要区域。南水北调工程实施后，由于供水条件的改善，不仅可以促进供水区的工农业生产和经济发展，而且提供了更好的投资环境，可吸引更多的国内外资金，加大对外开放的力度，为经济发展创造良好的社会条件；同时可以缓解城乡争水、地区争水、工农业争水的矛盾，有利于社会的安定团结；也可以避免一些地区长期开采饮用有害深层地下水而引发的水源性疾病，遏止氟骨病与甲状腺病的蔓延，有利于提高人民的健康水平。

（2）经济效益。

南水北调工程全部实施后，年平均调水量 500 亿～600 亿立方米，有效利用水量约 400 亿立方米。东线和西线的调水量按 40% 供工业和城镇用水，60% 为农业及其他用水；中线调水量按 70% 供工业和城镇用水，30% 为农业及其他用水。按照工业产值分摊系数法推算工业及城镇供水效益，按灌溉效益分摊系数法测算农业及其他供水效益。综合各项效益，按 1995 年价格水平，南水北调工程年平均经济效益为 600～800 亿元。

（3）生态与环境效益。

南水北调工程的水源水质好，增加了供水区城市生活、工业用水，改善了卫生条件，有利于城市环境治理和绿化美化，促进城市化建设。南水北调不仅增加了农牧业灌溉用水，改善了农牧业生产条件，调整了农牧业种植结构，提高了土地利用率；还可改污水灌溉为清洁水灌溉，减轻耕地污染及对农副产品的危害。

提高北方供水能力后，可以减少对地下水的超采，并可结合灌溉和季节性调节进行人工回灌，补充地下水，改善水文地质条件，缓解地下水位的大幅度下降和漏斗面积的进一步扩大，控制地面沉陷对建筑物造成的危害。调水后通过合理调度，还可向干涸的洼、淀、河、渠补水，增强水体的稀释自净能力，改善水质，恢复生机，促进水产和水生生物资源的发展，使区域生态环境向良性方向发展。

（4）调水的影响。

南水北调工程规模大，社会、经济、环境效益显著，有利影响主要在供水区，不利影响主要在水源区。长江多年平均径流量为 9 513 亿立方米，调出水量占 6% 左右，从长江总体来讲，调水的影响很小。但从局部来看，调水对调出点区有一定的影响。其影响和对策措施简述如下：

① 东线调水工程。规划调水总规模为 1 000 m³/s，为长江平均流量的 3.3%，多年平均调水量仅为长江水量的 2%，比重都很小，对长江下游的水位、河道冲淤变化和拦门沙，不会有大的影响。遇长江枯水，可通过调度管理予以减免。如果东、中、西三线全部实施后，长江口盐水浸入影响将有所增大，应采取相应措施，减小影响。黄河以北地区，存在局部地区

土壤次生盐碱化，只要采取渠道防沙和灌区排水等措施，可以减免其不利影响。根据试验和江水北调的实践，钉螺分布最北不超过江苏宝应县境，调水不会形成新钉螺区。输水沿线的水质保护，必须按国家有关法规，实行综合治理和监督管理，防治水污染。

②　中线调水工程。调水量约占汉江水量的25%，占长江汉口站水量的2%，调水量对长江干流影响较小，对汉江中下游有一定影响。调水后丹江口水电站发电量有所减少，但容量效益有所增加，加高大坝增加水库的调蓄能力，提高下游防洪标准，枯水期平均下泄流量略有减少，中水期有所缩短。因此，调水对汉江中下游有一定影响，可以通过补偿措施和汉江综合开发予以解决。中线调水的不利影响主要在水库区和输水渠沿线的土地占用和移民搬迁的影响，可以通过妥善的土地调整和移民安置解决。

③　西线调水工程。三条引水线年平均可调水量分别占金沙江渡口站的17.5%、雅砻江口的7.5%、大渡河口的10.6%，三条江河总调水量195亿立方米，分别占长江干流宜宾站径流量的7.8%，占宜昌站水量的3.9%。西线三条河位于高原山地待开发区，工农牧业用水量很少，富余水量较多。因此，西线调水不会给调出区的工农牧业生产和人畜饮水带来什么影响。金沙江、雅砻江、大渡河是我国西南地区的三大水电基地，调水后将损失部分电能；调水将给局部河段的漂木造成一定困难；调水后，水库淹没部分草场和需迁移少量人口，要做好新草场的开发和安置好移民。

综上所述，南水北调工程的综合效益是显著的，不利影响是局部的，通过防范和补偿措施，其不利影响可以减小到最低限度。对于一些现在还难以预测的影响问题，可在今后实践中继续研究解决。因此，调水的影响不制约工程的决策。

4．南水北调工程的实施步骤

南水北调工程是我国四化建设中一项规模宏大的战略性基础设施工程，是解决我国北方地区，特别是京、津、华北地区缺水的一项重大工程措施，对于保证和促进北方地区的社会经济发展和环境改善都具有十分重要的战略意义。党的十四大文件和政府工作报告都把实施南水北调工程列入重要议事日程。

南水北调工程规模巨大、技术复杂、涉及面广、影响深远，工程建设的实施必须贯彻既积极又慎重的方针，做到充分论证、科学决策。1995年6月，国务院第71次总理办公会议明确了近期南水北调的主要目标为：解决京、津、华北等地区严重缺水的状况，以解决沿线城市用水为主。这就为南水北调工程的实施步骤指明了方向。具体工程的实施安排，要根据供水的主要目标、资金筹集和前期准备工作等情况，分别轻重缓急进行部署。

西线调水工程是从长江上游引水到黄河上游，有关单位已进行了大量超前期规划研究工作，为深入开展规划设计工作提供了许多基础资料，创造了良好条件。但由于西线工程地处高寒地区，需建高坝和打超长隧洞，工程的复杂性和艰巨性需要有较长的前期准备工作。因此，需研究进一步加快西线调水工程的前期工作步伐，为促进西线工程在21世纪前期尽早实施提供科学的决策依据。

东线调水工程，规划设计研究的时间长，方案比较成熟。东线工程的水源充足，输水工程大部分利用现有河道改扩建，设计施工相对比较简单，可以分步实施，分期受益。但东线工程的位置较低，其供水范围只能是黄淮海平原的东部，而不能解决西部京广铁路沿线的供水问题。东线工程主要向苏、皖、鲁、冀、津五省市部分地区供水，其中，江苏省现有"江水北调"工程已可送水到山东省边界，沿线泵站的改造增容完成；泰州引江河工程也已开始实施建设，江水北调的能力将逐年有所提高，基本上可以解决江苏、安徽近期的供水问题。南水北调东线工程的实施，是属于提高两省的供水保证率和适当扩大灌溉面积的问题。河北省东部和天津市均在东线和中线的供水范围，两省市都赞成先建设中线工程，后建设东线工程；山东省水资源紧缺的矛盾日趋严峻，特别是胶东地区，现在主要靠引黄河水，已满足不了用水增长的需要，急需引江水补充。因此，东线工程分步实施的重点应该是先研究解决苏、鲁两省的供水方案。

中线调水工程输水渠线所处位置地势较高，自流输水，覆盖面大，主要供水目标是京、津和华北平原西部地区，该地区的大部分城市呈条带状集中分布在输水干渠沿线，由该工程就近向其供水十分便利。

中线调水工程从丹江口水库引水，水质好（水库水体的综合评价为Ⅱ类水），新建总干渠为专用供水渠道，渠线布置在沿线城市的上游地区，且与交叉河流全部采用立交方案，有利于保护水质，可以满足城市生活和工业用水对水质的较高要求。

中线调水工程，经可行性研究和论证认为：输水渠线布置总体格局合理，技术措施可行，综合效益显著，移民、土地占用和环境影响等问题可以妥善解决。沿线京、津、冀、豫、鄂五省（市）对中线调水工程的建设均持十分积极的态度，多次向党中央、国务院报告，请求尽快实施中线调水工程，并承诺按要求分摊中线调水工程的投资。因此，中线调水工程得到了有关省、市的一致认同，社会基础较好。

综上所述，从国务院确定的"南水北调是为了解决京、津、华北等地区严重缺水的状况，是以解决沿线城市用水为主"的主要目标来看，东、中、西三条调水线路中，中线调水工程能够较好地满足这一要求。因此，建议国家优先实施中线调水工程。根据山东胶东等地区需水情况，相机实施东线调水工程的第一步方案。

因此，南水北调工程的实施步骤应该是：近期优先建设中线调水工程，相机实施东线调水工程的第一步方案。远景的实施顺序，可根据当时主要供水目标的需求状况，进行论证比较选择。

任务 5.2　河　流

5.2.1　河流的概念与分类

1. 河流的概念

河流是陆地表面上经常或间歇有水流动的线形天然水道。河流在中国的称谓很多，较大的称江、河、川、水，较小的称溪、涧、沟、曲等。藏语称藏布，蒙古语称郭勒。每条河流都有河源和河口。河源是指河流的发源地，有的是泉水，有的是湖泊、沼泽或是冰川，各河河源情况不尽一样。河口是河流的终点，即河流流入海洋、河流（如支流流入干流）、湖泊或沼泽的地方。在干旱的沙漠区，有些河流河水沿途消耗于渗漏和蒸发，最后消失在沙漠中，这种河流称为瞎尾河。除河源和河口外，每一条河流根据水文和河谷地形特征分上、中、下游三段。上游比降大、流速大、冲刷占优势，河槽多为基岩或砾石；中游比降和流速减小，流量加大，冲刷、淤积都不严重，但河流侧蚀有所发展，河槽多为粗砂；下游比降平缓、流速较小，但流量大，淤积占优势，多浅滩或沙洲，河槽多细砂或淤泥。通常大江大河在入海处都会分多条入海，形成河口三角洲。通常把流入海洋的河流称为外流河，补给外流河的流域范围称为外流流域；流入内陆湖泊或消失于沙漠之中的这类瞎尾河称为内流河，补给内流河的流域范围称为内流流域。中国外流流域面积占全国陆地总面积的63.76%。

地表上有相当大水量且常年或季节性流动的天然水流（River），也有天然形成的线形水道（也有人工的）。陆地河流通常是指陆地表面的水流，即陆地表面呈线形的自动流动的水体，世界不少著名河流像长江、亚马孙河都是这样流动的。河流一般以高山地方作源头，然后沿地势向下流，一直流入像湖泊或海洋的终点。

2. 河流的分类

（1）外流河。

一般以高山地方作源头，然后沿地势向下流，一直流入海洋的称为外流河。外流河流域面积约占全国陆地总面积的64%。例如：长江、黄河、黑龙江、珠江、辽河、海河、淮河等向东流入太平洋；西藏的雅鲁藏布江（图5.10）向东流出国境再向南注入印度洋，这条河流上有长504.6 km、深6 009 m的世界第一大峡谷——雅鲁藏布大峡谷；新疆的额尔齐斯河则向北流出国境注入北冰洋。

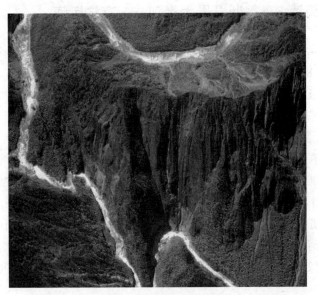

图5.10 雅鲁藏布江

长江是中国第一大河，仅次于非洲的尼罗河和南美洲的亚马孙河，为世界第三长河。它全长6 300 km，流域面积为180.9万平方千米。长江中下游地区气候温暖湿润、雨量充沛、土地肥沃，是中国重要的农业区；长江还是中国东西水上运输的大动脉，有"黄金水道"之称。

黄河是中国第二长河，全长5 464 km，流域面积为75.2万平方千米。黄河流域牧场丰美、矿藏富饶，历史上曾是中国古代文明的发祥地之一。黄河发源于青海省中部、巴颜喀拉山北麓，流经青海、四川、甘肃、宁夏、内蒙古、山西、陕西、河南、山东9个省、自治区，注入渤海，流经中国青藏高原、内蒙古高原、黄土高原、华北平原，以及干旱、半干旱、半湿润区。

（2）内流河。

一般以高山地方作源头，然后沿地势向下流，最后流入内陆湖泊或消失于沙漠、盐滩之中的河称为内流河。内流河流域面积约占全国陆地总面积的36%。新疆南部的塔里木河是中国最长的内流河，全长2 179 km。

 拓展阅读5.3：中国最大的内流河——塔里木河

塔里木河由发源于天山的阿克苏河、发源于喀喇昆仑山的叶尔羌河以及和田河汇流而成，流域面积为19.8 km²，最后流入台特马湖。它是中国第一大内陆河，全长2 179 km，仅次于伏尔加河（3 530 km）、锡尔-纳伦河（2 991 km）、阿姆-喷赤-瓦赫什河（2 991 km）和乌拉尔河（2 428 km），为世界第5大内陆河。

（3）人工流河。

出于经贸、物资运输、农业灌溉、旅游观光、军事等目的，由人工开凿而成的河流称为人工流河。为沟通不同河流、水系与海洋，发展水上交通运输而开挖的人工河道称为运河，也称渠。为分泄河流洪水，人工开挖的河道称为减河。

 拓展阅读5.4：世界最大运河——京杭运河

京杭大运河是世界上开凿最早、里程最长、工程最大的运河，北起北京（涿郡），南到杭州（余杭），全长1 800余千米，经北京、天津两市及河北、山东、江苏、浙江四省，沟通海河、黄河、淮河、长江、钱塘江五大水系，在我国南北运输中起着重要的作用。目前，京杭运河还是南水北调东线工程调水的主要通道。

（4）海底河流。

海底河流是指在重力的作用下，经常或间歇地沿着海底沟槽呈线形流动的水流。

海底河流也像陆地河流一样，能够冲出深海平原。只是深海平原就像海洋世界中的沙漠一样荒芜，这些地下河渠能够将生命所需的营养成分带到这些沙漠中来。因此，这些海下河流非常重要，就像是为深海生命提供营养的动脉要道。英国科学家2010年7月底在黑海下发现一条巨大海底河流，深达38 m，宽800多m。按照水流量标准计算，这条海底河流堪称世界上第六大河。像陆地河流一样，海底河流也有纵横交错的河渠、支流、冲积平原、急流甚至瀑布。

3. 河流网络的形成

河流沿途接纳很多支流，形成了复杂的干支流网络系统，这就是水系。多数河流以海洋为最后归宿，另一些河流注入内陆湖泊或沼泽，或消失于荒漠中。近年来由于地球环境的恶化，有一些大的河流在还没有流入海洋前就已经干涸了，如黄河近几年就经常在山东境内发生断流的现象。

河流网络一般比较复杂，其中汇集了成千上万的小的支流。其主要形状有树冠状、环绕状、棋盘状、龙爪状等，如图5.11和图5.12所示。

图 5.11　河流网络形成示意图

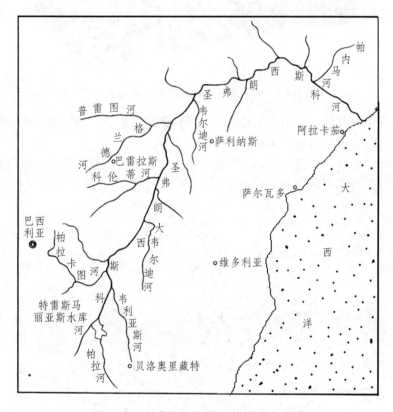

图 5.12　圣弗朗西斯科河流流域水系图

5.2.2　河流的形成与发展

1. 河流的河源和河口

河源是河流的发源地，指最初具有地表水流形态的地方。河源以上可能是冰川、湖泊、沼泽或泉眼。其沿地形向下逐渐形成了纵横交错、成千上万的小的支流，如图 5.13 所示。

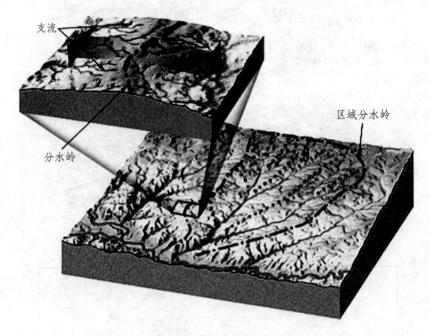

图 5.13　河流源头的支流分布与形成示意图

河口是指河流与海洋、湖泊、沼泽或另一条河流的交汇处，经常有泥沙堆积，有时分汊现象显著，在入海、湖处形成三角洲。

在河源与河口之间是河流的干流，划分为上、中、下游三段，各段在水情和河谷地貌上各有特色。河口形成示意图如图 5.14 所示。

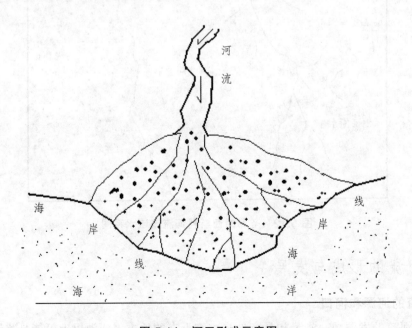

图 5.14　河口形成示意图

2. 河流断面的形成与发展

任何事物都会经历从产生到消亡的过程。河流的发展也像自然界中的动物和植物一样，经历了产生、幼年、壮年、老年、消亡等过程。因环境和所处位置的不同，有的河流从产生到消亡可能只有短暂的几百年，而有的可以长达数千年甚至上万年之久。例如：我国北方古老的黄河就有最少5 000年的历史。但从目前环境的变化和黄河在山东断流事件的频繁出现，可以预见黄河已经逐步走向老年的阶段。图5.15所示是河流断面发展变化示意图。

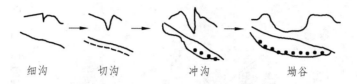

细沟　　　切沟　　　冲沟　　　坳谷

图5.15　河流断面发展变化示意图

3. 河流两岸的地貌特征

河流经过产生、幼年、壮年等的发展过程后，其河床断面会保持一段相对稳定的时期。这个时期形成的河流断面如图5.16所示。

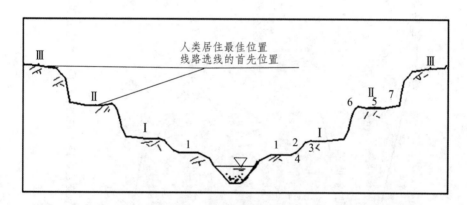

1—谷地、河床、河漫滩；2—谷坡；3—谷缘；4—坡脚；5—Ⅱ级阶地平台；
6—Ⅱ级阶地前缘；7—Ⅱ级阶地后缘

图5.16　河谷要素示意图

（1）河流的阶地区域一般是线路选线的最佳位置。

河流从发展到壮年以后，经过水流的搬运、冲刷、侵蚀等地质作用，河流两岸的阶地区域，距离河床中心比较远的Ⅲ、Ⅳ级阶地表面风化疏松的土层会被流水冲往下游，而沉积留下的河床一般都是比较密实坚固的土层。同时由于河流在重力作用下，自由寻找地势低洼的区域形成天然河道，因此其距离河床中心比较远的Ⅲ、Ⅳ级阶地在纵断面高差的变化上也相对比较平缓。这两个条件使河流的Ⅲ、Ⅳ级阶地一般成为线路选线的首选和最佳位置。这也是线路（铁路、公路、高速公路、高速铁路等）一般都会伴着河流在走，或者说在沿河流纵向的两岸不远处经常会有铁路、公路、高速公路、高速铁路等线路沿河流并行延伸的原因。如图5.17所示是关中地区铁路、公路、高速公路、高速铁路沿渭河两岸修建的示意图。

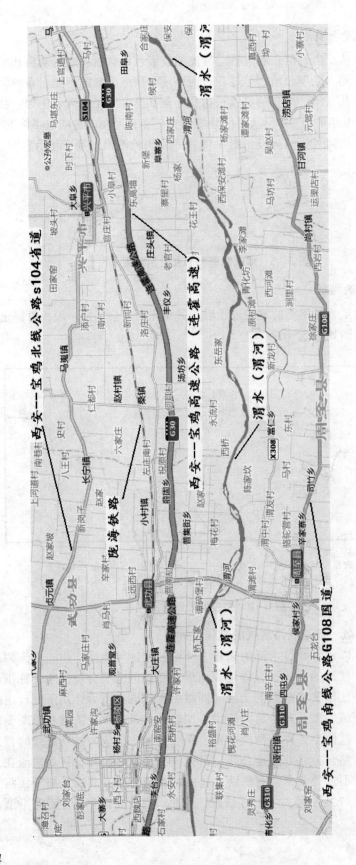

图 5.17 关中地区沿渭水河两岸阶地交通线路（铁路、公路、高速公路、高速铁路）及人类的密集生活区（城市）

（2）河流两岸是人类生活的首选区域。

河流从发展到壮年以后，经过水流的搬运、冲刷、侵蚀等地质作用，河流两岸距离河床中心较近的Ⅰ、Ⅱ级阶地区域经常被流水从上游携带下来的风化的大量泥沙所覆盖，而这种风化后的泥沙含有大量丰富的矿物质和有机物质，是农作物耕种最好最肥沃的土壤，为人类的生活提供了食物基础。再加之该区域距离河床中心较近，生活和工农业用水取水都比较方便，因此，该区域便成了人类生活的首选区域。该区域人口密集、城市工农业发达，是人类历史和人类文明发展的重要发源地。例如：世界上著名的尼罗河，每年定期泛滥，上游肥沃的泥土淤积于河流两岸，河水退却后，人们在两岸抓紧耕种，在下一次河水泛滥之前将耕种的作物收获。这也是大自然对人类的另一种恩赐。

 拓展阅读 5.5：世界最长的河——尼罗河

尼罗河纵贯非洲大陆东北部，流经布隆迪、卢旺达、坦桑尼亚、乌干达、埃塞俄比亚、苏丹、埃及，跨越世界上面积最大的撒哈拉沙漠，最后注入地中海。其流域面积约 335 万平方千米，占非洲大陆面积的 1/9，全长 6 650 km，年平均流量 3 100 m^3/s，为世界最长的河流。尼罗河流域分为七个大区：东非湖区高原、山岳河流区、白尼罗河区、青尼罗河区、阿特巴拉河区、喀土穆以北尼罗河区和尼罗河三角洲。最远的源头是布隆迪东非湖区中的卡盖拉河的发源地。该河北流，经过坦桑尼亚、卢旺达和乌干达，从西边注入非洲第一大湖维多利亚湖。尼罗河干流就源起该湖，称维多利亚尼罗河。河流穿过基奥加湖和艾伯特湖，流出后称艾伯特尼罗河，该河与索巴特河汇合后，称白尼罗河。另一条源出中央埃塞俄比亚高地的青尼罗河与白尼罗河在苏丹的喀土穆汇合，然后在达迈尔以北接纳最后一条主要支流阿特巴拉河，称尼罗河。尼罗河由此向西北绕了一个 S 形，经过三个瀑布后注入纳塞尔水库。河水出水库经埃及首都进入尼罗河三角洲后，分成若干支流，最后注入地中海东端。

5.2.3 河流的地质作用

1. 一般地表水流的分类

在大气降水较多的地区（多为山岭地区），根据其降水和山区地形的组合，地表水流一般分为片流、洪流和河流。片流汇集后在地势陡峻处形成洪流，最后它们都汇入河流。前两者也称暂时性流水，后者是常年性流水。图 5.18 所示是片流、洪流和河流形成的示意图。

2. 暂时性流水的地质作用

暂时性流水分为斜坡上的片流和山区常见的洪流两种。

（1）片流的地质作用。

片流的地质作用主要表现为对山坡上的松散物质及风化壳表层的面状机械侵蚀作用，称为洗刷作用。片流也可冲蚀坡面，形成线状沟槽。片流可将冲刷、冲蚀产物搬运到坡角沉积，形成无分选和层理的沉积物，称坡积物。

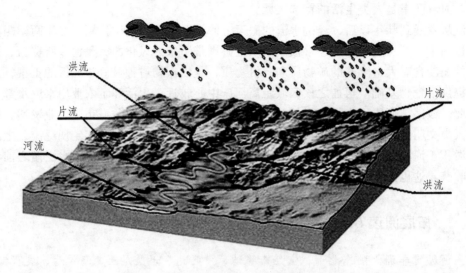

图 5.18　片流、洪流和河流形成示意图

片流是指降雨后沿斜坡发生的斜坡面状流水，其规模受地形和岩土类型的影响。片流常将斜坡面改造为劣地，使斜坡地表的水土流失，地表肥沃的土壤被雨水冲走，留下贫瘠的土壤使植物更加难于生长，从而进一步加剧斜坡面的水土流失，造成恶性循环。流失的水土在坡麓堆积形成坡积物。

（2）洪流的地质作用。

洪流多发育在山区，坡度大、下蚀能力强，故冲沟多为 V 字形。洪流有较强的地质破坏作用，对山下的农田、村庄、交通道路、生活生产等基础设施都有很大的破坏作用。对于山洪自然灾害的认识和预防请参考本书相关章节的内容。

洪流的侵蚀作用：洪流以自身的动力及携带的泥沙、石块对沟谷的冲蚀和磨蚀作用。

洪流的搬运作用：洪流以自身的动力将堆积物及侵蚀产物搬离原地的作用。其特点为：以机械搬运作用为主，大小混杂，但略具层理。

洪流沿沟谷流动时，由于集中了大量的水，沟底坡度大、流速快，因而拥有巨大的动能，对沟谷的岩石有很大的破坏力。河流以其自身的水力和携带的沙石，对沟底和沟壁进行冲击和磨蚀，这个过程称为洪流的冲刷作用。由冲刷作用形成的沟底狭窄、两臂陡峭的沟谷叫冲沟。初始形成的冲沟在洪流的不断作用下，可以不断地加深、展宽和向沟头方向伸长，可在冲沟沟壁上形成支沟。冲沟的发展大致分为冲槽阶段、下切阶段、平衡阶段、休止阶段四部分。

洪流在地势陡峻的山区，常由多股片流汇聚形成，可使该区域形成沟谷系统。堆积洪积物和洪积扇地形如图 5.19 所示。

洪积物属快速堆积物，故大小混杂，分选性较差，但因搬运过程中颗粒间互相碰撞和摩擦，使其有一定的磨圆度。在沟口扇顶部位，沉积物厚度大、颗粒粗，通常由砾和沙组成。在扇边缘处，沉积物厚度小、颗粒细，多由泥、沙组成。从扇顶到扇边缘，粒径呈现出由大到小带状分布的特点。

176

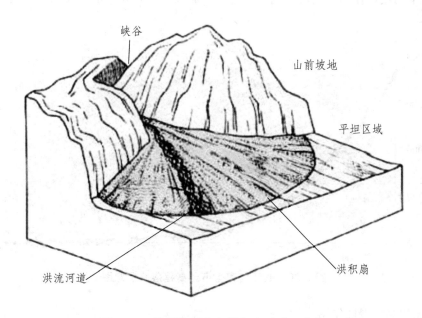

图 5.19　堆积洪积物和洪积扇形成示意图

（图中标注：峡谷、山前坡地、平坦区域、洪积扇、洪流河道）

3. 河流的地质作用

河流是在一定地质和气候条件下形成的。地壳运动形成的线形槽状凹地为河流提供了行水的场所，大气降水则为河流提供了水源。河流是在河床与水流相互作用下逐渐发展的，一般有侵蚀、搬运和堆积过程。河流侵蚀有三种方式：下切侵蚀、侧向侵蚀、向源侵蚀。

河流的径流量，年内及年际变化较大，有夏季丰水、冬季枯水、春秋过渡的规律。例如长江，夏秋水量占年径流量的 70%～80%，冬春较少。再以陕县测定的黄河流量为例，最大流量为 22 000 m³/s，最小为 200 m³/s，相差 100 多倍。

河流由于其流经区域长、跨越地域广、上下游落差大等特点，其对于地貌的改变也比较显著，但经历的时间也比较漫长。

（1）河流的侵蚀作用。

① 河流的下切侵蚀作用。

下切侵蚀，又称垂直侵蚀或深切侵蚀，它可加深河谷，下切穿透的含水层越多，能得到的地下水补给越丰富。

河流由于集中了大量的水，沟底坡度大、流速快，因而拥有巨大的动能，加之水流本身对于岩石的腐蚀作用，因此对沟谷的岩石有很大的破坏力。河流以其自身的水力和携带的沙石，对沟底进行冲击、淘刷和磨蚀，这个过程称为河流的纵向冲刷作用。冲刷作用使河床底部不断地变深、拓展、加深。河道两侧形成的狭窄的沟底、陡峭谷岸就是河流下蚀作用的显著表现。在下切过程中如果遇到断层等地质结构就会形成比较大的瀑布。下切作用不断使河床展宽和伸长。在河流的中下游阶段及河流的壮年期，河流的下切作用趋于平衡和稳定。

初期的下切侵蚀作用会使河流的落差进一步加大，图 5.20 所示是长江河道上下游落差示意图。

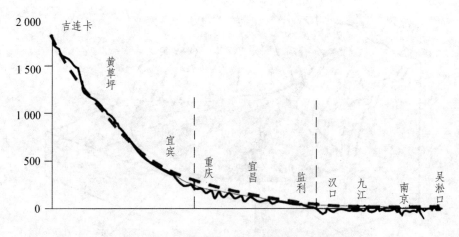

图 5.20　长江河道上下游高程落差示意图

② 河流的侧向侵蚀作用。

侧向侵蚀又称旁蚀或侧蚀，是水流侵蚀河岸的过程。它使河岸后退、沟谷展宽，主要发生在河床弯曲的地方。

河流由于高程落差，加上集中了大量的水，沟底坡度大、流速快，因而拥有巨大的动能，加之水流本身对于岩石的腐蚀作用，因此对沟谷两岸的岩石有很大的破坏力。再加之河流以其自身的水力携带的泥土沙石的沉积，其结果往往会使河道发生显著的变化。古河道两侧的蛇曲、牛轭湖、沼泽等就是河流的侧蚀作用遗留的结果。图 5.21、图 5.22 是长江河道变迁图及河流在侧蚀作用下使河道变迁形成的牛轭湖示意图。

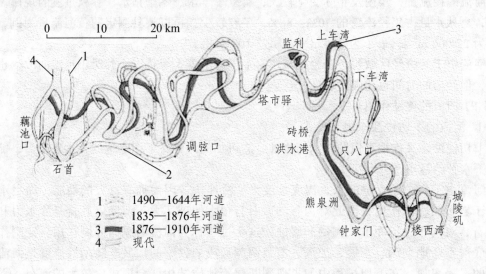

图 5.21　长江下荆江河道变迁图（陈钦峦等）

178

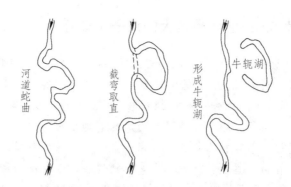

图 5.22　河道蛇曲与牛轭湖形成示意图

③ 河流的向源侵蚀作用。

向源侵蚀，又称溯源侵蚀，这种侵蚀通常是在下切侵蚀过程中体现的，向源侵蚀使河流源头向分水岭推进。当源头达到并切穿分水岭时，可与分水岭另一坡的河流连通，而将它"抢夺"过来，称为河流的袭夺。

（2）河流的搬运和沉积作用。

河流集中了大量的水，河道落差大、流速快，因而拥有巨大的动能，加之水流本身对于岩石的腐蚀作用，因此对于上游的冲刷、掏蚀、裹挟作用很大。对于植被较差的上游地区会造成比较大的水土流失现象。例如：我国北方的黄河在上游的青海、甘肃、陕西水土流失现象就非常严重。

上游流失泥沙在河流水力动能的携带下被带到河道的中下游地区，这些泥沙随着河道落差的逐渐减小而沉积散落在河床和河道的两侧阶地上，形成河漫滩或者使河床进一步变高。这些变高的河床再加上河流的下切和侧蚀作用，更加剧了河道的不稳定和变迁。

① 河流沉积与改道对人类居住地的影响。

对于沿河流两侧居住的村落而言，刚开始居住在河道的西侧，村落的地理位置高于河床底部。而随着上游泥沙的不断沉积，河床慢慢升高，与村落高低持平。随着上游泥沙的进一步沉积，河床继续升高，河床底面高于村落的地面。此时，在重力作用下河流会自然选道，从河床较高处流向地势较低的地方。为了防止村落被河水冲毁和淹没，人们只好搬迁，将村落从低处搬迁到被河床抬高的地方。而此时人们会发现，他们的村落从原来在河道的西侧移到了河道的东侧，这就是人们常说的"三十年河东，三十年河西"的原因。图 5.23 所示为河道变迁引起村庄和河道换位示意图。

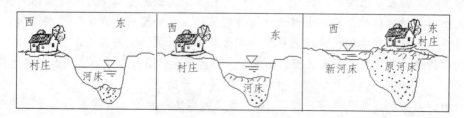

图 5.23　河道沉积变迁引起村庄和河道换位示意图

拓展阅读 5.6：含沙量最大的河——黄河

中国许多河流的含沙量、输沙量较大。全国每年的输沙量超过 1 000 万吨的河流有 42 条，黄河陕县站多年平均输沙量为 16 亿吨。与世界其他大河相比，黄河输沙量是密西西比河的 5.2 倍、亚马孙河的 4.4 倍、刚果河的 24.6 倍。长江的多年平均输沙量为 5 亿吨。因此，在黄河下游及长江的荆江河段，由于泥沙沉积而成为"地上河"。

黄河发源于青藏高原巴颜喀拉山北麓约古宗列盆地西南缘的雅拉达泽，曲折穿行于黄土高原、华北平原，最后在山东垦利县注入渤海。黄河以泥沙含量高而闻名于世，其含沙量居世界各大河之冠。据计算，黄河从中游带下的泥沙每年约有 16 亿吨之多，如果把这些泥沙堆成 1 米高、1 米宽的土墙，可以绕地球赤道 27 圈。"一碗水半碗泥"的说法，生动地反映了黄河的这一特点。黄河多泥沙是由于其流域为暴雨区，而且中游两岸大部分为黄土高原。大面积深厚而疏松的黄土，加之地表植被破坏严重，在暴雨的冲刷下，滔滔洪水挟带着滚滚黄沙一股脑儿地泄入黄河。由于河水中泥沙过多，使下游河床因泥沙淤积而不断抬高，有些地方河底已经高出两岸地面，成为"悬河"。因此，黄河的防汛历来都是国家的重要大事。新中国成立以来，国家在改造黄河方面投入了大量人力物力，黄河两岸的水害逐渐减少，昔日的黄泛区变成了当地人民的美好家园。但是，人们与黄河的斗争还远没有结束，控制水土流失、拦洪筑坝、加固黄河大堤还是十分艰巨的工作。

② 尊重自然规律，防患于未然。

对于沿河流两侧居住的村落而言，随着河道上游泥沙的下泄和不断沉积，河床慢慢升高。为了防止村落被河水冲毁和淹没，从尊重自然的角度讲，人们应该搬迁，将村落从低处搬迁到被河床抬高的地方，给河流让出道路，让河流在重力作用下自行选择地势低洼处作为新的河道。但这种搬迁会给人类带来一定的损失和不方便，如物品的转移和房屋的重建等。但这是自然规律，人类必须遵从，否则就会留下隐患。

 案例阅读 5.2：黄河——地上河

我国北方的黄河在历史上曾经多次泛滥，给沿河两岸的民众带来了很大的灾难。毛主席为此曾多次视察黄河，并说"要把黄河的事情办好"。黄河的泛滥主要是上游地区风化严重，大量的泥沙被搬运并冲向中下游，在沉积作用下使河床抬高，迫使水流沿纵向向河道两侧的低洼处（农田、村庄等人类生产生活区域）流淌，从而造成水淹灾害。

防止灾害发生的最好方法就是在河流上游搞绿化，植树造林，加大河流形成区域的植被和森林覆盖率，防止水土流失和泥沙下泄。这样可以最大限度地减少河流泛滥的灾害。而如果不注重上游的绿化保护，只在下游进行被动的防护，就会造成更大的灾难和隐患。河南省开封市就是一个典型的实例：黄河上游泥沙在开封市地区沉积使河床逐渐升高，为了防止水流沿纵向向河道两侧的低洼处（农田、村庄等人类生产生活区域）流淌，从而造成水淹灾害，开封市采取不断加高河岸两侧堤坝的措施来应对不断升高的河床。其结果是：据统计，目前开封市区黄河河床的高程已经高出市区 10 层楼房的高度。如此高的落差，在黄河 7—8 月水流丰沛季节，河水的势能就形成了极大的威胁。这就是为什么说"黄河是悬在开封市人民头上的一把刀"的原因。

（3）河流在河口处的沉积。

侵蚀产生的物质（包括流域坡面上侵蚀的物质）被水流沿河搬运，主要在中下游堆积，形成深厚的冲积层。当河流发展到一定阶段，河床的侵蚀与堆积达到平衡状态，即水流的能量正好消耗于搬运水中泥沙和克服水流所受阻力时，河流既不侵蚀，也不堆积。在地质和气候条件比较均一的情况下，河床的纵剖面表现为一条较光滑均匀的曲线，称为平衡剖面。一旦条件发生变化，这种平衡被破坏，河流又向着新的平衡剖面发展。

河流在末端的河口处一般会流入海洋，在此过程中会形成三角湾和三角洲。图 5.24 所示是河流在末端的河口处流入海洋形成三角湾和三角洲。

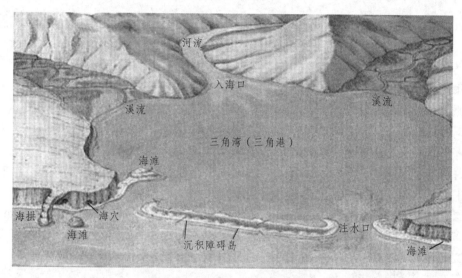

图 5.24　河流在河口处形成三角湾和三角洲的示意图

（4）河流地质作用的综合过程。

其实，河流的侵蚀、搬运和沉积作用会体现在河流从产生到消亡的全过程中，而且各个作用互相影响，其主要特点是河流流经区域长、跨越地域广、上下游落差大、对地貌的改变显著，但经历的时间比较漫长。河流地质作用的综合过程如图 5.25 所示。

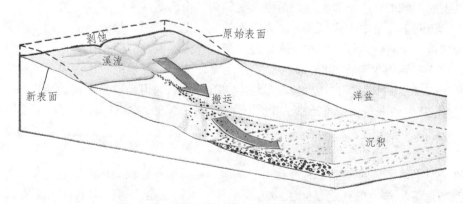

图 5.25　河流地质作用的综合过程示意图

任务 5.3　河流与地貌

在地球表面的地貌形态中,各种地貌形态都与水有密不可分的关系,其中水在地貌形态中占据着重要的主导作用。水流的泛滥、充沛、适中、较少、消失会形成地球表面形态各样、差别巨大的不同地貌,如海洋地貌、沼泽地貌、平原地貌、黄土地貌、沙漠地貌、岩溶地貌等。

5.3.1　平原地貌

平原地貌是指广阔而平坦的陆地。它的主要特点是地势低平、起伏和缓、相对高度一般不超过 50 m,坡度在 5° 以下。它以较低的高度区别于高原,以较小的起伏区别于丘陵。平原的分类很多,成因复杂。平原是地壳长期稳定、升降运动极其缓慢的情况下,经过外力剥蚀夷平作用和堆积作用形成的。平原地区地势低平、土壤肥沃、灌溉便利,多为工农业基地。我国平原面积约 112 万平方千米,约占领土总面积的 12%。

根据海拔高度,平原可分为低平原(海拔在 200 m 以下)和高平原(海拔为 200 ~ 500 m);根据地表形态可分为平坦平原(如冲积平原)、倾斜平原(如海岸平原、山前平原)、碟状平原(如内陆平原、湖成平原)、波状平原(如冰碛平原、多河流泛滥平原)等;根据成因可分为构造平原和非构造平原,非构造平原又分为堆积平原和侵蚀平原。

中国有三大平原,分布在中国东部。东北平原是中国最大的平原,海拔在 200 m 左右,广泛分布着肥沃的黑土。华北平原是中国东部大平原的重要组成部分,大部分海拔在 50 m 以下,交通便利、经济发达。长江中下游平原大部分海拔在 50 m 以下,地势低平、河网纵横,向有"水乡泽国"之称。

珠江三角洲平原位于广东省中南部,面积约 11 000 km²,平均海拔在 50 m 左右,这里河网纵横、孤丘散布。东南沿海河口区都有三角洲平原形成,其中以珠江三角洲为最大,因为它是由东、西、北三条大河汇流堆积而成的,故面积达 10 000 km² 以上,成为我国商品粮基地之一。它面积不大,但是生产力强,每平方千米能养活 600 ~ 800 人,为热带地区开发最好的平原(相对于密西西比河平原、亚马孙河平原等而言)。目前,珠江三角洲平原上的 500 万人口以上的大城市有广州和香港,所以其被称为"南海明珠"。

珠江三角洲平原是中生代以来,地壳下面的地幔上升,引起地壳张裂,因而断裂下沉,形成巨大凹地,全新世海侵,海水淹入凹地,形成广大溺谷湾,吸引东、西、北三江流入而形成的。这个溺谷湾水深在 50 m 以内,并且四周有山地丘陵包绕着,台风、风暴潮侵袭不强,有利于三江沙泥沉积。三江含沙量虽然只有万分之三,但是流量丰富,所以每年流入沙泥达 1 亿吨,故三角洲发展速度也快,目前仍在扩展中。例如:在河口区平均每年可伸展 10 ~ 120 m,成为我国重点围垦地区之一。由于地处热带、流量丰富,因地表植被覆盖度大、夹沙少,成为我国优良河川,航行便利。

平原是一个地区和国家重要的粮食生产基地,也是工业建设用地的首选,如大型飞机制造、实验基地等。作为工程建筑和道路选线而言,平原更是天然优质的首选场所。图 5.26 和图 5.27 所示是我国的东北大平原。

图 5.26　我国的东北大平原（一）

图 5.27　我国的东北大平原（二）

5.3.2　黄土地貌

　　黄土（loess）指的是在干燥气候条件下形成的多孔性的、具有柱状节理的黄色粉性土。黄土是指原生黄土，即主要由风力作用形成的均一土体；黄土状沉积是指经过流水改造的次生黄土。湿陷性黄土受水浸湿后会产生较大的沉陷。

1. 黄土的形成

黄土是第四纪形成的陆相黄色粉砂质土状堆积物,其粒径大于 0.005 mm,小于 0.05 mm。黄土粒度成分百分比在不同地区和不同时代有所不同,它广泛分布于北半球中纬度干旱和半干旱地区。黄土的矿物成分有碎屑矿物、黏土矿物及自生矿物 3 类。碎屑矿物主要是石英、长石和云母,占碎屑矿物的 80%,其次有辉石、角闪石、绿帘石、绿泥石、磁铁矿等;此外,黄土中碳酸盐矿物含量较多,主要是方解石。黏土矿物主要是伊利石、蒙脱石、高岭石、针铁矿、含水赤铁矿等。黄土的化学成分以 SiO_2 占优势,其次为 Al_2O_3、CaO,再次为 Fe_2O_3、MgO、K_2O、Na_2O、FeO、TiO_2 和 MnO 等。黄土的物理性质表现为疏松、多孔隙,垂直节理发育,极易渗水,且有许多可溶性物质,很容易被流水侵蚀形成沟谷,也易造成沉陷和崩塌。黄土颗粒之间结合不紧,孔隙度一般在 40% ~ 50%。中国北方新生代晚期土状堆积物中常见有古土壤分布,尤以黄土高原为主,如图 5.28 所示。

图 5.28　我国西北的黄土地貌

2. 黄土的特征与分布

黄土层还有其他土壤所不具备的独特品质。黄土是一种很肥沃的土层,对农业生产极为重要。但其植被稀少、水土流失严重,给农业生产和工程建设都造成了严重的危害,需要科学治理。

黄土是距今约 200 万年的第四纪时期形成的土状堆积物。典型的黄土由黄灰色或棕黄色的尘土和粉沙细粒组成，质地均一，含多量钙质或黄土结核，多孔隙，有显著的垂直节理，无层理。黄土在干燥时较坚硬，被流水浸湿后，通常容易剥落和遭受侵蚀，甚至发生塌陷，即黄土具有失陷性。

中国是世界上黄土分布最广、厚度最大的国家，其范围北起阴山山麓，东北至松辽平原和大、小兴安岭山前，西北至天山、昆仑山山麓，南达长江中、下游流域，面积约 63 万平方千米。其中以黄土高原地区最为集中，占中国黄土面积的 72.4%，一般厚 50 ~ 200 m（甘肃兰州九洲台黄土堆积厚度达到 336 m），发育了世界上最典型的黄土地貌。我国西北的黄土高原是世界上规模最大的黄土高原，华北的黄土平原是世界上规模最大的黄土平原。其中山西、陕西、甘肃等省，是典型的黄土分布区，分布面积广、厚度大，各个地质时期形成的黄土地层俱全。

3. 黄土的沉陷与失陷性

黄土经常具有独特的沉陷性质，这是任何其他岩石较少有的。黄土沉陷的原因多种多样，只有把黄土本身的性质与外在环境的条件结合起来考虑时，才能真正了解黄土沉陷的原因。

粉末性是黄土颗粒组成的最大特征之一。粉末性表明黄土粉末颗粒间的相互结合是不够紧密的，所以每当土层浸湿时或在重力作用的影响下，黄土层本身就失去了它的固结性能，因而也就常常引起强烈的沉陷和变形。黄土的失陷性是工程施工过程中要注意的一个重要问题。

5.3.3 沙漠地貌

1. 沙漠的定义

沙漠是指地面完全被沙所覆盖、植物非常稀少、雨水稀少、空气干燥的荒芜地区，亦作"沙幕"。

沙漠地表下是沙质荒漠，地球陆地的 1/3 是沙漠。因为水很少，一般以为沙漠荒凉无生命，有"荒沙"之称。和别的区域相比，沙漠中生命并不多，但是仔细看看，就会发现沙漠中藏着很多动物，尤其是晚上（因白天沙漠表面温度太高）才出来的动物。

沙漠地域大多是沙滩或沙丘，沙下岩石也经常出现。沙漠泥土很稀薄，植物也很少。有些沙漠是盐滩，完全没有草木。沙漠一般是风成地貌。

沙漠里有时会有可贵的矿床，近代也发现了很多石油储藏。因为沙漠少有居民，所以资源开发也比较容易。沙漠气候干燥，但它却是考古学家的乐居，因为在那里可以找到很多人类的文物和更早的化石。沙漠地貌如图 5.29 所示。

2. 全球面临的沙漠化威胁

所谓沙漠化，即植被破坏之后，地面失去覆盖而风化沙化的现象。全世界陆地面积为 1.62 亿平方千米，占地球总面积的 30.3%，其中约 1/3（4 800 万平方千米）是干旱、半干旱荒漠地，而且每年以 6 万平方千米的速度扩大着。而沙漠面积已占陆地总面积的 10%，还有 43% 的土地正面临着沙漠化的威胁。由于地球环境的变化，如全球气候变暖、人口增加、干旱等，这些因素进一步加剧了沙漠化的发展，陆地正面临着被沙漠吞噬的危险，如图 5.30 所示。

图 5.29　我国西北沙漠地貌

图 5.30　发生沙漠化的地貌

中国沙漠总面积约 70 万平方千米，如果连同 50 多万平方千米的戈壁在内，总面积约为 128 万平方千米，占全国陆地总面积的 13%。中国西北干旱区是中国沙漠最为集中的地区，约占全国沙漠总面积的 80%。中国的主要沙漠有塔克拉玛干沙漠、古尔班通古特沙漠、巴丹吉林沙漠、腾格里沙漠以及库姆塔格沙漠等。

3. 沙漠化的原因

在干旱气候和大风作用下，绿色原野逐步变成类似沙漠景观的过程。土地沙漠化主要出现在干旱和半干旱区。形成沙漠的关键因素是气候，但是在沙漠的边缘地带，原生植被可能是草地，由于人为原因沙化了。这些人为的因素主要有以下几个方面：

（1）不合理的农垦。无论在沙漠地区还是原生草原地区，一经开垦，土地即行沙化。1958到1962年间，片面地理解大办农业，在牧区、半农牧区及农区不加选择，乱加开荒，1966—1973年，又片面地强调以粮为纲，说什么"牧民不吃亏心粮"，于是在牧区出现了滥垦草场的现象，致使草场沙化急剧发展。由于风蚀严重，沙荒地区开垦后，最初1~2年单产尚可维持二三十千克，以后连种子都难以收回，只有弃耕，加开一片新地，这样导致"开荒一亩，沙化三亩"。据统计，仅鄂尔多斯地区开垦面积就达120万公顷（1公顷＝10 000 m²），造成120万公顷草场不同程度地沙化。

（2）过度放牧。由于牲畜过多，草原产草量供应不足，使很多优质草种长不到结种或种子成熟就被吃掉了。另外，像占牲畜总数一半以上的山羊，行动很快，善于剥食沙生灌木茎皮，刨食草根，再加上践踏，使草原产草量越来越少，形成沙化土地，造成恶性循环。

（3）不合理的樵采。从历史上来讲，樵采是造成我国灌溉绿洲和旱地农业区流沙形成的重要因素之一。以鄂尔多斯市为例，据估计，五口之家年需烧柴700多千克，若采油蒿则每户需5 000 kg，约相当于3公顷固定、半固定沙丘所产大部分或全部油蒿。据统计，鄂尔多斯市仅樵采一项而使巴拉草场沙化的面积达20万公顷。完全沙漠化的地貌如图5.31所示。

图 5.31　完全沙漠化的地貌

4.沙漠地区的气候

沙漠地区气候干燥、雨量稀少，年降水量在250 mm以下，有些沙漠地区的年降水量甚至在10 mm以下（如中国新疆的塔克拉玛干沙漠），但是偶然也有突然而来的大雨。沙漠地区的蒸发量很大，远远超过当地的降水量；空气的湿度偏低，相对湿度可低至5%。

沙漠气候变化颇大，平均年温差一般超过30 ℃；绝对温度的差异，往往在50 ℃以上；日温差变化极为显著，夏秋午间近地表温度可达 60 ~ 80 ℃，夜间却可降至 10 ℃ 以下。沙漠地区经常一片晴空、万里无云、风力强劲，最大风力可达飓风程度。热带沙漠成因：主要受到副热带高压笼罩，空气多下沉增温，抑止地表对流作用，难以致雨。若为高山阻隔，位处内陆或热带西岸，均可以形成荒漠。例如：澳洲大陆内部的沙漠，就是因为海风抵达时，已散失所有水气而形成的。有时，山的背风面也会形成沙漠。地面物质荒漠并非全是沙质地面，更常见的为叠石地面或岩质地面，地面尚有湖和绿洲，如图 5.32 所示。

图 5.32　沙漠植物与沙漠湖泊

　　沙漠大多按照每年降雨量天数、降雨量总额、温度、湿度来分类。1953 年，外国学者 Peveril Meigs 把地球上的干燥地区分为三类：特干地区，是完全没有植物的地带（年降水量在 100 mm 以下，全年无降雨、降雨无周期性），其面积占全球陆地面积的 4.2%；干燥地区，是指季节性地长草但不生长树木的地带（蒸发量比降水量大，年降水量在 250 mm 以下），其面积占全球陆地面积的 14.6%；半干地区，有 250 ~ 500 mm 的雨水，是可生长草和低矮树木的地带。特干和干燥区称为沙漠，半干区命名为干草原。但是只够干燥性标准的地区并非都是沙漠，如美国阿拉斯加州布鲁克斯岭（Brooks Range）的北山坡一年有 250 mm 以下的雨水，但通常不算为沙漠。

5. 沙漠的开发与利用

　　面对陆地的沙漠化，人类其实也并非束手无策、坐以待毙。只要保护环境，再加上合理的利用，推行渐进式的沙漠绿化造林，就可以改变"沙进人退"的被动局面，转而成为"人进沙退"的主动局面。

　　例如：包兰铁路在腾格里沙漠地段，为了防止沙丘移动吞没铁路线，沿线的职工和当地人民开展了大范围的防沙固沙工程。在和风沙的战斗中，逐渐摸索出了一套行之有效的防沙固沙办法——草格子固沙法（图 5.33）。人们将成熟以后麦子的麦秆用铁锹埋入沙土中大约 20 ~ 30 cm 深，在沙漠表面露出大约 10 ~ 20 cm 高的麦草，并做成 50 ~ 80 cm 的正方形或菱形的方格子。这样在起风的时候，由于沙漠表面有露出的 10 ~ 20 cm 高的麦草阻挡，地表的沙粒便不会被风搬走移动，只能在正方形或菱形的方格子内旋转，从而使流沙得到固定。另外，麦秆风化后会形成肥沃的钾肥，给沙丘表面的植物生长提供了营养和土壤，使沙漠逐渐得到绿化。这一做法取得了显著的成果，并获得了联合国的奖励，将"草格子固沙法"向全世界推广。现在，国际上每年一度的"治理沙漠工程大会"都在银川的中卫举行。

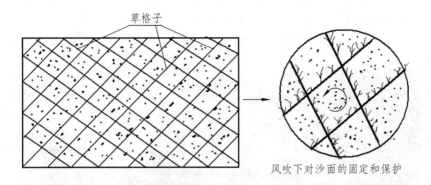

图 5.33　草格子固沙法

另外，据报道，腾格里沙漠黄河边上的一家造纸厂，利用造纸的废水灌溉沙漠里种植的速生林。通过速生林根系净化厂里排出的污水，将速生林净化后的水引回厂里再使用，而速生林也得到了灌溉和生长所需的养分，同时沙漠也得到了绿化。这种即环保又可持续的发展模式得到了国家的鼓励和推广，也为企业带来了巨大的经济效益。只节约用水、污水处理、国家奖励方面就使企业获利数十亿元人民币。

沙漠合理适度的开发旅游也会为沙漠的治理和绿化提供一定的物质和资金基础。其中沙漠形成的许多自然景观都具有高度的旅游开发价值。以下是游客对我国部分著名沙漠景区的评价。

游客对银川中卫沙坡头景区的评语：因保护铁路的治沙工程而无意成就了今天宁夏旅游的王牌景区。金色沙海翻起了绿色波浪，集大漠、黄河、绿洲为一体。沙为河骨，河为沙魂，沙与河相互依存，尽显大自然伟大之和谐。

游客对鸣沙山月牙泉景区的评语：因声扬名，沙软滑圆，若临顶，浩瀚沙海万顷金波，快意非凡。沙山下月牙泉，梦一般的谜，沙泉共生，在茫茫大漠中有此一泉，令人惊叹！

游客对内蒙古响沙湾景区的评语：一个沙的海洋，一个只有天空和沙漠的世界，每一块沙土都似乎被艺术家制作得很艺术很灵动，使之散发出迷人的魅力。响沙的现象勾起了人类无限的遐思。

游客对宁夏沙湖景区的评语：是沙还是湖？沙在湖中，湖在沙中，是沙亦是湖，是湖亦是沙，实则南沙北湖，沙水相依，浑然天成。沙水平和的依偎，仿佛是相守千年的恋人，没有波澜壮阔的激情，一切只在默默无言的守护中。

 拓展阅读 5.7：雅丹地貌

雅丹地貌是一种典型的风蚀性地貌。"雅丹"在维吾尔语中的意思是"具有陡壁的小山包"。

由于风的磨蚀作用，小山包的下部往往遭受较强的剥蚀作用，并逐渐形成向里凹的形态。如果小山包上部的岩层比较松散，在重力作用下就容易垮塌形成陡壁，形成雅丹地貌，有些地貌外观如同古城堡，俗称魔鬼城。

极干旱地区干涸的湖底常因干缩而裂开，风沿着这些裂隙吹蚀，裂隙越来越大，原来平坦的地面发育成许多不规则的背鳍形垄脊和宽浅沟槽，这种支离破碎的地貌即雅丹地貌，如图 5.34 所示。

图 5.34　风蚀性雅丹地貌

雅丹，这个名词，自 21 世纪被作为一种地貌形态的专有名词载入各种教科书和地理读物以来，已逐渐为人们所熟悉了，尽管绝大多数人并不曾亲眼看见过它。而这种地貌形态为什么叫作"雅丹"，人们却很少去探寻，其实这一地貌的命名与中国有着重要的联系。

20 世纪初，赴罗布泊地区考察的中外学者，在罗布荒原中发现大面积隆起的土丘地貌，当地人称"雅尔当"，即维吾尔语中"陡峻的土丘"之意。发现者将这一称呼介绍了出去，以后再由英文翻译过来，"雅尔当"变成了"雅丹"。从此，"雅丹"成为这一类地貌的代名词。继罗布荒原发现雅丹地貌之后，在世界干旱区的许多地方，又发现了许多类似地貌，均统称为雅丹地貌。

雅丹专指干燥地区的一种特殊地貌。一开始在沙漠里有一块基岩构成的平台形高地，高地内有节理或裂隙发育，沙漠河流的冲刷使得节理或裂隙加宽扩大。一旦有了可乘之机，风的吹蚀就开始起作用了。由于大风不断剥蚀，风蚀沟谷和洼地逐渐分开了孤岛状的平台小山，后者演变为石柱或石墩。旅游者到了这样一个地方，就像到了一个颓废了的古城，纵横交错的风蚀沟谷是街道，石柱和石墩是沿街而建的楼群，地面形成似条条龙脊、座座城堡的景状。

这样的"城"称魔鬼城，古书中又称为"龙城"。在柴达木盆地、准噶尔盆地内部有魔鬼城，有的规模还不小，令人惊叹不已，如图5.35所示。

图 5.35   裂隙发育的雅丹地貌

5.3.4   岩溶地貌

1. 岩溶地貌的定义

岩溶地貌（karst landform），是具有溶蚀力的水对可溶性岩石进行溶蚀等作用所形成的地表和地下形态的总称，又称喀斯特地貌。岩溶（karst）一词源自南斯拉夫西北部伊斯特拉半岛碳酸盐岩高原的名称，当地称为喀斯特，意为岩石裸露的地方。"岩溶地貌"因近代岩溶研究发轫于该地而得名，它以溶蚀作用为主，还包括流水的冲蚀、潜蚀，以及塌陷等机械侵蚀过程。这种作用及其产生的现象统称为岩溶。岩溶地貌分布在世界各地的可溶性岩石地区。

2. 岩溶地貌形成的原因

岩溶地貌的形成是石灰岩地区地下水长期溶蚀的结果。石灰岩的主要成分是碳酸钙（$CaCO_3$），在有水和二氧化碳时发生化学反应生成可溶性的碳酸氢钙[$Ca(HCO_3)_2$]，后者可溶于水，于是空洞形成并逐步扩大。这种现象在南欧亚德利亚海岸的岩溶高原上最为典型，所以常把石灰岩地区的这种地形笼统地称为岩溶地貌。

水的溶蚀能力来源于二氧化碳（CO_2）与水结合形成可溶性的碳酸氢钙[$Ca(HCO_3)_2$]。二氧化碳是岩溶地貌形成的功臣，水中的二氧化碳主要来自大气流动、有机物在水中的腐蚀和矿物风化。岩溶在地表会形成千奇百怪的形状，在地下主要是形成溶洞、地下裂隙与暗河等，如图5.36所示。

图 5.36　岩溶地貌

3. 岩溶地貌的地貌特征

（1）溶沟和石芽。

溶沟是指地表水沿岩石表面和裂隙流动过程中不断对岩石溶蚀和侵蚀，从而形成的石质沟槽；石芽指突出于溶沟之间的石脊，其实它是溶沟形成过程中的残余物。云南地区的石林就是发育比较好的形态高大的石芽群，它的形成条件是厚层、质纯、产状平缓、垂直节理稀疏和湿热的气候环境，如图 5.37 所示。

图 5.37　岩溶地貌

（2）天坑和竖井。

天坑和竖井主要是由于岩溶地面不断凹陷，形成漏斗状的圆形洼地或竖井状的洞，在我国的重庆和四川南部地区分布较为广泛。它形成于陡峭的坡地两侧和洼地、盆地底部，因为流水沿着岩石的裂隙侵蚀强烈，所以天坑或竖井深达几十米到几百米。

（3）溶蚀洼地和溶蚀谷地。

溶蚀洼地是一种范围广、近似圆形的封闭性岩溶洼地，四周多低山和峰林，底部平坦，雨季易涝、旱季易干，面积一般为数平方千米至十几平方千米。溶蚀谷地是溶蚀洼地进一步扩大或融合而形成的，它受构造影响比较大，面积更为广大，一般为数十平方千米至数百平方千米，平面呈条状分布，长达数十千米，底部平坦，常有地表径流，如广西都安有一溶蚀谷地宽 1 km、长 10 km。这种岩溶地形在我国云贵高原分布广泛，当地人称之为"坝"。

（4）干谷。

干谷是地表径流消失后岩溶区遗留下来的谷地，它的形成原因是河流的某一段河道水流沿着谷底的竖井或水洞流入地下，形成地下径流。这种地表径流转为地下径流的现象叫作伏流。还有一种形成原因即水流对河道进行裁弯取直。这样的地貌类型在我国华北地区和东北地区比较常见。

（5）峰林、峰丛、孤峰、天生桥。

"桂林山水甲天下，阳朔山水甲桂林"，我国广西风光独特，岩溶作用是形成这天然屏风的主要原因，如图 5.38 所示。

图 5.38　岩溶地貌

峰丛是可溶性岩受到强烈溶蚀而形成的山峰集合体。峰林是由峰丛进一步演化而形成的。当然，在新构造作用下，峰林会随着地壳的上升转化为峰丛。峰丛的山峰表现为锥状、塔状、圆柱状等尖锐峰体，表面发育石芽、溶沟，山峰之间又常常有溶洞、竖井。峰丛地貌可以说是岩溶地貌的博物馆。

孤峰是岩溶区孤立的石灰岩山峰，它需要地壳长期稳定而无太大的地质运动。奇特美丽的桂林山水会把大自然对它的宠爱告诉你。

天生桥是可溶性岩下部受流水溶蚀而形成的拱桥状地貌。

（6）地表钙华堆积。

这是一类典型的地表岩溶地貌，主要有瀑布华、钙华堤坝和岩溶泉华。

瀑布华指地表瀑布水流速度陡然增大，内力作用减小，水中的二氧化碳外逸，形成瀑布华。我国贵州著名的黄果树瀑布就属于这一种。

钙华堤坝的形成是溶解大量 $CaCO_3$ 的高山冰雪溶水和含大量 $CaCO_3$ 的地下渗透岩溶水在地下径流一段距离后，以泉的形式排出地表的过程。随着水温增高和水流速度增大以及大量藻类植物的作用，形成了大量钙华沉积。钙华中含许多杂质和多种不同元素，并且有水生植物的影响，还使钙华呈现出多种色彩。这种地貌在我国四川黄龙寺一代分布较广，黄龙寺旅游业的发展可以说与这种独特的岩溶地貌景观紧密相连。

岩溶泉华是溶有大量 $CaCO_3$ 的泉水涌出地表，由于温度升高和压力减小，使得 $CaCO_3$ 在泉口形成钙华沉积，长时间的积累使泉华形成不同的形状，这也是大自然赐予人类的一幅美景。这种岩溶地貌在我国云南较为常见，如图 5.39 所示。

图 5.39　岩溶地貌

 拓展阅读 5.8：永无止境的烈火——乌兹别克斯坦"地狱之门"奇观

据台湾 2009 年 9 月 22 日《今日新闻》报道，有地质学家在乌兹别克斯坦一个名为达尔瓦兹的小镇附近，意外发现一个地下洞穴。这个深不见底的大洞被当地人称为"地狱之门"，洞穴里充满着可燃气体，所以内部就像地狱一般持续燃烧着，导致没有人敢接近那个地方。

地质学家 1974 年在乌兹别克斯坦钻探天然气时，意外地发现一个地下洞穴，这个洞穴又大又深，考察团队将帐篷和所有设备都搬进洞穴时才发现，洞穴的深度根本无法测量，最后只好作罢。

研究团队最后决定，将洞穴内的气体点燃，等有毒气体都燃烧殆尽之后再进入探勘。

研究人员放火之后，熊熊大火已经燃烧了 35 年仍未熄灭，该洞穴目前真的有如地狱一般，这些年不知已经有多少吨优质气体被烧掉。专家表示，感觉这洞里的气体似乎是无穷无尽，完全烧不完的，"地狱之门"全貌及其燃烧着的洞口如图 5.40 和图 5.41 所示。

图 5.40　燃烧的"地狱之门"全貌

图 5.41 燃烧的"地狱之门"洞口

 复习思考题

基本习题:

1. 简介地表水的分类,并图示说明外流河与内流河的区别。

2. 图示大气循环降水图,并说明为什么地表水的总量是趋于平衡的。

3. 图示一河谷要素,并说明为什么河流的Ⅱ、Ⅲ、Ⅳ阶地是线路(公路、铁路)选线和人类聚集的最佳和首选位置。

4. 图示说明河流的地质作用。

5. 图示说明牛轭湖是如何形成的。

6. 简介平原地貌的形成及其特点。

7. 简介黄土地貌的形成及其特点。

8. 简介沙漠地貌的形成及其特点。

9. 简介雅丹地貌的形成及其特点。

10. 简介岩溶地貌的形成及其特点。

兴趣、拓展与探索习题:

1. 结合河流的侵蚀、搬运和沉积地质作用,请收集资料,用图文并茂的方式说明"为什么黄河是悬在开封市人民头上的一把刀"。

2. 请搜集一个实例资料,结合河道变迁的地质作用进行分析,图示并写出你对人们常说的"三十年河东,三十年河西"的理解。

3.《三国演义》中诸葛亮因"借东风火烧赤壁"而声名大振。但有学者提出:"曹操在长江北岸,孙权在长江南岸,依据当时的季节(秋季末),长江上是不可能刮起东南风的。"所以有地质界的学者认为"在双方当时交战的地点,因长江河道的蛇曲,很有可能当时孙权在长江北岸,曹操在长江南岸,而依据当时的季节应该刮起的是西北风"。请你结合河流侧蚀作用使河道不断变迁的地质状况，收集历史资料进行分析，图示并写出你对《三国演义》中"诸葛亮借东风火烧赤壁"的看法，如图 5.42 所示。

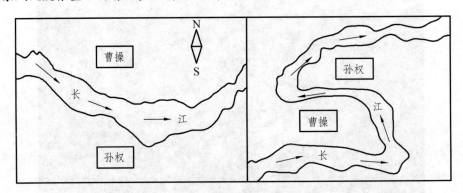

图 5.42　学者对于"诸葛亮借东风火烧赤壁"提出的异议示意图

4. 历史上曾经有过关于楼兰古国的记载，据说位于丝绸之路上的楼兰古国曾在一夜之间消失，只留下了漫漫的黄沙。请收集相关历史资料，结合沙漠地貌变化的地质作用进行分析，图示并写出你对楼兰古国一夜之间消失的推测。

5. 查阅地图与资料，分析一下，你认为雅鲁藏布江的水可以引导调入黄河吗？如果可能，试图示并分析一下采取什么样的工程方案比较合理。

项目 6　地质实习

 项目描述

本项目主要讲述了野外地形地貌的认识、地质构造野外观察、三大岩石的野外认识、地貌对工程选址、工程地基、工程施工的影响等内容。

 教学目标

1. 知识目标

通过本项目的学习，学生一般应了解和认识：

（1）一般野外地形地貌的认识与辨别。

（2）罗盘仪的使用方法。

（3）资料的归类整理。

2. 能力与素质目标

通过学习，学生应能够对一般野外地形地貌进行识别，能够辨认出典型的褶曲、断层等地质构造，能够熟练使用罗盘仪对岩层进行野外测量与数据记录，能够整理野外地质测量实习资料并撰写完整的地质实习报告。

野外实习是工程专业学生学完工程地质学习后的一次野外现场教学，也是他们第一次用地质科学的眼光去接触自然、研究自然。所以，在实习内容的选择及安排上要尽量与所学的专业和今后的工作相结合。

在实习的内容上，不一定非要去什么名山大川。一般情况下，凡是有山岭、河道地貌的地区都具有实习的价值。实习内容应尽量做到既简单又具有地质地貌的代表性、趣味性和实用性。

实习中要注重提高学生的识别能力、动手能力、逻辑推理能力、报告撰写能力（徒手绘图、资料整理等），同时培养学生热爱自然、尊重自然、保护自然的综合能力与水平，以达到陶冶情操、教书育人的教学目的。

为了便于管理、方便实习，实习地点应尽可能选在学校的周边地区。本部分教材的内容中，实习地点选择在距离西安大约 30 km 范围内的骊山和秦岭山中的翠华山，在此两个实习地点的北侧就是流经八百里秦川的渭河，地貌特征比较显著。在实习内容及时间安排上，以 1 周比较适宜。

总体而言，工程地质实习内容比较庞杂琐碎。如何安排好地质实习的内容和时间，使学生从实习中有所收获，应该根据各学校的实际情况而定。其具体方面为：学校的师资、学生人数、学校的位置（周边是否有比较近、比较适合的地形或景点）、与实习地点的距离及交通状况等。

以下地质实习的安排是结合西安铁路职业技术学院的实际情况，以西安东边的骊山（距校区约 30 km）和翠华山（距校区约 35 km）两个地点作为学生的实习地点来安排实习路线的。实习内容和安排仅供参考，其他兄弟院校可根据自己学校的师资、学生人数、学校的位置、周边地质地貌等实际情况具体计划和安排。

任务 6.1 地质实习计划与内容

1. 实习目的和要求

工程地质是一门实践性很强且直接面向大自然的学科。要改造和利用自然，首先必须了解和认识自然。实习的目的就是巩固和深化课堂上的理论知识，使之尽可能达到理论和实践的有机结合，培养学生分析、解决工程地质问题的综合能力。

工程地质野外实习要求学生能将课堂上所学的理论知识灵活地运用于野外工作之中，对工程地质的常规工作方法、步骤、野外工作的基本技能、常见的工程地质问题等，有一个较全面、系统的了解。

2. 实习时间及地点

实习时间：本课程讲授及考试结束后即可进行野外实习，时间为 1 周。

实习地点：（1）西安市临潼区骊山地区。

（2）西安市长安区翠华山地区。

3. 实习基本内容

（1）常见地貌类型特征的观察与认识。

根据指导教师的指导，观察地貌类型（河流地貌、山岭地貌、岩溶地貌等）；根据场地平整情况、岩石的分布以及工程性质、土的类型以及分布情况、场地周围地形的复杂程度等初步判断场地的工程地质复杂程度。

（2）常见不良工程地质现象的观察与认识。

① 河流的侧蚀作用：注意观察侧蚀方向和建筑物位置的关系。

② 滑坡：注意观察滑坡附近的地形特征、滑坡体的物质组成及其形态特征、滑坡周界和滑坡壁特征。

③ 崩塌：注意观察山坡上危岩的发育情况、山脚处岩堆的分布范围。

④ 岩溶：注意观察和描述岩溶的形态特征、岩溶发育和岩性、地质构造、地形、气候的关系，岩溶发育和土木工程的关系。

⑤ 对各种类型堆积物（残积物、冲积物、洪积物、坡积物等）的描述，主要注意如下几个方面：

观察堆积物所处的位置和形态特征；

观察堆积物的物质组成、颗粒均匀性、颗粒表面特征；

给出堆积物的成因类型；

初步对所观察堆积物的工程性质给出评价。

（3）常见的岩石类型、岩体结构、标本采集及工程力学评价。

岩石类型的鉴别：首先根据野外岩石的产状判断岩石属于哪个大类（岩浆岩、沉积岩、变质岩），然后再从岩石的颜色、矿物成分、含量等具体确定岩石的具体名称，注意使用一些辅助工具（试剂）来帮助鉴别岩石，如放大镜、小刀、稀盐酸等。

岩石的结构类型识别：注意观察岩体中结构面（裂隙面、断层面、岩层层面等）发育的情况，包括发育方位、密度、延伸情况、充填。由此确定岩体是属于如下哪一类型：整体块状结构；层状结构；碎裂结构；散体结构。

（4）常见堆积物特征的观察与认识。

首先观察堆积物所处的位置特征，然后结合堆积物的组成、颗粒大小、颗粒表面特征、和下伏基岩的关系等判断是属于哪种堆积物（残积物、洪积物、冲积物、坡积物等）。

（5）常见地质构造类型（断层、裂隙、褶皱）的观察与认识。

① 结合地形地质图，注意观察岩层的产状，会利用罗盘测量地层的产状三要素。

② 会利用罗盘、皮尺等工具研究裂隙发育情况，并能分析描述节理的发育情况（程度、方向）。

③ 根据指导教师的指导，观察断层两侧地层产状的变化、地层移动方向、断层面的特征，并由此判断断层的性质（张性、压性、扭性）。

④ 结合地形地质图，观察地层是否有弯曲变化情况、核部地层、两翼地层、枢纽产状、轴面产状。由此判断是否有褶皱的发生及其类型：水平褶皱、倾伏褶皱、直立褶皱、歪斜褶皱、倒转褶皱。

（6）实习地点工程地质与工程建筑物的综合评价。

根据实习采集的资料和数据，分析在骊山牡丹沟沟谷中已经修建的民房等建筑物的合理性；对于沿山腰修建的盘山公路，提出对经常发生坍塌、滑坡等病害的治理建议措施、方法等；翠华山地区未来再次发生山体崩塌的预测及应对措施；对翠华山堰塞湖下方村民在泄洪沟两侧居住的建议等；初步对所观察堆积物的工程性质给出评价。

4. 实习路线

（1）沿骊山牡丹沟西侧的公路行进到烽火台（下部山体为古老的死火山）南侧山岭上通往人宗庙的公路上（正在施工中），然后沿牡丹沟上方主滑坡体的小路徐徐下山，直到骊山脚下的牡丹沟口（与出发地点相重合）处集合。

（2）进入翠华山山门，沿翠华山科考路向西南（向上）行进，到达堰塞湖处，沿堰塞湖泄洪道徐徐下山到山门处集合，如图6.1所示。

图 6.1 翠华山地质实习线路图

5. 实习方式与基本要求

（1）视学生班数组成实习队。实习前的总动员由系里派人员组织实施，并在实习教师中产生一名实习队长。

（2）以学生（小）班为基本的实习单位，每（小）班分成 5 ~ 6 个实习小组。

（3）由于实习时间较短，学生独自操作有一定困难，故要求在教师的带领下开展工作。

（4）外业结束后，由实习队指派一名教师统一向学生提出内业整理的要求及方法。

（5）实习结束返校前，现场提交完整的实习报告以及相应的图件。

上述路线及时间可根据天气情况适当调整安排。

6. 考核内容和方式

根据学生在实习中的表现、出勤情况、实习报告的内容质量等方面情况进行综合考核评分。按优、良、中、及格、不及格五级给出实习成绩。

任务 6.2 野外山岭地貌的认识

通过实地观察和学习，使学生认识山脊线、山谷线，明确山脊、山谷地貌特征的最大区别，如图 6.2 所示。

图 6.2　骊山山脊线、山谷线

要求学生练习用手工绘制（素描）所看到的山脊、山谷地貌素描图，观察山体上建筑工程、民房的修建位置是否合理，并写出在该山脊和山谷上修建建筑物、民房等工程的利弊。

山谷地区经常是山上溪流必经之地，因溪流、山洪冲刷经常会发生滑坡、崩塌落石等地质灾害，同时山脚下的洪积扇土质松软、间隙大、富含水，不宜修建任何建筑物。而此区域建筑物的修建，也会影响山洪发生时的下泄通道，引起其他的次生灾害，如图 6.3～图 6.6 所示。

图 6.3　骊山牡丹沟中的溪流及其沟底崩塌落石与山洪堆积物

图 6.4　骊山山坡上的金矿采矿厂区

图 6.5　靠近山脊正在修建的灞桥——临潼公路

古老的骊山火山堆

图 6.6　骊山烽火台下面古老的火山堆

任务 6.3　地质构造的野外观察

组成地壳的岩层或岩体在地应力的长期作用下，会发生变形、变位，形成各种构造运动的形迹，称为地质构造，如单斜、褶皱和断裂等。

常见典型地质构造的认识：

1. 滑坡体

斜坡上的岩体或土体，在重力作用下，沿一定的软弱面（带）保持整体向下缓慢移动并以水平位移为主的滑动现象，称为滑坡。

滑坡是指山坡岩体或土体顺斜坡向下滑坡的现象，一般由降雨、河流冲刷、地震、融雪等自然因素引起。近年来，由于斜坡前缘切坡、后缘弃土加载、庄稼灌溉等人为工程活动引发的滑坡比例明显增加。在农村，滑坡也俗称"走山""垮山"和"山剥皮"等。

滑坡形态要素有滑坡体、滑坡床、滑动面、滑坡周界、滑坡壁、滑坡台地、封闭洼地、滑坡石、滑坡裂隙、滑坡轴等，如图 6.7 所示。

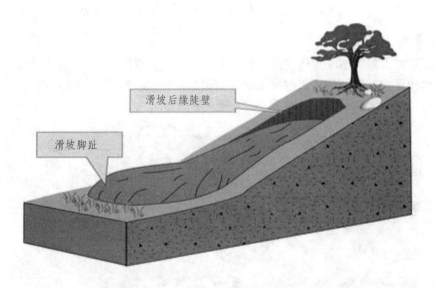

滑坡后缘陡壁

滑坡脚趾

图 6.7　滑坡模型示意图

在野外实习中，对滑坡体的观察，一方面注意看滑坡体的规模，另一方面是观察滑坡体与主体山体之间的滑动距离。其次是调查引起滑坡的主要原因，并判断该滑坡体未来的发展和移动方向。例如：骊山牡丹沟中的滑坡体就是沟底溪流不断对山体底部冲刷，进而引起山体的下滑和坍塌。

因此，对于沟底溪流的河道，一方面应加强河道两侧河堤的加固和绿化工作；另一方面要注意河道的清淤，保持河道的通畅，尤其注意不要在河道上修建建筑物，防止河道阻塞、壅水侵蚀山底坡脚引起新的滑坡。

骊山上的滑坡大多数是由于山谷中溪流对山坡底部地冲刷、掏蚀，引起的山表土体整体缓慢的向下滑动，如图 6.8 所示。

图 6.8　骊山牡丹沟谷底溪流冲刷引起的山体下滑

2. 崩塌体

崩塌：陡坡上的岩体或土体在重力作用下，突然向下崩落的现象，即陡倾斜坡上的岩土体在重力作用下突然脱离母体崩落、滚动、堆积在坡脚（或沟谷）的地质现象。根据岩土体成分，崩塌可划分为岩崩和土崩两大类，如图 6.9 所示。

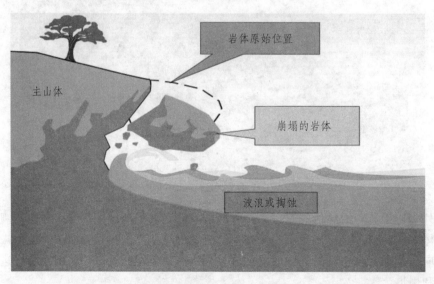

图 6.9　山体崩塌示意图

崩塌的运动速度极快，常造成严重的人员伤亡。

崩塌的物质，称为崩塌体。崩塌体为土质者，称为土崩；崩塌体为岩质者，称为岩崩；大规模的岩崩，称为山崩。崩塌可以发生在任何地带，山崩限于高山峡谷区内。崩塌体与坡体的分离界面称为崩塌面，崩塌面往往就是倾角很大的界面，如节理、片理、劈理、层面、破碎带等。崩塌体的运动方式为倾倒、崩落。崩塌体碎块在运动过程中滚动或跳跃，最后在坡脚处形成堆积地貌——崩塌倒石锥。

崩塌倒石锥结构松散、杂乱、无层理、多孔隙，由于崩塌所产生的气浪作用，使细小颗粒的运动距离更远一些，因而在水平方向上有一定的分选性，如图6.10～图6.12所示。

图6.10　翠华山山体崩塌全貌图

图6.11　骊山崩塌后留下的主山体

图 6.12　翠华山山体崩塌形成堰塞湖

3. 断层、节理与褶曲

岩块沿着破裂面有明显位移的断裂构造称为断层。断层的规模有大有小，所波及的深度有深有浅，形成的时代有老有新；有的是一次构造运动的结果，有的是多次构造运动的结果；有的已不活动，有的还在继续活动；形成断层的力学性质或张或压或剪，各不相同，如图 6.13 所示。

图 6.13　翠华山山体崩塌引起的岩层断层

节理是岩石中的裂隙或破裂面，沿着节理面两侧的岩块基本上没有发生过相对位移或没有明显的相对位移，如图 6.14 和图 6.15 所示。

图 6.14　翠华山山体崩塌挤压引起的岩层节理

图 6.15　骊山牡丹沟节理严重风化发育的岩体

　　节理构造是地壳上部岩石中发育最广的一种地质构造。节理研究在理论上和实践上都具有重要意义，节理常常为成矿热液的分散、渗透、迁移和储存提供了通道和空间。一些矿区矿床中的矿体的形状、产状和分布与该区节理的性质、产状和分布有密切关系。节理也是石油、天然气和地下水的运移通道和储集场所。大量发育的节理常常引起水库的渗漏和岩体的不稳定，为水库和大坝等工程带来隐患。节理的性质、产状和分布规律与褶皱、断层和区域构造有着密切的成因联系。所以，节理的研究也有助于分析和阐明地质构造的形成和发展。

节理是一种相对小型的地质构造，它们总是与其他构造伴生，节理的产状与其他地质构造的产状之间往往存在一定的几何关系，如图 6.16 所示。

图 6.16　翠华山典型的肠状褶曲与节理并存岩体

任务 6.4　常见岩石类型、结构、标本采集及工程力学评价

在野外实习中，进行岩石标本的采集和岩层三要素的测量时，要注意选择合适的岩体进行采集和测量。其中安全性是首先要考虑的问题，选择时要注意岩体的稳定性，有适合采集、测量作业的工作面位置，可容纳的人数等因素，确保野外实习的安全，最好是在老师的指导下集体分组进行。切记不要单独行动，不要有个人表现主义，不要只顾"险景峰光"而忽视脚下安全，不要追逐嬉戏、推拉打闹。野外实习时要注意团结协作、互相帮助，有序进行资料的收集和观测。

1. 岩石类型、组成与标本采集

观察岩石的类型、结构的组成时应选择体积稍大的岩石进行。岩石标本的采集（图 6.17）应选位合理，能代表岩石的全貌，但采集过程中一定要注意安全。当岩石的野外标本采集完成后，应根据分析，对照相关资料和数据，推定出岩石的名称、矿物构成、大约年代、风化程度、力学性能等，写出实习结果。

（1）组成岩石的矿物成分和性质。

这包括观察和调查组成岩石的矿物颜色、颗粒大小，组成岩石的矿物的化学结构，即稳定性。

在外界环境条件大致相同的情况下，常见的各种矿物抗风化的稳定性顺序如下：

石英＞白云母＞正长石＞斜长石＞黑云母＞角闪石＞辉石＞橄榄石

图 6.17　骊山牡丹沟采集岩石标本

一般规律是：

酸性岩>中性岩>基性岩>超基性岩

（2）岩石的结构。

隐晶或等粒细粒的岩石，稳定性大于等粒粗粒或斑状（物理风化）的岩石。但是当破碎崩解后，细粒岩石由于表面积大，容易受到水、空气、CO_2 等化学物质作用而发生化学风化如图 6.18 所示。

图 6.18　骊山牡丹沟采集的岩石标本

（3）岩石的构造。

坚硬而致密结构的岩石，比疏松多孔的岩石抗风化能力强；有层理、片理、节理和裂隙的岩石，水分、空气容易侵入而引起风化，如图 6.19 所示。

图 6.19　学生在骊山火山堆附近采集的岩石标本（花岗岩）

2. 用罗盘仪测岩层的三要素

罗盘仪各部分的组成如图 6.20 所示。罗盘仪各部件的主要功能如下：

磁针为一两端尖的磁性钢针，安装在底盘中心的顶针上，可自由转动，用来指示南北方向。若不用时应旋紧制动螺丝，不让磁针转动，以免磨损顶针，降低灵敏度。由于我国位于北半球，磁针两端所受地磁场吸引力不等，磁针的北端大于南端，而且磁引力是倾斜的（不是地球表面的切线方向），故使磁针发生倾斜。在测量时，为使磁针在平衡状态下自由转动，常在磁针的南端绕上若干铜丝，用来调节磁针的重心位置，以求磁针的平衡。同时，也可借此标记来区分磁针的南北端，如图 6.20 所示。

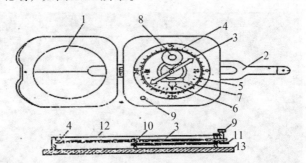

1—反光镜；2—瞄准觇板；3—磁针；4—水平刻度盘；5—垂直度盘；
6—垂直刻度指示器；7—垂直水准器；8—底盘水准器；
9—磁针固定螺旋；10—顶针；11—杠杆；
12—玻璃盖；13—软盘仪圆盆

图 6.20　罗盘仪各部分的名称

圆刻度盘又称水平度盘，用来读方位角。一般的刻记方式是从 0° 开始按逆时针方向连续刻到 360°，南（S）180°，北（N）0°，东（E）90° 和西（W）270°。这种刻记方法也称方位角法。注意：刻度盘是按逆时针方向刻记的，而实际方位的读数是按顺时针方向排列的，所以，刻度盘上东西与实际方位相反，这是为了在测量方位时能直接读出读数。因为测量时，磁针保持不动（始终指向南北），转动的是罗盘外壳（即刻度盘），当刻度盘向东转时，磁针相对向西偏转，故刻度盘上按逆时针方向刻记所读的数与实际的度数相同。

测走向时,将罗盘长边(与罗盘上标有 N-S 相平行的边)的一条棱与层面紧贴,然后缓慢转动罗盘,使圆水准器的气泡居中、磁针停止摆动。这时,读出磁针所指的读数即为走向。读磁北针和磁南针都可以,因为,岩层走向是朝两个方向延伸的,且相差180°,如图 6.21 所示。

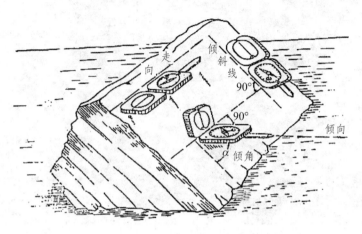

图 6.21　罗盘仪测量岩层三要素示意图

测倾向时,将罗盘南端(标有 S)的一条棱紧靠岩层面,如图 6.21 所示。这时,长边与倾向一致,并转动罗盘,转动方法及原则同上。当罗盘水平、磁针不动时,读磁北针所指的读数,如图 6.22 所示。

图 6.22　老师在翠华山给学生示范岩层三要素的测量

当测量完倾向后,不要让罗盘离开岩层面,马上将罗盘转动90°,罗盘直立放置,罗盘的长边紧靠岩层面,并与倾斜线重合;然后转动罗盘底面的手把,使测斜器上的水准器(长水准器)气泡居中,这时测斜器上的游标所指半圆刻度盘的读数即为倾角。在测量岩层产状时,一般测量倾向和倾角时先测倾向后测倾角,如图 6.23 所示。

图 6.23　骊山牡丹沟岩层三要素（倾角）的测量

测量岩层产状并记录，记录方法有两种：方位角法，如 225°∠76°；象限角法，如 N80°W，∠75°NE。不熟练的同学采用象限角法记录比较好，还可以在前面加上标注，以免记录错误，如倾向 N80°W，倾角 ∠75°。

罗盘仪的使用其实并不复杂，只要同学们勤于动手与思考，很快就会掌握。需要注意的是，各个厂家生产的罗盘仪稍有不同，在使用时要注意查看厂家提供的使用手册。

任务 6.5　野外实习记录、资料整理与实习报告的撰写

1. 观察点内容的记录提要

观察点分为单项和综合观察点。它们的记录内容有所不同，但均应随实际情况而定，现列举几例。

（1）岩性记录点。以某种碎屑岩为例，按下列顺序进行记录：

首先确定名称（在仔细观察和鉴定的基础上），其描述顺序是"颜色+构造+结构+成分+名称"，如灰绿色中厚层中—粗粒石英砂岩。再补充描述颜色及其变化情况，如风化面的颜色等。进一步描述结构特点，如砂粒的磨圆度等。估计石英及另外主要岩屑的大致含量百分比；胶结物成分及胶结方式；有无层面构造，如波痕、泥裂等。据此，判断岩层的顶底面是否含有化石，若有则采集标本并编号；测量岩层产状并记录；采集岩石标本并编号；对特殊现象进行素描（或照相），如波痕、斜层理等。

（2）断层记录点

断层点主要记录上、下盘的岩石性质、地层时代、产状；断层面（带）附近的特点，如

岩石破碎情况，有无牵引、擦痕、透镜体等。

断层面的产状（实例或估测）：记录方法与岩层产状同，主要记录断层发育处的地貌特点，断层的大小、规模，断层的性质、发育过程及构造部位。

（3）褶曲（背斜或向斜）记录点。

褶曲点主要记录核部及两翼的地层组成及发育情况、各部分地层的代表性产状、背（向）斜的完整程度、有无断层破坏、褶曲在横剖面上的形态特征、褶曲类型、命名。

（4）不良地质记录点（滑坡、泥石流等）。

以滑坡为例，应记录：

① 滑坡的形态特征，如周界、洼地、舌部隆起、树木、建筑等；

② 滑坡的地形地貌；

③ 滑坡体及周围地表水和地下水的情况；

④ 滑坡处的地质构造情况；

⑤ 滑坡目前发展的状况。

2. 地质素描图的简单绘制

地质素描图主要是用简洁明快的线条绘制那些用文字难以确切表达的地质现象，如原生沉积构造、地质构造、河谷阶地、黄土地貌等。

地质素描图的绘制一般应遵循下列原则：

（1）图的构思要匀称，并符合透视法则，使画面有立体感，线条尽量简洁。

（2）把主要的地质表现对象放置在图面的中心。

（3）所表现的题材力求真实，但有突出地质内容应加以删节，勾出主要的地形轮廓。

（4）图上应标出图名、地名、比例尺、地质内容名称、绘图地点、视线方向、绘图日期等。

3. 地质平面图绘制方法简介

平面图可根据要表达的内容进行选取，不必求全；比例尺也可根据情况选取。在实习区的地形图上，根据需要填绘地层时代、产状及岩层分界线、褶曲、断层等地质构造符号，不良地质现象范围界限及代表符号，地下水露头等；然后对上述填绘内容着色；最后进行修饰，绘制图例、责任栏、图名、比例尺等。

4. 地形点辅助图素描方法简介

辅助图主要用于记录实习地点的特别突出或者典型的地貌特征，对该地区的地质工程状况评价提供参考依据。素描绘制步骤及要求如下：

（1）先取地形线，视实际地形轮廓而定，要画得圆滑、美观。

（2）大致按比例尺表示地层分界、厚度，以及褶曲、断层等。

（3）最后整图，标以图名、方位角、岩层产状、作图日期等。

（4）在可能或需要的情况下，还可在适当部位注明剖面图所表示的长度（直接用数字或比例尺）。

5. 实习报告的编写

在实习结束时，每组提交1份实习报告，由各组的成员共同完成，每人负责编写其中一部分。报告的内容及深度一般不脱离已学过的"土木工程地质"，其重点是在对实习中所观察到的地质现象进行描述的基础上，分析其所反映的地质意义，以及各种地质体对工程建设的影响。实习报告应包括以下部分内容：

（1）绪言。

（2）实习地点的自然地理概况（应重点描述）。

（3）地层与岩性。

（4）地质构造。

（5）不良地质灾害及其类型（应重点描述）。

（6）实习地点的综合地质评价，包括在本区域修建工程的选址、位置、注意事项、工程安全性远期评价、预计灾害及其应对措施等（应重点描述）。

（7）结束语。

6. 实习报告的要点

实习报告不必刻意求全、面面俱到，否则就会显得平淡无奇。在报告的撰写中应有所侧重，将实习地点中2~3个地质典型特点进行重点详细的描述即可。其主要内容可集中在如何根据实习采集的资料和数据，分析特殊地貌点中已经修建的建筑物的合理性；对于沿地貌点修建的盘山公路经常发生坍塌、滑坡等病害的治理建议、措施等；对特殊地貌点未来将要发生地质灾害的预测及应对措施等；从地质环保和地质稳定方面对特殊地貌点人类今后活动的建议等。

实习报告要求图文并茂、文字流畅、简明扼要、术语使用正确、概念清楚、书写工整、各种图件完整、真实、准确。

实习报告可以用计算机文字处理软件进行编写，但手工绘制的辅助图、重点地貌图片、实习过程中必要的实作等图片必须编入并完整齐全。

野外地质调查（实习）的目的，主要是预判在此修建新的建筑物的稳定性，以及现有建筑物是否受到不良地形地质条件的安全威胁。如果预判到安全威胁，就要及时进行加固和清除处理，切忌一拖再拖直至酿成大祸。下面的案例就是预判不当和未及时处理而造成重大事故的结果，这也是野外地质调查和实习的重点。

 案例阅读 6.1：野外不良地质地貌产生危害的观测

2004年12月11日22时20分，甬台温高速公路乐清段发生山体崩塌，导致高速公路交通中断，如图6.24所示。

山区地形地貌的复杂对工程选址提出了更高的要求。对于环境山体的保护即工程选址，稍有不慎就会产生较大的地质灾害和事故。以下是山岭地形中经常发生的地质灾害和事故，如图6.25和图6.26所示。

214

图 6.24　甬台温高速公路乐清段发生山体崩塌

图 6.25　山体滑坡阻挡河道形成堰塞湖

图 6.26　山体滑坡落石造成货车侧翻事故

复习思考题

基础习题：

1. 简介地质实习的过程。

2. 地质实习主要观察与记录的内容有哪些？

3. 撰写地质实习报告有哪些注意事项？重点应描述哪些部分的内容？

参 考 文 献

[1] 罗国煜，倪宏革，时向东. 工程地质[M]. 北京：北京大学出版社，2009.

[2] 铁道部第一勘测设计院. 铁路工程地质手册[M]. 北京：中国铁道出版社，2010.

[3] 孙家齐. 工程地质[M]. 武汉：武汉理工大学出版社，2003.

[4] 孔宪立，石振明. 工程地质学[M]. 北京：中国建筑工业出版社，2001.

[5] 吴继敏. 工程地质学[M]. 北京：高等教育出版社，2006.

[6] 铁道部第一勘测设计院. 铁路工程地质手册[M]. 北京：中国铁道出版社，1999.

[7] 龚晓南. 地基处理手册[M]. 北京：中国建筑工业出版社，2008.

[8] 工程地质手册编委会. 工程地质手册[M]. 北京：中国建筑工业出版社，2007.

[9] Maslov, N N . Basic Engineering Geology and Soil Mechanics[M]. Moscow: Mir Pub，1987.

[10] Ramberg，Gravity. Deformation and the Earth's Crust[M]. London：Academic Press，1981.